普通高等学校测控技术与仪器专业规划教材

测控电路及应用

Cekongdianlu Ji Yingyong

主　编　史红梅

参　编　刘国忠　陈　祯
　　　　宋小娜　陈广华
　　　　郭保青

华中科技大学出版社
http://www.hustp.com
中国·武汉

内 容 简 介

《测控电路及应用》是为适应高等学校仪器科学与技术学科本科专业教学改革的需要而编写的一本专业基础教材。本书主要介绍了工业生产和科学研究中常用的测量与控制电路。全书共 10 章,分别介绍了测控电路的功用、类型、组成,信号放大电路,信号转换电路,信号处理电路,信号细分与辨向电路,控制输出电路,信号传输电路,电源电路,测控电路中的抗干扰技术和测控电路应用实例。

本书以测控系统的前后向通道为主线,系统地讲述了信号的测量、控制与传输电路。在讲解基本电路的功能和原理的基础上,结合目前集成技术的发展,介绍了大量常用的典型集成芯片的使用,便于学生实际运用。同时结合工程实际,给出了科研实例和大量的应用电路图,突出了测控电路的实际应用。

本书既可作为测控技术与仪器专业、自动化、机械工程及其自动化等专业的教材或教学参考书,也可供测控领域的工程技术人员参考。

图书在版编目(CIP)数据

测控电路及应用/史红梅　主编.—武汉:华中科技大学出版社,2011.1(2019.8重印)
ISBN 978-7-5609-6644-1

Ⅰ. 测…　Ⅱ. 史…　Ⅲ. 电气测量-控制电路-高等学校-教材　Ⅳ. TM930.111

中国版本图书馆 CIP 数据核字(2010)第 199196 号

测控电路及应用　　　　　　　　　　　　　　　　　　　　史红梅　主编

策划编辑:万亚军
责任编辑:余　涛
封面设计:范翠璇
责任校对:朱　霞
责任监印:熊庆玉
出版发行:华中科技大学出版社(中国·武汉)
　　　　　武昌喻家山　　邮编:430074　　电话:(027)87557437
录　　排:武汉众欣图文照排
印　　刷:武汉华工鑫宏印务有限公司
开　　本:787mm×1092mm　1/16
印　　张:15
字　　数:389 千字
版　　次:2019 年 8 月第 1 版第 2 次印刷
定　　价:42.00 元

普通高等学校测控技术与仪器专业规划教材

编委会

普通高等学校测控技术与仪器专业规划教材

总 序

　　测控技术与仪器专业是在合并原来的11个仪器仪表类专业的基础上新设立的专业，目前设有该专业的高校已经超过250所，是当前发展较快的本科专业之一。经过两届全国高等学校仪器科学与技术教学指导委员会的努力，形成了《测控技术与仪器专业本科教学规范》（以下简称《专业规范》）。《专业规范》颁布后，各高校开始构建面向21世纪的测控技术与仪器本科专业的课程体系，并进行教学改革，以更好地满足科学技术和国民经济发展的需要。

　　华中科技大学出版社邀请多位全国高等学校仪器科学与技术教学指导委员会委员和具有丰富教学经验的专家编写了这套"普通高等学校测控技术与仪器专业规划教材"，这对于满足各高校测控专业建设需要，加强高校测控专业的建设，进一步落实《专业规范》精神，具有积极的作用。

　　这套教材基本涵盖了测控技术与仪器专业的专业基础课程和部分专业课程，编写定位清晰，内容适应了加强工程教学的趋势，注重了教材的实用性和创新性教育的推进。这套教材的出版，是测控专业教学领域"百花齐放、百家争鸣"的一个体现，它为测控专业教学选用教材又提供了一个选择。

　　由于时间所限，这套教材可能存在这样那样的问题。随着这套教材投入教学使用和通过教学实践的检验，它将不断得到改进、完善和提高，为测控专业人才的培养做出积极的贡献。

　　谨为之序。

全国高等学校仪器科学与技术教学指导委员会主任委员

胡 · 唐

2009年7月

前　言

1998 年，教育部颁布新的本科专业目录，把原专业目录中仪器仪表类的 11 个专业合并为一个大专业——测控技术与仪器专业。"测控电路"是测控技术与仪器专业的一门专业基础课。

测量电路与控制电路统称测控电路。测控系统的性能在很大程度上取决于测控电路。近年来随着微电子技术、计算机技术和通信技术的飞速发展，测控电路的设计思想和方法也发生了很大变化。在华中科技大学出版社的组织下，北京交通大学、北京信息科技大学、武汉理工大学、华北水利水电学院长期从事测控技术与仪器专业教学的老师联合编写了《测控电路及应用》这本教材。

全书共分 10 章，包括绪论、信号放大电路、信号转换电路、信号处理电路、信号细分与辨向电路、控制输出电路、信号传输电路、电源电路、测控电路中的抗干扰技术和测控电路应用实例。每一章都附有习题与思考题。

本课程的先修课程为模拟电路、数字电路、微机原理及接口技术、传感器原理及应用。各种电子器件和集成电路的工作原理、构成及内部电路分析已在先修课程模拟和数字电子技术中讲述，本课程只注重讲述它们的外特性、应用，以及如何构成所需的功能电路。本书最后一章对科研中实际用到的各种测控电路的实例进行了分析，使学生可以加强对测控电路的理解和应用。

全书由北京交通大学史红梅主编。北京信息科技大学刘国忠、北京交通大学陈广华和郭保青、武汉理工大学陈祯、华北水利水电学院宋小娜参与了编写工作。其中第 1 章、第 2 章由史红梅编写，第 3 章由宋小娜编写，第 4 章由陈祯编写，第 5 章、第 7 章由刘国忠编写，第 6 章、第 9 章由郭保青编写，第 8 章由陈广华编写，第 10 章由史红梅、郭保青编写。全书由史红梅统稿。

本书在编写过程中，力求深入浅出，内容新颖，贴近工程实际，但由于电子技术发展迅速，新技术、新型集成芯片不断出现，加之编者专业知识有限，书中缺点和错误在所难免，恳请广大读者批评指正。

编　者
2010 年 11 月

目　录

第1章 绪 论

1.1 测控电路的功用

随着现代工业的超大型化、高参数化、工况复杂化，测量与控制技术已成为现代生产和高科技中一项必不可少的核心技术，测试装备和控制系统也已成为重大装备不可分割的重要组成部分。

在科学研究和工程实践的过程中，"测量"和"控制"是认识客观事物的两大主要任务。其中"测量"是"控制"的基础，是采用各种方法获得反映客观事物或对象的运动属性的各种数据，对数据进行记录并进行必要的处理。科学始于测量，没有测量就没有科学。"控制"是采取各种方法支配或约束某一客观事物或对象的运动过程以达到一定的目的。在科学技术高度发达的今天，测量与控制已经渗透到工业、农业、国防、科学研究等现代社会生活的各个领域。

"测控系统"是测量与控制系统的简称。广义的测控系统包括测量系统、控制系统和测控系统三种类型。测控系统的基本任务是借助专门的传感器感知对象信息并将其传输到计算机系统，在计算机系统中，通过信号处理方法对对象信息进行处理与数据分析，得到控制对象的有效状态信息和测试结果，进而将这些对象的控制信息传输给控制环节进行对象的行为控制，并将测试结果通过显示装置输出。现代测控系统的基本组成如图 1-1 所示。

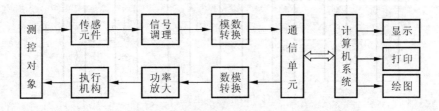

图 1-1 现代测控系统的基本组成

测控系统的最前级为传感元件，其作用是将各类被测量转换成与之具有一定函数关系的电量；信号调理电路的作用是将传感器输出的微弱信号进行放大、滤波、整形、电平转换等，使之成为后续电路易于处理的信号；模数转换电路的作用是将信号调理电路变换过来的连续变化的模拟信号转换成离散的数字信号，供计算机识别及处理；通信单元的作用是为了在测控系统节点之间有一个统一的通信方式与计算机系统之间进行信息交换，常用的标准通信接口有 GPIB、VXI、USB 及 RS-232 等接口；计算机系统的作用是对数字化了的被测信号进行计算、定标、误差校正或自动校准等处理，可以是工业 PC(IPC)，也可以是嵌入式系统或单片机系统，一方面，经处理的测量结果由显示输出系统显示、打印或绘图，另一方面，经算法运算过的控制信号经功率放大电路或驱动电路驱动执行机构来控制测控对象的某些参数。通常将信号调理电路、数字化电路和驱动电路统称为测控电路，它已融入测控系统的各个环节，并在其中发挥重要的作用，可以说,离开测控电路,测控系统是无法实现的。

　　由前所述,测控电路一方面担负着信号二次变换的重任,其实质是电位或波形变化,其主要功能是抑制传感器输出信号中的噪声,放大有用信号,将放大后的信号进行数字化;另一方面担负着实现控制功能的输出驱动信号的作用。由于被测和被控物理量及其相应传感器和驱动器的多样性,与此相应的测控电路必然具有多样性,因此测控电路在设计上灵活性很强。从测量准确度的角度来说,测控电路位于二次仪表的最前级,对测量的准确度起决定作用,因此测控电路是现代测控系统的关键及难点所在,在现代测控技术中占据极其重要的地位。

1.2　测控电路的类型和组成

　　测控电路的组成随被测参数、信号类型与控制系统的功能和要求不同而异,其类型也相应有多种。下面分别按测量电路和控制电路的类型和组成进行叙述。

1. 测量电路的类型和组成

　　按照传感器输出的信号是模拟信号(如电压、电流信号等)和数字信号(如开关信号、频率信号等)的不同,可以将测量电路分为模拟测量电路和数字测量电路两大类,其基本组成分别如图1-2(a)、(b)所示。

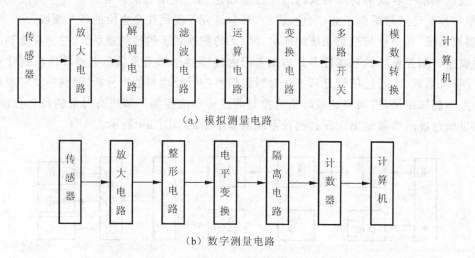

(a) 模拟测量电路

(b) 数字测量电路

图 1-2　测量电路的类型和基本组成

　　图1-2中传感器将被测非电量转换为电信号,被测信号一般比较微弱,通常需要先进行放大。有的传感器(如电感式、电容式和交流应变电桥等)输出的是调制过的模拟信号,因此,还需要解调电路解调。被测信号中混杂有各种干扰,常常要用滤波器来滤除。有些被测参数比较复杂,往往要进行必要的运算,才能获取被测量。为了便于远距离传送、显示或A/D转换,常常需要将电压、电流、频率三种形式的模拟电信号进行相互转换。如图1-2(a)所示通道中,被测信号一直是模拟形式存在和传送的,在进入计算机前经过模数转换电路变成数字信号,对于多路模拟信号,可以先经过多路转换开关,分时复用模数转换电路。通常模拟信号都要经过以上几个环节进行调理,因此又将模拟测量电路称为信号调理电路。相对模拟测量电路,数字测量电路要简单一些,如图1-2(b)所示,主要完成波形整形、电平变换,如将非TTL电平变换为TTL电平,对于开关信号进行防抖处理,对于有干扰的环境进行信号隔离等,再经过计数器电路或I/O

接口完成频率采集或开关信号的采集,传送给计算机。

通常,大部分传感器输出的信号是电压、电流、频率、开关信号,图 1-3 所示为针对这些输出信号常用的一些测量电路的结构。

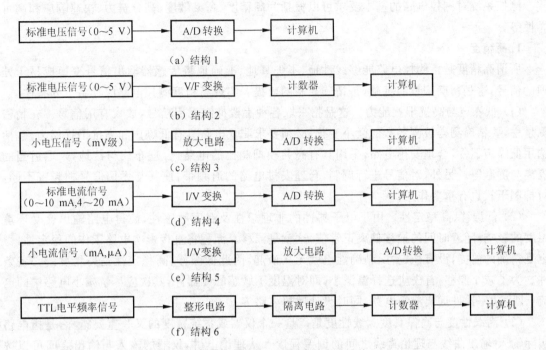

图 1-3 常用的一些测量电路的结构

2. 控制电路的类型和组成

在微机化测控系统中,按照输出到被控设备的控制信号的形式,控制电路可分为模拟量控制电路和开关量控制电路两大类。模拟量控制是控制输出信号(如电压、电流等)的幅度,使被控设备在零到满负荷之间运行。而开关量控制则是通过控制设备处于"开"或"关"状态的时间达到运行控制的目的。

模拟量控制电路和开关量控制电路的基本组成分别如图 1-4(a)、(b)所示。在图 1-4(a)中,计算机输出的数字量代表与输出量大小成正比的一组二进制数码,经数模转换变为模拟控制电压。而在图 1-4(b)中,计算机"输出"的只是代表"开"或"关"的一位数码"1"或"0"。由于驱动被控设备需要一定的电压和电流,因此,在控制电路输出端上都设置有能满足驱动功率要求的直流功放驱动电路或功率开关驱动电路。由于控制对象多为大功率的电气(强电)设备,容易产生各种干扰,所以,控制电路中大多采用光电耦合器进行输入、输出信号的隔离。

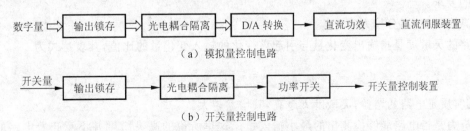

图 1-4 控制电路的类型和基本组成

1.3　对测控电路的要求

测控系统对测控电路的基本要求可以概括为高精度、高灵敏度、高分辨力、快速响应和高可靠性等。

1. 高精度

所谓高精度是指测控电路能够线性地、不失真地、准确地将传感器输出信号变换成易于处理的信号,这是精确测量的基础,是精确控制的前提。实现高精度测控电路应具备下列条件。

(1) 低噪声与高抗干扰能力。这是指采取各种手段抑制无用信号,放大有用信号。在精密测量中,要精确测得被测参数的微小变化,必须要求测量电路具有低噪声和高抗干扰能力,包括选用低噪声器件,合理安排电路,采用具有高共模抑制比的电路,合理布线与接地,采取适当的隔离与屏蔽等。另外,对信号进行调制,合理安排电路的通频带,使其与无用信号的频带不同,对抑制干扰也有重要作用。

(2) 低漂移、高稳定性。由于电子器件的非理想性及温度敏感性,使得电路输出会受环境温度的影响,随着时间的推移偏离正常值,这就是漂移。漂移将直接影响电路工作的稳定性,稳定是精确的前提,没有稳定性,精确性也就无从谈起,因此低漂移、高稳定性是高精度的必备条件。为了减小漂移,首先应选择温漂小,即对温度不敏感的元器件,其次应尽量减小电路中的电流,让大功率器件远离前级电路,同时设计散热电路等。

(3) 高线性度与高保真度。线性度是衡量一个仪器或系统精度的又一重要指标,是指电路实际输入-输出曲线与理论直线之间的偏差程度。从理论上讲,仪器的输入与输出之间可以按非线性函数关系定标,传递函数的非线性并不影响仪器的精度。但是,通常要求仪器或系统的输入与输出之间具有线性关系,这是因为:① 线性定标容易读出;② 在换挡时只是改变分度值而不必另行定标;③ 记录曲线波形不失真;④ 进行模/数转换、细分、伺服系统控制跟踪时均不必考虑非线性因素,比较方便。

保真度是由视听设备中借用过来的一个概念,用于衡量信号经过电路后的变形程度,变形是由于非线性及频带特性所引起的。为了保证测量数据、记录图形反映被测量原貌,不仅要求系统的非线性失真小,而且要求由幅频特性、相频特性带来的失真小。显然,线性和保真度越好,电路的精度就越容易得到保证。

(4) 合理的输入与输出阻抗。即使电路完全没有计算误差,但应用于测控系统时,由于输入-输出阻抗的不合理,仍可能给系统带来误差。若测量电路的输入阻抗太低,一方面会使传感器的状态发生变化,另一方面会过多地衰减传感器输出信号,引起运算误差;而输入阻抗越高越易引入噪声等干扰,因此应使测控电路的输入阻抗与前级的输出阻抗相匹配。对于输出阻抗也有类似的要求。

2. 高灵敏度、高分辨力

电路的灵敏度是指输出变化量与引起该变化的输入变化量的比值,其表达式为

$$k = \frac{\Delta U_{\text{out}}}{\Delta U_{\text{in}}} \tag{1-1}$$

显然,其实质是电路的增益,灵敏度 k 越高,其增益越大。

分辨力是指电路能够检测出的最小输入量。这里所说的高灵敏度并不意味着电路的灵敏度越高越好,测控电路首先必须能够分辨输入信号,只有分辨出信号,高灵敏度才有意义,因此

高灵敏度是以高分辨力为前提的。

3. 快速响应

由于被测对象及仪器的工作原理不同,对电路的频率特性要求也各不相同。随着科学技术的发展,实时动态测量已成为测量技术发展的主要方向,动态测量的特点是宽动态范围,要求测控电路具有宽频带、快速响应的特性。如果测量电路没有良好的频率特性、高的响应速度,就不能准确地测出被测对象的运动状况,无法对被测系统进行准确控制。

4. 转换灵活

为适应各种工况下测量与控制的需要,要求测控电路有灵活地进行各种转换的能力。

(1) 模数与数模的转换。自然界的被测物理量多为模拟量,为满足计算机化测控的要求,要将模拟信号转换成数字信号;而为了驱动执行机构,又要将数字信号转换成模拟信号。

(2) 信号形式的转换。为了信号处理与传输上的需要,经常进行交流-直流转换,电压与电流之间的转换,幅值、相位、频率与脉宽之间的转换。

(3) 量程的转换。被测信号的大小千差万别,对于小信号要求高增益,对于大信号要求低增益,为了适应测量、控制不同大小量值的需要,而不引起饱和与显著的失真,电路应能根据信号的大小进行量程的变换。

(4) 信号的选取。实际信号中既包含信号又包含噪声,信号中还有不同特征的信号,电路应具有选取所需信号的能力。

(5) 信号的处理与运算。在测控系统中常需要对信号进行处理与运算,如求平均值、差值、峰值、绝对值、导数、积分等,也包括线性化处理、误差补偿、逻辑判断。

5. 可靠性

可靠性指的是系统、设备或元器件在规定的条件下,在规定的时间内,完成规定功能的能力。可靠性是对一定的时间而言的,一般用可靠度和平均无故障工作时间来衡量。现代测控系统是现代装备的有机组成部分,其可靠性与测控系统密切相关,其中测控电路的可靠性是重要的因素。

如果一个系统测控电路部分由 5 个模块组成,每个模块又由 100 个元器件组成,设每个元器件的可靠度为 0.9999,则每个模块的可靠度为 $0.9999^{10}=0.9901$,而整个测控电路部分的可靠度为 $0.9901^5=0.9515$。如果模块更多或者组成每个模块的元器件增多,可靠性会继续降低。为了提高系统的可靠性,除了可以提高每一部分的可靠性,选用高可靠性的元器件以外,还可以通过减少组成环节、增加冗余度来提高可靠性。

1.4 测控电路的发展趋势

测控电路的发展日新月异,其主要发展趋势可概括为以下几个方面。

1. 优质化

随着科学技术的发展,电子器件的性能不断得到完善。一些低噪声、高稳定性、高输入阻抗、高频响、宽频带的电子器件不断出现,一些精度高、响应快、灵敏度高并能满足各种使用要求的电路相继问世,并且性能指标不断提高、功能日益完善、价格不断下降。但是科技与生产又不断对它们提出新的要求,一般来说,一个器件、一种电路不可能在功能、性能、可靠性、价格上同时满足最佳要求,而要根据使用要求合理选择。

2. 集成化

集成化是电路发展的一个重要趋势。一方面是集成度越来越高,单个晶体管的尺寸已做到亚微米级,在一块芯片上集成几十万只、上百万只晶体管已成为现实,限制集成度的主要因素是引脚的安排;另一方面是集成范围越来越宽,集成电路的品种越来越多,各种集成块相继出现。以往由分立元件和通用芯片构成的测控电路,可以集成为专用芯片实现相应的测控功能,缩小了体积,简化了测控电路的设计,并且其性能指标和可靠性大大提高,成为今后测控电路发展的主流方向。

集成电路不仅体积小、功耗小,而且引线短、寄生因素小,容易达到较高精度与频响。集成电路的一个特点是有源元件容易制作,无源元件难以制作,电感、变压器等更难制作;另一个特点是参数不易精确,但一致性较好,因此采用差动电路较多。

3. 数字化

数字电路不仅读数方便、客观,能较好地解决量程与分辨力之间的矛盾,而且易于集成化,抗干扰能力强,便于记忆保存,便于与计算机连接,在测控电路中应用越来越广。但是数字电路不可能完全代替模拟电路。

4. 通用化、模块化

通用化具有以下三个方面的含义。

(1) 在一个电路中尽量采用相同的单元电路,这给元器件的订购、电路调试、电路集成化都带来方便。

(2) 整个系统的构成采用电路模块化、积木化。

(3) 推广通用仪器使用。

为了使仪器与测控系统具有更强的柔性,便于按需要扩展功能,同时有利于降低成本,要求电路通用化、模块化。

5. 网络化

随着计算机技术、网络技术和通信技术的高速发展与广泛应用,建立开放的、互操作的、模型化的、可扩展的网络化测控系统成为可能。现代测控系统网络化有利于降低系统的成本,有利于实现远距离测控和资源共享,有利于实现测控设备的远距离诊断与维护。其中网络接口电路成为现代测控系统网络化的重要组成部分。

6. 自动化与智能化

不仅要求现代控制系统能自动控制,而且要求它能在复杂的情况下自行判断,具有自学习、自诊断故障、自动排除故障、自适应控制乃至自动生成新知识的功能,这也是测控电路发展的一个重要方向。

1.5　本课程的主要内容及学习方法

本课程是测控技术与仪器专业的一门专业基础课,主要阐述如何利用电子技术解决测量和控制中的任务,实现测控的总体思想,围绕精、快、灵和测控任务的其他要求来选用和设计电路。

本书共分 10 章,主要介绍工业生产和科学研究中常用的测量与控制电路,包括测控电路的功用和对它的主要要求、测控电路的类型与组成、测控电路的发展趋势、信号放大电路、信号转换电路、信号处理电路、信号细分与辨向电路、控制输出电路、信号传输电路、电源电路、测控电路中的抗干扰技术,最后通过若干典型测控电路实例对电路进行分析。

近些年来集成电路技术发展得很快,很多原来由分立元件构成的功能电路都已由集成芯片或模块代替,性能得到提高,同时也简化了应用。因此,本书在介绍基本的测量控制电路的基础上,在各章节重点介绍了相应的集成芯片和模块的使用。

由于传感器输出的信号一般都很微弱,本书第 2 章首先介绍放大电路,在介绍了集成运算放大器的基础知识、反相运算放大器、同相运算放大器的基础上,讲述了各种功能放大器的原理和应用,如与压电传感器配合使用的电荷放大器、具有高共模抑制比的仪用放大器、输入电路、输出电路、与电源之间没有直接电路耦合的隔离放大器,以及可通过编程控制增益的程控增益放大器。

第 3 章主要介绍了信号转换电路,包括电压/电流转换、电压/频率转换、模拟数字转换。本章在讲述了各转换电路基本的转换原理后,重点介绍了集成芯片在各种转换电路中的应用。

第 4 章介绍了常用的一些信号处理电路的内容,包括电压比较电路、峰值与绝对值检测电路、调制解调电路、滤波电路及信号隔离电路。

第 5 章讲述了信号细分与辨向电路,介绍了如何利用电路实现对周期性的测量信号进行插值以提高仪器和系统的分辨力,并以位移传感器的输出为例,介绍了细分电路和辨向电路的应用。

第 6 章介绍了控制输出电路,包括功率开关驱动电路,如控制指示灯的"亮"与"灭",以及继电器与电磁阀驱动电路、直流电机驱动电路、步进电机驱动电路、LED 显示驱动电路。本章在介绍了常用的驱动电路外,在直流电机、步进电机驱动和 LED 显示驱动电路的应用中,还介绍了近年来常用的驱动芯片的使用。

第 7 章介绍了信号传输电路,信号的传输方式是测控系统中非常重要的组成部分。在本章中主要介绍目前常用的几种方式,如电流环电路、RS-485、RS-232 通信接口电路、USB 通信接口电路。

第 8 章介绍了在测控电路中使用的各种电源电路,包括直流稳压电源的各种指标、基准源电路、线性直流稳压电源、单片电源变换电路。

抗干扰技术是使测控系统工作可靠、稳定的关键性技术,因此在第 9 章中重点介绍了测控电路中常用的抗干扰技术,包括干扰源、干扰的耦合方式及各种硬件抗干扰技术,如接地技术、屏蔽技术等。

本书最后一章对科研中实际用到的各种测控电路的实例进行了分析,以加强学生对测控电路的理解和应用。

"测控电路"是一门实践性很强的课程,在学习时应注意以下几个方面。

(1) 各种电子元器件和集成电路的工作原理、构成、内部电路分析在先修课程模拟和数字电子技术中讲述,本课程只注重讲述它们的外特性、应用,以及如何构成所需的功能电路。

(2) 不仅要学习电路的分析,还要学习电路的综合设计,要考虑前、后级电路的关系,以及单元电路在系统中的作用。

(3) 电路设计不仅要选择元器件常数以确保电路的功能和参数符合要求,还要设计和选择合适的电路形式、使用环境条件、工艺性和成本等因素。

(4) 多阅读科技期刊上的文献,掌握一些实际应用及新原理、新器件,开阔视野和思路。

(5) 注重课程的实践环节,重视课内实验,认真准备,并分析实验结果。

(6) 注意与其他课程如传感器、微机原理及接口技术、模拟电路、数字电路的衔接。

思考题与习题

1-1　查找资料说明两个测控系统的工作原理。

1-2　画图说明现代测控系统的组成,并说明测控电路在整个测控系统中起着什么作用。

1-3　测控电路的类型有哪些?

第2章 信号放大电路

信号放大电路是为了将微弱的传感器信号,放大到足以进行各种转换处理或推动指示器、记录器及各种控制机构。由于传感器输出的信号形式和大小各不相同,传感器所处的环境条件、噪声对传感器的影响也不一样,因此所采用的放大电路的形式和性能指标也不同。在有的情况下还要求对增益能够程控,对噪声背景下的信号放大能够隔离,即采用隔离放大电路。

随着集成技术的发展,集成运算放大器的性能不断完善,价格不断降低,完全采用分立元件的信号放大电路已被淘汰,主要是用集成运算放大器组成的各种形式的放大电路,或专门设计并制成具有某些性能的单片集成放大器。但在功率放大电路中,晶体管仍有相当应用。

2.1 集成运算放大器基础

1. 集成运算放大器的定义及表示

集成运算放大器是一种高增益的、以直流差动放大器为基础而构成的多级直接耦合放大器。20 世纪 60 年代初,随着现代电子技术的不断发展,出现了崭新的半导体集成工艺,它能把晶体管、电阻、电容及内部连线所构成的具有特定功能的电路,集中制作在很小一块硅材料基片上,形成一个不可分割的密集整体,称这种电路为集成电路。集成运算放大器(简称集成运放)就是以集成电路为基础构成的。

1)集成运放的组成框图及封装

虽然不同型号集成运算放大器的内部电路各不相同,但原则上它们都由输入级、中间放大级、低阻输出级及偏置电路组成,如图 2-1 所示。

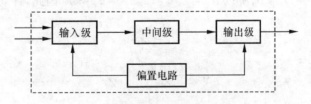

图 2-1 集成运算放大器的组成框图

集成运算放大器的封装形式有三种:圆壳式、双列直插式和扁平式。

2)集成运放的电路符号

集成运放作为一个电路器件,它在电路图中常用一个方形的符号表示,如图 2-2 所示。

图中:$U_o = A_V(U_+ - U_-)$;A_V 表示运放的电压放大倍数;▷代表传输方向。

注意:实际运放都要接电源,但在符号图中,一般不标出来。另外,图中"+"、"—"并不意味着"+"端的电位一

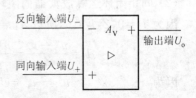

图 2-2 集成运算放大器的电路符号

定比"－"端的高,它仅仅表示该端与输出端的相对电位的极性。

2. 集成运放的主要参数

从使用角度看,人们并不注重集成运算放大器的内部电路,而是着重研究其外部特性。

1) 开环电压增益 A_o(开环电压放大倍数或差模增益)

开环电压增益 A_o 是指在输入端和输出端没有接入任何反馈电路的条件下,对于频率小于 200 Hz 的交流输入信号的差模电压放大倍数。

$$A_o = \frac{u_o}{u_i}$$

$$A_o(\text{dB}) = 20 \lg(u_o/u_i) \tag{2-1}$$

开环电压增益随频率的增大而减小。

2) 闭环电压增益 A_C

闭环电压增益 A_C 是指在集成运放的输出端与输入端之间设有反馈回路情况下(即所谓闭环情况)的电压放大倍数。

(1) 反相闭环放大器的闭环增益(见图 2-3)。

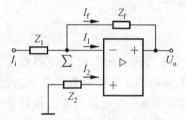

图 2-3 反相闭环运算放大器

在开环状态下:

$$u_o = A_o(u_+ - u_-) = A_o u_i'$$

$$u_+ - u_- = \frac{u_o}{A_o} \tag{2-2}$$

由于运放的开环增益很高,在 10^5 以上,于是可认为

$$\frac{u_o}{A_o} \approx 0$$

所以　　　　　　$u_+ \approx u_-$ 　　　　　　(2-3)

又因为运放的开环输入电阻很大,可以认为反相和同相的输入电流都很小,可忽略不计,即 $I_1 = I_2 \approx 0$,所以可近似认为

$$I_i = I_f$$

又因为 $I_i = \dfrac{u_i - u_-}{Z_1}$,$I_2 \approx 0$,所以 $u_+ = Z_2 I_2 \approx 0$,$u_- = u_+ \approx 0$。因此,将 $\sum$ 称为"虚地",则

$$I_i = \frac{u_i}{Z_1}$$

$$I_f = \frac{u_- - u_o}{Z_f} = -\frac{u_o}{Z_f} \tag{2-4}$$

又因为 $I_f \approx I_i$,所以 $\dfrac{u_i}{Z_1} = -\dfrac{u_o}{Z_f}$。

$$A_C = \frac{u_o}{u_i} = -\frac{Z_f}{Z_1} \tag{2-5}$$

(2) 同相闭环运算放大器的闭环增益(见图 2-4)。

因为 $I_2 = 0$,$Z_2 I_2 = 0$,所以 $u_+ = u_s$。

$$I_f = \frac{u_- - u_o}{Z_f} = \frac{u_s - u_o}{Z_f}$$

因为　　　　　　$u_- = u_+ = U_s$

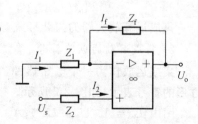

图 2-4 同相运算放大器

所以
$$I_1 = \frac{0-u_-}{Z_1} = -\frac{u_s}{Z_1}$$

因为
$$I_1 = I_f$$

所以
$$-\frac{u_s}{Z_1} = \frac{u_s - u_o}{Z_f}, \quad A_C = u_o/u_s = 1 + \frac{Z_f}{Z_1} \quad\quad\quad (2\text{-}6)$$

当 $Z_1 \to \infty$，$Z_f = 0$ 时，电路如图 2-5 所示。

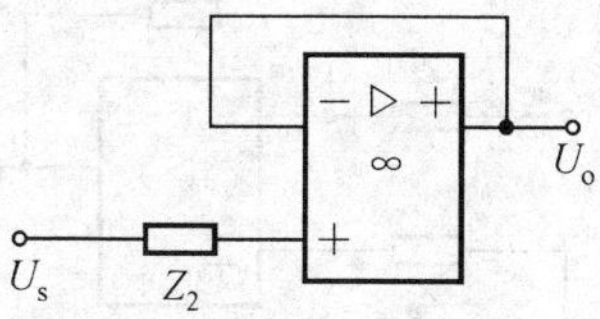

图 2-5　电压跟随器

此时，$A_C = 1$，闭环放大器已不再起放大作用，称为电压跟随器，通常起阻抗变换作用。

3）同相增益 A_{CM} 和共模抑制比 CMRR

若在运放的两输入端同时加入频率相等且小于 200 Hz，相位相同的信号 U_{CM}，在理想的情况下输入信号 $U_i = 0$，则输出电压 $U_o = 0$。

但实际上由于电路不能做到完全对称，因此，$U_o \ne 0$。

把 $\Delta U_o / \Delta U_{CM}$ 称为同相增益（共模增益），表示为
$$A_{CM} = \Delta U_o / \Delta U_{CM} \quad\quad\quad (2\text{-}7)$$

其中，ΔU_{CM} 是指将 ΔU_o 折算到输入端的电压。

共模抑制比 CMRR 是用对数表示的差模增益与共模增益之比，单位为分贝。
$$CMRR = 20 \lg(A_o / A_{CM}) \qu\quad\quad\quad (2\text{-}8)$$

4）输入失调电压 U_{IO}

当输入电压为零时，在理想状态下输出电压也应为零，但实际上由于电路的不对称使得输出电压不为零，而是一个较小的电压，称此电压为集成运放的失调电压 U_{IO}。

5）输入偏置电流 I_B

输入偏置电流 I_B 是指当输出电流为零时，两输入电流的平均值，即
$$I_B = (I_{B1} + I_{B2})/2 \qu\quad\quad\quad (2\text{-}9)$$

6）输入失调电流 I_{IO}

输入失调电流是指当运放输出电流为零时，两输入端的输入电流差值的绝对值，即
$$I_{IO} = |I_{B1} - I_{B2}| \qu\quad\quad\quad (2\text{-}10)$$

7）输入电阻 Z_i

输入电阻相当于从放大器的输入端两点看进去的交流等效电阻。

8）输出电阻 Z_o

输出电阻相当于从放大器的输出端两点看进去的交流等效电阻。

2.2　反相运算放大器

输入信号从反相输入端输入的运算电路是反相运算电路。

1. 基本反相放大器

基本反相放大器电路如图 2-6 所示，这里将输入回路和输出回路都看成网络，网络的组成决定了电路的功能。

（1）若 Z_f、Z_F、Z_p 均为电阻，则电路为反相比例放大器。

（2）若 Z_f 为电阻，Z_F 为电容，则电路为积分放大器。

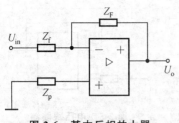

图 2-6 基本反相放大器

（3）若 Z_f 为电容，Z_F 为电阻，则电路为微分放大器。

（4）若用复杂阻容网络代替输入回路原件或输出回路原件，则电路为有源滤波器和有源校正电路。

反相放大器的共同特点如下。

（1）各类反相放大器的闭环增益 A_C 和输入阻抗 Z_{in} 的数学表达式具有相同的形式。在理想状态下，闭环增益和输入阻抗为

$$A_C = -\frac{Z_F}{Z_f} \tag{2-11}$$

$$Z_{in} = Z_f \tag{2-12}$$

（2）输入回路电流 I_f 将全部流经反馈回路，故有

$$I_f = I_F \tag{2-13}$$

（3）反相段电压与同相端电压相等，且总等于零，即

$$U_+ = U_- = 0 \tag{2-14}$$

这就是反相放大器所特有的"虚地"现象。

2. 反相比例放大器

基本反相放大器中输入回路元件 Z_f 和反馈回路元件 Z_F 均为纯电阻时，即成为反相比例放大器，其电路原理及理想等效电路如图 2-7 所示。

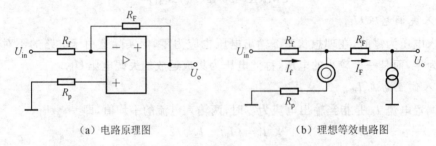

（a）电路原理图　　　　　　（b）理想等效电路图

图 2-7 反相比例放大器

在等效电路中由于 $I_f = I_F$，故

$$\frac{U_{in}}{R_f} = -\frac{U_o}{R_F}$$

$$A_C = \frac{U_o}{U_{in}} = -\frac{R_F}{R_f} \tag{2-15}$$

此即反相比例放大器的理想闭环增益。而输入电阻为

$$R_{in} = \frac{U_{in}}{I_f} = \frac{I_f R_f}{I_f} = R_f \tag{2-16}$$

注意，以上分析是从理想角度来定性分析的，在工程设计上这种近似是十分实用的，可以快速设计出电路，但需进行误差分析，并考虑各种非理想因素，这时要运用运放的实际等效模型来分析电路。

2.3　同相运算放大器

1. 基本同相放大器

图 2-8 所示为基本同相放大器的原理电路，与反向放大器一样，外部元件可以是电阻元件、

电抗元件,甚至是一个复杂的网络。

同相放大器具有以下特点。

(1) 各类同相放大器的闭环增益 $A_F(j\omega)$ 与输入阻抗具有相同的形式,即

$$A_F(j\omega) = 1 + \frac{Z_F}{Z_f} \qquad (2-17)$$

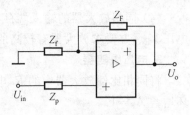

图 2-8　基本同相放大器

(2) 流经输入回路的电流与流经反馈回路的电流相同,即

$$\dot{I}_f - \dot{I}_F \qquad (2\text{-}18)$$

(3) 反相端电压与同相端电压相等,且总等于共模电压 $\dot{U}_c$,即

$$\dot{U}_+ = \dot{U}_- = \dot{U}_c$$

这一点要特别引起注意,由于 $\dot{U}_c$ 的存在,同相放大器存在共模电压堵塞现象,这一点与反相放大器不同。

2. 同相比例放大器

在基本同相放大器中,外部元件为纯电阻时,即构成同相比例放大器,显然它是基本同相放大器的一种特例。图 2-9 所示为原理电路及理想等效电路。

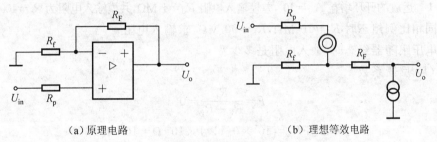

(a) 原理电路　　　　　　　　　　　　　(b) 理想等效电路

图 2-9　同相比例放大器

1) 闭环增益

理想闭环增益为

$$A_F = 1 + \frac{R_F}{R_f} \qquad (2-19)$$

由式(2-19)可知,当运放具有理想特性时,同相比例放大器的闭环增益 A_F 仅与外部电路元件 R_F、R_f 有关,而与放大器本身参数无关。此外,同相比例放大器的闭环增益总是大于或等于1。电阻 R_p 是为消除偏置电流及漂移的影响而设置的补偿电阻。

2) 输入电阻

当运放为理想时,显然输入电阻为无穷大;而当运放为非理想时,输入电阻为有限值。同相放大器输入电阻很高,因此同相放大器特别适用于信号源为高阻的情况,这是它的重要优点。

3) 同相比例放大器与反相比例放大器的比较

综上所述,同相比例放大器与反相比例放大器的主要区别如下。

(1) 同相输入时,输出与输入同相;反相输入时,输出与输入反相。

(2) 同相输入时,闭环增益总是大于或等于1;反相输入时,闭环增益可大于1,也可小于1。

(3) 同相放大器的输入电阻很高,远大于反相放大器的输入电阻。

（4）同相放大器的输入端存在共模输入电压，因此输入电压不能超过运放的最大共模输入电压 V_{icm}，并要求放大器有较高的共模抑制比；而反相放大器不存在这一问题。

3. 电压跟随器

将同相比例放大器中的 R_f 电阻断开，即 $R_f=\infty$，构成电压跟随器，原理如图 2-10 所示，闭环增益 $A_F=1$。

它具有高输入阻抗、低输出阻抗的特点，在应用电路中常用作隔离电路。图 2-10(a) 所示电路在发生"堵塞"时，R_F 对电路有一定的限流保护作用，但与图 2-10(b) 所示电路相比，元件用得多，且定态误差较大。

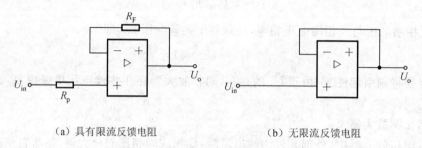

（a）具有限流反馈电阻　　　　　　　（b）无限流反馈电阻

图 2-10　电压跟随器

例 2-1　运放的开环增益 $A_{vo}=10^5$，差模输入电阻 $R_{id}=1$ MΩ，共模输入电阻为 $R_c=100$ MΩ，问：

（1）同相比例组态时 $R_f=10$ MΩ，$R_F=90$ MΩ，求输入电阻；

（2）电压跟随器组态时，输入电阻是多少？

解　（1）反馈系数

$$F=\frac{R_f}{R_F+R_f}=0.1$$

$$A_{vo}FR_{id}=10^5\times0.1\times1\times10^6\ \Omega=10^{10}\ \Omega$$

输入电阻

$$R_{in}=R_c\;/\!/\;(A_{vo}FR_{id})=10^8\;/\!/\;10^{10}\ \mathrm{M\Omega}\approx99\ \mathrm{M\Omega}$$

（2）输入电阻

$$R_{in}=R_c\;/\!/\;(A_{vo}R_{id})=10^8\;/\!/\;10^{11}\ \mathrm{M\Omega}\approx99.9\ \mathrm{M\Omega}$$

由该例可以看到，电压跟随器的输入电阻高于同相比例放大器的输入电阻，两者均很高，接近于运放的共模输入电阻。这一结论具有一般性意义，可以用作直接估算同相放大器的输入电阻。

2.4　电荷放大器

在力、加速度、振动、冲击等的测量中广泛地使用压电传感器，它将被测量转换成电荷输出，并将电荷送入电荷放大器，使电荷放大器的输出电压正比于被测量。电荷放大器的主要特点是测量的灵敏度与电缆长度无关。

1. 电荷放大器的原理

所谓电荷放大器就是输出电压正比于输入电荷的一种放大器。它利用电容反馈，并具有高增益，如图 2-11 所示。

传感器的输出电荷 Q 只对电容 C_f 进行充电，C_f 上的充电电

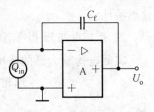

压为

$$U_c = Q/C_f \tag{2-20}$$

此电压为电荷放大器的输出电压，即

$$U_o = -Q/C_f \tag{2-21}$$

图 2-11　电荷放大器原理图

从上式可以得到：电荷放大器的输出电压仅与输入电荷成正比，与反馈电容 C_f 成反比，而与其他电路参数、输入信号频率无关。

图 2-12 所示为电荷放大器的等效电路图，C_s 为传感器固有电容，C_c 为电缆对地的分布电容，G_c 为电缆的传输电阻，G_i、C_i 分别为放大器输入电阻和输入电容。

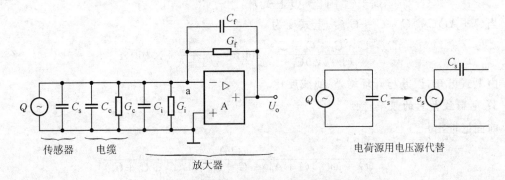

图 2-12　电荷放大器等效电路

根据等效电路可得

$$(e_s - U_a)j\omega C_s = U_a[(G_c + G_i) + j\omega(C_c + C_i)] + (U_a - U_o)(G_f + j\omega C_f) \tag{2-22}$$

a 点为虚地点，且 $U_a = -\dfrac{U_o}{A_d}$，代入上式可得

$$U_o = \frac{-j\omega C_s A_d e_s}{(G_f + j\omega C_f)(1 + A_d) + G_i + G_c + j\omega(C_c + C_i + C_s)}$$

$$= \frac{-j\omega Q A_d}{(G_f + j\omega C_f)(1 + A_d) + G_i + G_c + j\omega(C_c + C_i + C_s)} \tag{2-23}$$

从上式可看出：实际电荷放大器的输出电压不仅与输入电荷 Q 有关，而且还与电路参数 G_i、G_c、G_f、C_i、C_c、C_s 及信号频率 f、开环增益 A_d 有关。

2. 电荷放大器特性

1) 理想特性

由于通常情况下 G_i、G_c、G_f 均很小，则上式可简化为

$$U_o = \frac{-A_d Q}{C_c + C_i + C_s + (1 + A_d)C_f} \tag{2-24}$$

一般情况下，C_s 为几十皮法，C_f 为 $(10^2 \sim 10^5)$ pF，C_c 约为 100 pF/m，有 $(1 + A_d)C_f \gg (C_c + C_i + C_s)$。因此，上式又可简化为

$$U_o = \frac{-A_d Q}{(1 + A_d)C_f} \approx -\frac{Q}{C_f} \tag{2-25}$$

只有满足 G_i、G_c、G_f 很小和 $(1 + A_d)C_f \gg (C_c + C_i + C_s)$ 条件下，电荷放大器才能获得近似的

理想特性。

2）开环电压增益的影响

实际电荷放大器的输出电压与理想放大器的输出之间的误差可由下式计算：

$$\delta=\frac{理想电荷放大器输出电压-实际电荷放大器输出电压}{理想电荷放大器输出电压}$$

因此，

$$\delta=\frac{-Q/C_f-\left[-\dfrac{A_d Q}{C_i+C_s+C_c+(1+A_o)C_f}\right]}{-Q/C_f}\times 100\%$$

$$=\frac{C_i+C_s+C_c+C_f}{C_i+C_s+C_c+(1+A_d)C_f}\times 100\% \tag{2-26}$$

当 $(1+A_d)C_f\gg C_i+C_s+C_c$ 时，上式变为

$$\delta=\frac{C_i+C_s+C_c+C_f}{(1+A_d)C_f}\times 100\%\approx\frac{1}{(1+A_d)}\times 100\% \tag{2-27}$$

由上式可知，误差与开环增益 A_d 成反比。

3）电荷放大器的频率特性

前面已推出

$$U_o=\frac{-j\omega Q A_d}{(G_f+j\omega C_f)(1+A_d)+G_i+G_c+j\omega(C_c+C_i+C_s)}$$

由于 A_d 很大，$1+A_d\approx A_d$，G_c 是输入电缆的漏电导，其值也很小，$(C_c+C_i+C_s)/A_d$ 可忽略，则上式变为

$$U_o=\frac{-Q}{(G_f+G_i/A_d)/j\omega+C_f}\approx\frac{-Q}{G_f/j\omega+C_f} \tag{2-28}$$

式（2-28）表示电荷放大器的低频特性。其表明：电荷放大器的输出电压 U_o 不仅与输入电荷 Q 有关，而且还与反馈网络参数有关。当信号频率较低时，$G_i/j\omega$ 就不能忽略，f 越低，其影响越大。

当 $|G_f/\omega|=|C_f|$ 时，电压输出幅值为

$$U_o=\frac{Q_{in}}{\sqrt{2}C_f} \tag{2-29}$$

这个值称为截止频率点电压输出值。相应的下限截止频率为

$$\omega_L=\frac{G_f}{C_f}$$

$$f_L=G_f/2\pi C_f=1/2\pi R_f C_f \tag{2-30}$$

若要设计下限截止频率很低的电荷放大器，则需选择足够大的反馈电容及反馈电阻，增大反馈回路的时间常数。

电荷放大器的高频响应主要是受输入电缆分布电容的限制，特别是远距离测量时，输入电缆可达数百米到数千米，若电缆分布电容以 100 pF/m 计，则 100 m 的分布电容为 10^4 pF。当输入电缆很长时，电缆本身的直流电阻 R_c 亦增大，这时等效电路可看成如图 2-13 所示。

根据同前面一样的推导可得，上限截止频率为

$$f_H=\frac{1}{2\pi R_c(C_s+C_c)} \tag{2-31}$$

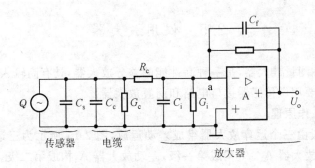

图 2-13　远距离测量时电荷放大器等效电路

4）电荷放大器的噪声及漂移特性

电荷放大器的噪声来源于输入的长电缆,是由输入级差动晶体管的失调电压和失调电流引起的零点漂移的产生。将噪声和零点漂移等效到输入端的等效电路如图 2-14 所示。

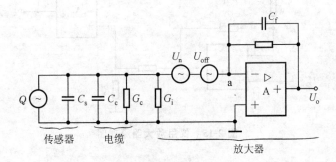

图 2-14　考虑噪声和零点漂移的电荷放大器等效电路

图中:U_n 为等效输入噪声电压,U_{off} 为等效输入失调电压。

首先考虑 U_n 在输出端产生的 U_{on},令 $E_s = 0$,$U_{off} = 0$,可得

$$(E_s - U_n)j\omega C_s = U_n j\omega C_c + U_n(G_c + G_i) + (U_n - U_{on})(j\omega C_f + G_f)$$

$$U_n[(C_s + C_c)j\omega + G_i + G_c] = (U_{on} - U_n)(j\omega C_f + G_f) \tag{2-32}$$

可推得

$$U_{on} = \left(1 + \frac{j\omega(C_c + C_s) + G_i + G_c}{j\omega C_f + G_f}\right) \cdot U_n \tag{2-33}$$

若 $\omega(C_c + C_s) \gg (G_i + G_c)$,且 $\omega C_f \gg G_f$ 时,上式可简化为

$$U_{on} = [1 + (C_s + C_c)/C_f] \cdot U_n \tag{2-34}$$

可以看出,在 U_n 一定的条件下,C_c 和 C_s 越小,C_f 越大,则 U_{on} 越小。如果输入电缆越长,C_c 越大,则 U_{on} 越大。

为减小 U_{on},则尽可能使输入电缆最短,以使 C_c 减小,同时增大 C_f。

用同样方法分析零点漂移可得

$$U_{of} = \left[1 + \frac{j\omega(C_c + C_s) + G_i + G_c}{j\omega C_f + G_f}\right] \cdot U_{off} \tag{2-35}$$

零漂是缓慢变化的信号,可认为 $f \approx 0$,$U_{of} = [1 + (G_i + G_c)/G_f] \cdot U_{off}$。要减小漂移,必须提高放大器输入电阻,增加电缆的绝缘,同时要增大 G_f,即减小反馈电阻。

2.5　仪用放大器

仪用放大器又称测量放大器,是一种高性能的差分放大器,具有高输入阻抗、高共模抑制比和高增益等优点,主要用做传感器接口电路和前置放大器。

1. 仪用放大器工作原理

仪用放大器一般由三个运算放大器组成差动运放,图 2-15 所示为三运放结构的仪用放大器,两个对称的同相放大器 A_1、A_2 构成第一级,差动放大器 A_3 构成第二级。为提高电路的抗共模干扰能力和抑制漂移影响,应使电路上、下对称,取 $R_{f1} = R_f$。

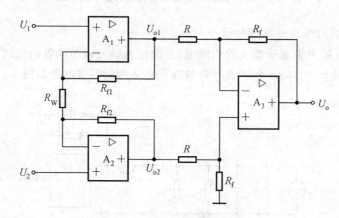

图 2-15　仪用放大器原理图

若 A_1、A_2 和 A_3 都是理想运放,则有

$$U_{o1} = \left(1 + \frac{R_{f1}}{R_w}\right)U_1 - \frac{R_{f2}}{R_w}U_2 \tag{2-36}$$

$$U_{o2} = \left(1 + \frac{R_{f2}}{R_w}\right)U_2 - \frac{R_{f2}}{R_w}U_1 \tag{2-37}$$

$$U_o = \frac{R_f}{R}\left(1 + \frac{R_{f1} + R_{f2}}{R_w}\right)(U_2 - U_1) \tag{2-38}$$

这种电路的特点是性能完善,一般由两个以上的运放组成,只要运放性能对称(主要指输入阻抗和电压增益对称),其漂移将大大减小,具有高输入阻抗和高共模抑制比,对微小的差模电压很敏感,并适用于测量远距离传输过来的信号,因而十分适宜与传感器配合使用。

在某些只需简单放大的情况下,采用一般运放组成的测量放大器作为传感器的输出信号放大是可行的,但为了保证精度常需采用精密匹配的外接电阻,才能保证最大的共模抑制比,否则增益的非线性也比较大;此外还需要考虑放大器的输入电路与传感器的输出阻抗的匹配问题。因此,在要求较高的场合,常采用集成测量放大器。

2. 仪用放大器集成芯片 AD620

近年来,随着集成电路制造工艺的飞速发展,单片集成差动放大器已广泛应用于测量与控制领域,其本质就是运放与组合式差分放大器的集成。常用的有 AD 公司的 AD521、AD620、AD624,BB 公司的 INA110、INA118。

AD620 仪用放大器是美国 AD 公司的产品,由于采用 β 先进工艺,使其最大的工作电流为

1.3 mA,输入失调电压为 50 μV,输入失调漂移最大为 1 μV/℃,共模抑制比为 93 dB,增益范围为 1～1 000 可调,且调节方便,噪声低。

AD620 的核心是三级运放电路,有较高的共模抑制比,温度稳定性好,放大频带宽,噪声系数小,且精确度高、使用简易、噪声低,应用十分广泛。多年来,AD620 已经成为工业标准的高性能、低成本的仪表放大器。

AD620 是一种完整的单片仪表放大器,提供 8 引脚 DIP 和 SOIC 两种封装,工作电压为 ±15 V,其引脚图如图 2-16 所示。经过激光微调片内薄膜电阻器 R_1 和 R_2,使用户只需要使用一只外部电阻器便可以设置从 1～1 000 的增益,最大误差在 ±0.3% 之内。

脚 1 和脚 8 之间是外接电阻 R_G 的接入端,差分输入信号由脚 2 和脚 3 输入,脚 6 是输出端,脚 4 是负电源端,脚 7 是正电源端,脚 5 是参考端,通常该端接地。图 2-17 所示为 AD620 的基本连接电路图。

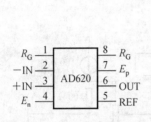

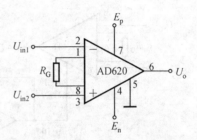

图 2-16　AD620 引脚图　　　　　图 2-17　AD620 基本连接电路图

在基本连接方式下,电路的输入/输出关系为

$$U_o = \left(1 + \frac{49.4\ \text{k}\Omega}{R_G}\right)(U_{in2} - U_{in1}) \tag{2-39}$$

$$G = 1 + \frac{49.4\ \text{k}\Omega}{R_G} \tag{2-40}$$

由于 AD620 具有体积小、功耗低、噪声小及供电电源范围广等特点,因此特别适宜应用到诸如传感器接口、心电图监测仪、精密电压电流转换等场合。从电路技术性能上来分析,AD620 实际上是一种低功耗、用于高精度仪器的宽带集成运算放大器。

3. 仪用放大器集成芯片 INA118

INA118 是 BB 公司生产的低功耗、低成本的通用仪用放大器。其内部设计的电流反馈电路提供了很宽的信号带宽(增益 $G=100$ 时可达 70 kHz),经激光修正后的电路,具有很低的失调电压和很高的共模抑制比。器件可以在只有 ±1.25 V 的电源下工作,而且静态电流仅为 350 μA,很适合于用电池供电。使用时只需外接一只增益电阻,就可实现 1～10 000 之间的任意增益,而且有 ±40 V 的输入保护电压。

INA118 可广泛用于便携式放大器、热电偶、热电阻测量放大器、数据采集放大器和医用放大器。

INA118 采用 8 引脚塑料 DIP 和 SO 封装,引脚图如图 2-18 所示。

INA118 由于内含输入保护电路,因此,如果输入过载,保护电路将把输入电流限制在 1.5～5 mA 的安全范围内,以保证后续电路的安全。此外,输入保护电路还能在无电源供电的情况下对 INA118 提供保护。

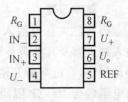

图 2-18　INA118 引脚图

INA118 通过脚 1 和脚 8 之间外接一电阻 R_G 来实现不同的增益,该增益可从 1~1 000。电阻 R_G 的大小可由下式决定:

$$R_G = 50 \text{ k}\Omega/(G-1) \tag{2-41}$$

式中:G 为增益。

由于 R_G 的稳定性和温度漂移对增益有影响,因此,在那些需要高精度增益的应用中对 R_G 的要求也比较高,应采用高精度、低噪声的金属膜电阻。5 脚(REF)为调零端,调节范围为 ±10 mV,该引脚使用时,一般接地,R_G 为增益电阻。但是在高增益的电路设计中 R_G 的取值较小,当 $G=$ 100 时,R_G 为 1.02 kΩ;当 $G=1$ 000 时,R_G 为 50.5 Ω。因此,在高增益时的接线电阻不能忽略,由于它的存在,实际增益可能会有较大的偏差,因而,计算得到的 R_G 值需要修正。修正的具体方法是用一个可调电位器替代 R_G,调节电位器使得输出电压与输入电压的比值达到设计所要求的增益值。图 2-19 所示为外加偏移调零电路。

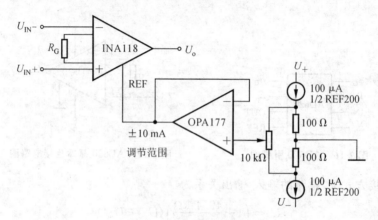

图 2-19 外加偏移调零电路

INA118 不仅能在很宽的频带范围内工作,而且具有很高的抗干扰能力,是一种使用非常方便的仪用放大器。

2.6 隔离放大器

为了提高系统的抗干扰性能、安全性能和可靠性,现代测控系统经常采用隔离放大器。

所谓隔离放大器是指前级放大器与后级放大器之间没有电气上的联系,而是利用光或磁来耦合信号。目前常用的隔离放大器主要有电磁(变压器)隔离、光隔离和电容隔离三种隔离方式。电磁耦合实现载波调制,具有较高的线性度和隔离性能,其共模抑制比高、技术较成熟,但体积大、工艺复杂、成本高、应用较不方便。光耦合结构简单、成本低廉、器件较轻,具有良好的线性和一定的转换速度,带宽较宽,且与 TTL 电路兼容。

1. 基本原理

隔离放大器由输入放大器、输出放大器、隔离器及隔离电源等部分组成,如图 2-20 所示。输入放大器及其电源是浮置的,放大器输入端浮置,泄露电流极小,输入端到公共端的电容和泄漏都很小,有极高的共模抑制能力,能对信号进行安全准确地放大。电源浮置,无共模电压。隔离电阻约为 10^{12} Ω,隔离电容的典型值为 20 pF,因此隔离放大器的输出与输入隔离,消除了通过公共地线的干扰,大大提高了共模抑制比。

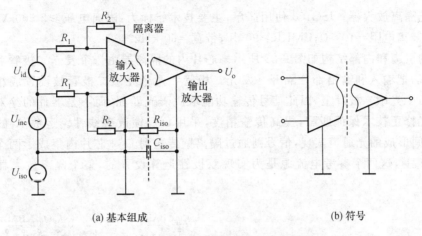

(a) 基本组成   (b) 符号

图 2-20 隔离放大器的基本组成及符号

对于变压器耦合隔离放大器,被测信号经放大并调制成调幅波后,由变压器耦合,再经解调、滤波和放大后输出。输入腹地放大器的直流电源由载波发生器产生频率为几十千赫兹的高频振荡,经隔离变压器馈入输入电路,再经过整流、滤波以实现隔离供电。同时,该高频振荡经隔离变压器为调制器提供所需载波信号,为解调器提供参考信号。变压器的隔离效果主要取决于变压器匝间的分布电容,载波频率越高,就越容易将变压器的匝数、体积和分布电容做得较小。

光耦合隔离放大器是将输入被测信号放大(也可载波调制),并由耦合器中的发光二极管 LED 转换成光信号,再通过光耦合器中的光敏器件变换成电压或电流信号,最后由输出放大器放大输出。

2. 光隔离放大器

用光来耦合信号的器件称为光电耦合器,其内部有作为光源的半导体发光二极管和作为光接收的光敏二极管或三极管。图 2-21 给出了常见的几种光电耦合器的内部电路。

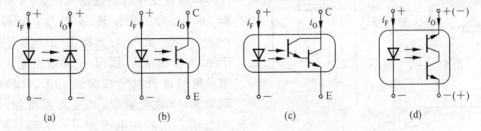

(a)   (b)   (c)   (d)

图 2-21 常见光电耦合器的内部电路

图 2-22 给出了几种不同类型的光电耦合器件的传输特性。由图可知,硅光敏二极管型具有良好的传输特性和较宽的线性范围,由于没有任何放大环节,故传输增益最小;硅光敏三极管型具有一定的传输增益,但其小电流增益与大电流增益严重不一致,将导致传输线性较差;达林顿型由于经过两次电流放大,故其传输增益最大,但传输线性最差。

下面以美国 Burr-Brown 公司的集成芯片 ISO100

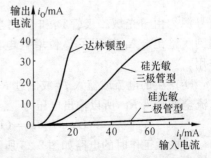

图 2-22 几种光电耦合放大器的传输特性

为例介绍光隔离放大器。ISO100 使用简单,主要技术指标为:隔离电压≥2 500 V;泄露电流 ≤0.3 μA;隔离电阻=10^{12} Ω;CMRR≥90 dB;带宽=60 kHz。

芯片的引脚和内部结构如图 2-23 所示。芯片内的隔离器由一个发光二极管和一对光敏二极管构成,把输入和输出部分隔开。发光二极管和两个光敏二极管被设置成相同光强的光照射到两个光敏二极管上,因此信号传输功能取决于光匹配,而不是器件的绝对性能。芯片采用激光修正技术保证匹配,提高传输精度,采用负反馈改善线性。运放 A_1 的负反馈由 LED 和 D_1 间形成的光通道实现,信号则通过隔离壁传送到 D_2。芯片内集成了两个参考电流源 I_{REF1} 和 I_{REF2},这两个参考电流源是为实现双极性运算设置的,整个隔离放大器是同相放大器。

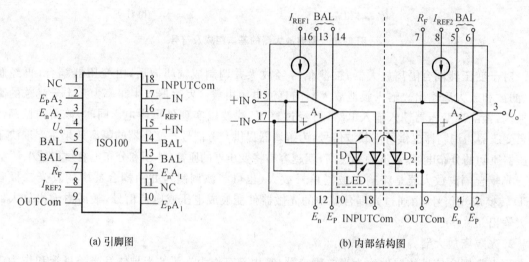

(a) 引脚图　　　　　　　　　　　　　　　　(b) 内部结构图

图 2-23　ISO100 引脚及内部结构图

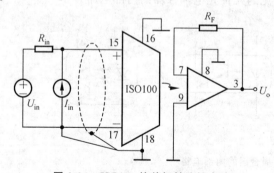

图 2-24　ISO100 的单极性连接电路

单极性工作时的电路如图 2-24 所示,引脚 16、17 和 18 相连并接地,I_{in} 必须由 ISO100 向外流出,导致脚 15 的电压下降,由于 A_1 为反相结构,因而 A_1 的输出电压上升,驱动电流流过发光二极管 LED。LED 的电流增加,D_1 就会响应,其电流也增加,最后,A_1 负输入端的总电流为零。D_1 起负反馈作用,稳定了环路,流过 D_1 的电流 I_{D1} 等于输入电流 I_{in} 与偏置电流之和,于是偏流不会流经信号源。由于光敏二极管 D_1 和 D_2 完全匹配,所以流过的电流相等($I_{D1}=I_{D2}$),I_{in} 通过 D_2 被复制到了输出。A_1 起到了单位增益电流放大器的作用,而 A_2 则起到了电流/电压转换器的作用。

D_2 产生的电流或流入 A_2 或流过 R_F,由于 A_2 的偏置电流被设计成非常小(10 nA),因此该电流全部流入 R_F,所以输出电压为

$$U_o = I_{D2}R_F = (I_{D1} + I_{B2})R_F \approx -(-I_{in})R_F = I_{in}R_F \tag{2-42}$$

双极性工作时的电路如图 2-25 所示,引脚 16 和 15 相连、17 和 18 相连、7 和 8 相连,这时当 $I_{in}=0$ 时,I_{REF1} 流过 D_1。由于 D_1 和 D_2 完全对称,所以流过的电流满足 $I_{REF1} = I_{REF2}$。因此无信

号时($I_{in}=0$)，I_{REF2} 流过 D_2，没有电流流过外接电阻 R_F，输出为零。当输入电流 I_{in} 增加输入节点电流或减少输入节点电流时，D_1 的电流 I_{D1} 将调解满足 $I_{D1}=I_{in}+I_{REF1}$，由于 $I_{D1}=I_{D2}$，$I_{REF1}=I_{REF2}$，一个大小等于 I_{in} 的电流将流过 R_F，输出电压为 $U_o=I_{in}R_F$。

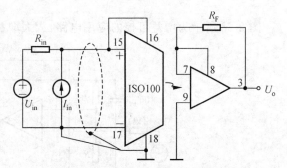

图 2-25　ISO100 的双极性连接电路

3. 变压器隔离放大器

以美国 Analog Devices 公司的集成芯片 AD202 为例来介绍变压器隔离放大器。AD202 是一种低成本、高性能的小型隔离放大器，采取了新的电路设计和变压器结构，内部结构如图 2-26 所示。AD202 的内部分为两部分：输入部分是一个运算放大器，而隔离和输出部分只有单位增益。AD202 有 DIP 和 SIP 两种封装形式，主要技术参数如下。

（1）功率：75 mW。

（2）高精度：最大 ±0.025% 的非线性。

（3）高共模抑制比：130 dB。

（4）带宽：5 kHz。

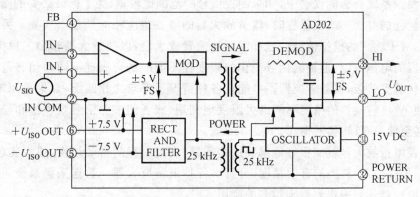

图 2-26　AD202 内部功能框图

图 2-27、图 2-28 所示分别是 AD202 的两种典型应用电路。图 2-27 所示为单位增益应用电路，这时 AD202 不起放大作用，只起到模拟量输入电压的信号隔离。

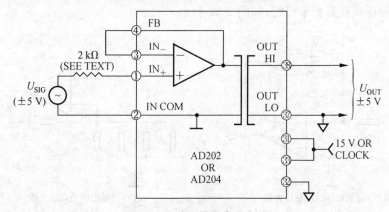

图 2-27　单位增益应用电路

图 2-28 所示为增益可控的应用电路,放大增益 $G=1+\dfrac{R_F}{R_G}$。

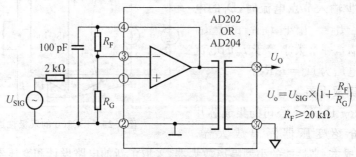

图 2-28　增益不为 1 的应用电路

在图 2-28 中,R_F 应在 20 kΩ 以上,当增益大于 5 时,在 4 脚和 2 脚之间应接一个 100 pF 的电容,低增益情况下可不接这个电容,但接上也不会产生负作用。

2.7　程控增益放大器

在自动测控系统和智能仪器中,如果测控信号的范围比较宽,为了保证必要的测量精度,常会采用改变量程的办法。改变量程时,测量放大器的增益也应相应地加以改变。另外,在数据采集系统中,对于输入的模拟信号一般都需要加前置放大器,以使放大器输出的模拟电压适合于模数转换器的电压范围,但被测信号变化的幅度在不同的场合表现不同的动态范围,信号电平可以从微伏级到伏级,模数转换器不可能在各种情况下都与之相匹配,如果采用单一的增益放大,往往使 A/D 转换器的精度不能最大限度地利用,或者使被测信号削顶饱和,造成很大的测量误差,甚至使 A/D 转换器损坏。

使用程控增益放大器就能很好地解决这些问题,实现量程的自动切换,或者实现全量程的均一化,从而提高 A/D 转换的有效精度。因此,程控增益放大器在数据采集系统、自动测控系统和各种智能仪器仪表中得到越来越多的应用。

1.基本工作原理

程控增益放大器(Programmable Gain Amplifier, PGA)的基本形式是由运算放大器和模拟开关控制的电阻网络组成,模拟开关则由数字编码控制。数字编码可用数字硬件电路实现,也可用计算机硬件根据需要来控制,如图 2-29 所示。

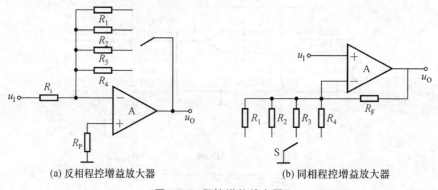

(a) 反相程控增益放大器　　　　　　　　　(b) 同相程控增益放大器

图 2-29　程控增益放大器

　　通过改变反馈网络的电阻值或输入端的电阻值,都能改变放大器的增益,在实际应用中,往往需要分段地改变放大器增益。

　　现代测控系统几乎无一例外地采用微处理器或微控制器作为系统的控制核心,因此程控增益放大器总是采用数控放大器的形式,如图 2-30 所示。

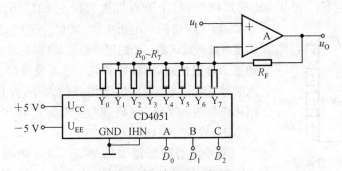

图 2-30　采用模拟开关的程控增益放大器

　　CD4051 为八路转换开关,控制端为 A、B、C,控制逻辑如表 2-1 所示,$R_0 \sim R_7$ 阻值各不相同,因此可获得不同的增益。

表 2-1　CD4051 控制逻辑图

A	B	C	接通通道
0	0	0	Y0
1	0	0	Y1
0	1	0	Y2
1	1	0	Y3
0	0	1	Y4
1	0	1	Y5
0	1	1	Y6
1	1	1	Y7

2. 集成程控增益放大器芯片 AD603

　　AD603 是美国 Analog Devices 公司生产的新型电压控制增益放大器,具有低噪声、宽频带、增益和增益范围可调整,如图 2-31 所示为 AD603 的内部结构原理图。

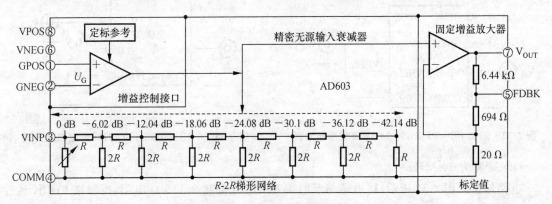

图 2-31　AD603 内部结构图

　　AD603 的内部结构分成 3 个功能区:增益控制区、无源输入衰减区、固定增益运放区。AD603 采用电压控制增益的方式,图中差动输入端 GPOS 和 GNEG 之间的电压差 U_G 就是控制电压,增益和电压的换算系数是 25 mV/dB。例如,U_G 变化范围为 1 V,增益变化范围为 40 dB。GPOS 和 GNEG 可同时接不同的控制电压或一端接地另一端接控制电压,控制电压可正可负。无源输入衰减器包括 7 段 R-$2R$ 梯形网络,每个节点依次衰减 6.021 dB,如图中从 0 dB 到 -42.13 dB,由控制电压决定,当 $U_G = 0$ 时,衰减值为 -21.07。

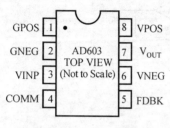

图 2-32　AD603 管脚图

固定增益运放区由一个固定增益运放(固定增益大小为 31.07 dB)和三个电阻组成,该运放的两个输入端与增益控制区和无源输入衰减区相并联,共同决定增益的大小,并且由该区的反馈端 FDBK 与输出端的不同连接,可决定频带的宽度(9 MHz、30 MHz 或 90 MHz)。

　　AD603 管脚如图 2-32 所示,供电电源范围为 $\pm 4.75 \sim \pm 5.25$ V,增益控制口差动电压为 -500 mV $\leqslant U_G \leqslant 500$ mV。

表 2-2　管脚定义

管 脚 号	定　　义	管 脚 号	定　　义
1-GPOS	增益控制电压正相输入端	5-FSBK	反馈网络连接端
2-GNEG	增益控制电压反相输入端	6-VENG	负供电电源端
3-VINP	运放输入端	7-V_{OUT}	运放输出端
4-COMM	运放接地端	8-VPOS	正供电电源端

　　AD603 的显著特点是增益可变,并且增益变化的范围也可变,不同的频带宽度决定不同的增益变化范围。频带宽度是由管脚的不同连接决定的,以下具体说明。

　　(1) 带宽为 90 MHz。

　　电路连接如图 2-33 所示,输出端与反馈端 FDBK 短接。

　　当连接方式如图 2-34 所示时,AD603 工作带宽为 90 MHz,可调整增益范围为 $-10 \sim 30$ dB,基本增益公式为:Gain(dB) $= 40U_G + 10$,U_G 单位为伏特。

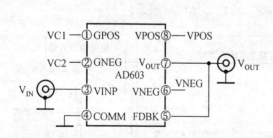

图 2-33　-10 dB$\sim$30 dB;90 MHz 带宽连接方式

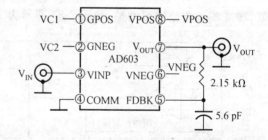

图 2-34　0 dB$\sim$40 dB;30 MHz 带宽连接方式

　　(2) 带宽为 30 MHz。

　　电路连接如图 2-34 所示,输出端与反馈端 FDBK 之间接 2.15 kΩ 电阻,反馈端 FDBK 通过 5.6 pF 电容接地。

当连接方式如图 2-35 所示时，AD603 工作带宽为 30 MHz，可调整增益范围为 0～40 dB，基本增益公式为：Gain(dB)＝40U_G＋20，U_G 单位为伏特。

（3）带宽为 9 MHz。

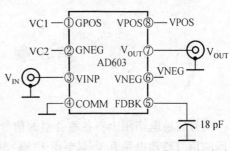

图 2-35　10 dB～50 dB；9 MHz 带宽连接方式

电路连接如图 2-35 所示，反馈端 FDBK 通过 18 pF 电容接地。

当连接方式如图 2-35 所示时，AD603 工作带宽为 9 MHz，可调整增益范围为 10～50 dB，基本增益公式为：Gain(dB)＝40U_G＋30，U_G 单位为伏特。

思考题与习题

2-1　比较反相放大器与同相放大器的特点。

2-2　在什么情况下使用电荷放大器？为什么电荷放大器要求具有高的输入阻抗？

2-3　说明在测控系统中什么情况下要使用隔离放大器，使用时对供电电源有什么要求？

2-4　请选择合适的运放、电源，并设计一个同相放大器，要求其增益为 10 倍，信号源内阻为 100 MΩ，信号幅值为 10 mV。

2-5　请利用 AD202 设计两路电压信号的隔离放大电路，其中一路为 0～5 V，不需放大，只需隔离，另一路为 0～20 mV，要求放大倍数为 100 倍。

2-6　请利用 8031 单片机和 CD4051 及集成运算放大器设计一个增益可控的电路，并说明增益的控制范围和方法，编写程序。

2-7　某传感器为电流信号输出，输出范围为 0～4 mA，请为其设计合理的电路将其转换为 0～5 V，该传感器输出阻抗高，要求电路抗共模干扰能力强。

第3章 信号转换电路

信号转换电路用于将各种类型的信号进行相互转换,它可以使不同输入、输出的器件联用。常用的信号转换电路有 V/I(电压/电流) 转换电路、I/V(电流/电压) 转换电路、V/F(电压/频率) 转换电路、F/V(频率/电压) 转换电路、A/D(模/数) 转换电路、D/A(数/模) 转换电路。

3.1 电压电流转换电路

各种传感器的共同特点是把非电量转换成电量,但电量的形式不统一。变送器是从传感器发展而来的,凡是输出为标准信号的传感器就称为变送器。这个术语有时与传感器通用。它一般分为温度/湿度变送器、压力变送器、差压变送器、液位变送器、电流变送器、电量变送器、流量变送器、重量变送器等。变送器将传感信号转换为统一的标准信号:4 ~ 20 mA(DC) 的电流信号和 1 ~ 5 V(DC) 的电压信号。输出为非标准信号的传感器,必须与特定的仪表或装置相配套,才能实现检测或调节功能。为了加强灵活性,在这些传感器的输出端加上转换器,就可以将非标准信号转换为标准信号,使之与带有标准信号输入电路或接口的仪表配套。不同的标准信号也可借助相应的转换器相互转换。

在控制系统及测量设备中,通常要利用电压/电流转换电路,进行电压信号与电流信号之间的变换。例如,在远距离监控系统中,必须把监控电压信号转换成电流信号进行传输,以减少传输导线阻抗对信号的影响,这时需要用到电压/电流转换电路。又如,对电流进行数字测量时,首先须将电流转换成电压,然后再由数字电压表进行测量,因而需要使用电流/电压转换电路。

1. V/I 转换

V/I 转换的作用是将电压转换为电流信号,它不仅要求输出电流与输入电压具有线性关系,而且要求输出电流具有恒流特性。V/I 转换的方式很多,在此主要介绍由运放构成的 V/I 转换电路和集成 V/I 转换器。

1) 由运放构成的 V/I 转换电路

图 3-1 所示为 V/I 转换电路,它由运算放大器 N 及晶体管 V_1、V_2 组成。V_1 构成倒相放大级,V_2 构成电流输出级。在输出回路中,引入了一个反馈电阻 R_7,其两端电压通过电阻 R_3、R_4 加到运算放大器的两个输入端,形成电流并联反馈,因此具有很好的恒流性能。U_b 为偏置电压,用来进行零位平移。

利用叠加原理,求出在 u_i、U_b 及输出电流 i_o 作用下,运算放大器 N 的同相输入端及反相输入端电压 u_P 及 u_N。在电路中,R_3 和 R_4 都远大于 R_L 和 R_7。则只有输入电压 u_i 作用时

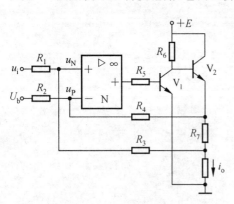

图 3-1 V/I 转换电路

$$u_{N1} \approx \frac{R_3}{R_1 + R_3} u_i \tag{3-1}$$

只有输出电流 i_o 作用时

$$u_{N2} \approx \frac{R_1}{R_1 + R_3} i_o R_L \tag{3-2}$$

$$u_{P1} \approx \frac{R_2}{R_2 + R_4} i_o (R_L + R_7) \tag{3-3}$$

在 U_b 作用下

$$u_{P2} \approx \frac{R_4}{R_2 + R_4} U_b \tag{3-4}$$

若运算放大器 N 的开环增益及输入电阻足够大,则有

$$u_P = u_N = u_{P1} + u_{P2} = u_{N1} + u_{N2} \tag{3-5}$$

设 $R_1 = R_2, R_3 = R_4$,则

$$i_o = \frac{R_4}{R_2 R_7}(u_i - U_b) \tag{3-6}$$

由上式可得出如下结论。

(1) 输出电流 i_o 与输入电压 u_i 间的转换关系取决于电路参数,因此可根据输入和输出信号的取值范围决定电路参数。如输入 $u_i = 0 \sim 10 \text{ V}$,要求输出 $i_o = 0 \sim 10 \text{ mA}$ 时,可取电阻 $R_2 = 100 \text{ k}\Omega$,$R_4 = 20 \text{ k}\Omega$,$R_7 = 200 \text{ }\Omega$,电压 $U_b = 0$。又如要求 $u_i = 0 \sim 10 \text{ V}$,要求输出 $i_o = 4 \sim 20 \text{ mA}$ 时,此时 i_o 与 u_i 之间的关系式应为

$$i_o = 1.6(u_i + 2.5) \times 10^{-3} \tag{3-7}$$

可取 $R_2 = 100 \text{ k}\Omega$,$R_4 = 20 \text{ k}\Omega$,$R_7 = 125 \text{ }\Omega$,$U_b = -2.5 \text{ V}$。

(2) 当运算放大器 N 的开环增益及输入电阻足够大时,输出电流与输入电压的关系只与电路电阻 R_2、R_4 及反馈电阻 R_7 有关,而与运算放大器参数和负载电阻 R_L 无关,说明它具有恒流性能。

2) 集成 V/I 转换器及其应用

集成 V/I 转换器主要有 AD693、AD694、XTR110、XTR112/114、XTR115/116 等多种芯片。下面以 AD693 和 XTR110 为例来介绍其原理及应用。

(1) AD693 的工作原理及应用。

AD693 是美国模拟器件公司专门开发的一种具有信号放大、补偿、V/I 变换等功能的单片集成电路,也是一种完整的单片低电压/电流变换的信号调节器。该器件能够与多种传感器(如应变计电桥的荷重传感器、压力传感器、金属铂应变计测试桥路、电阻温度计(RTD)、AD590 温度传感器等) 直接相连,用来处理 $0 \sim 100 \text{ mV}$ 之间的模拟电压信号,并以电流的形式输出到测量或控制系统。AD693 的同类产品为 AD694,AD694 适合接收高电平信号,但芯片内部没有备用放大器。

图 3-2 所示为 AD693 内部框图,它由信号放大器、基准电压源、V/I 变换器及辅助放大器四部分组成。传感器输出的电压信号由 17 和 18 脚输入,经单位增益放大器 N_2 缓冲后由 N_1 和 N_3 进行放大,放大后信号送到 V/I 变换器转换成相应的电流信号输出。基准电压除为 V/I 转换器提供稳定的预标定补偿电压外,还可以和辅助放大器一起为传感器提供所需的稳定的驱动电源。芯片电压由电流环路提供,I_{IN}(10 脚)是环路反馈电流输入端,接远程的电源正端,I_{OUT}(7 脚)是电流输出端。

AD693 具有 $4 \sim 20 \text{ mA}$、$0 \sim 20 \text{ mA}$、$12 \pm 8 \text{ mA}$ 三种输出范围,其零点电流分别为 4 mA、0 mA、12 mA,对应的连接方式是把 ZERO(12 脚) 分别接 4 mA(13 脚)、6.2 V(14 脚) 或 12 mA(11 脚)。P_1、P_2、14 脚互不连接时,输入量程为 $0 \sim 30 \text{ mV}$。P_1、P_2 脚短接时,输入量程为 $0 \sim 60 \text{ mV}$。在 P_1 和 14 引脚之间接上外部增益电阻 R_{s1},可设定小于 30 mV 的输入电压范围。假定所期望的输入电压最大值为 S,其单位是 mV。利用下式可确定 R_{s1} 的阻值为

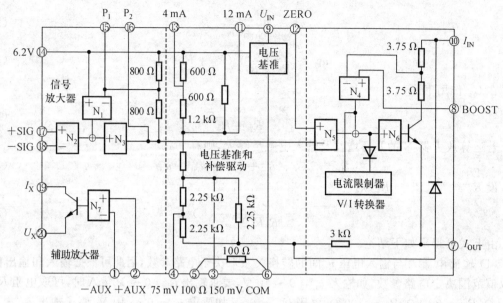

图 3-2　AD693 内部框图

$$R_{s1} = \frac{400}{30/S - 1} \tag{3-8}$$

例如，期望的输入电压最大值 $S = 6$ mV，根据式(3-8)可算出，$R_{s1} = 100$ Ω。当期望输入最大的电压值在 $30 \sim 60$ mV 之间，则要在 P_1、P_2 之间外接电阻 R_{s2}，其阻值为

$$R_{s2} = \frac{400(60 - S)}{S - 30} \tag{3-9}$$

例如，期望最大输入电压 $S = 40$ mV，根据式(3-9)可算出，$R_{s2} = 800$ Ω。

AD693 直流电源供电范围是 $12 \sim 36$ V，最大允许负载为 $1\,200$ Ω。AD693 工作在 $+24$ V 直流电源下，负载电阻 $R_L = 250$ Ω 时输出 $4 \sim 20$ mA 直流标准信号。

图 3-3 所示为由 AD693 与电阻应变片构成的应变仪电路，用于测量应力。AD693 内部的 6.2 V 基准电源及辅助放大器作为传感器桥路的驱动电源使用，供桥电压为 R_1 和 R_2 对 6.2 V 的分压。ZERO 与 4 mA 连接端相连，输出电流范围为 $4 \sim 20$ mA。

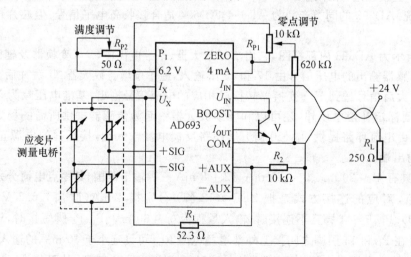

图 3-3　AD693 与电阻应变片构成的应变仪电路

将应变片粘贴在被测试件表面上,当试件受到外力(拉力或压力)作用时就会产生形变,使得应变片的电阻值发生改变。在一定范围内电阻值的变化率与电阻丝长度的变化率(即应变值)成正比。当试件受力发生形变时,测量电桥的平衡被破坏而产生输出电压 Δu,再经过 AD693 进行电压/电流转换,最终获得与应变值成正比的 $4 \sim 20$ mA 电流信号。这就是应变仪测量电路的工作原理。

(2) XTR110 的基本原理及应用。

XTR 系列是美国 Burr-Brown 公司(简称 BB 公司)生产的精密电流变送器。该系列产品包括 XTR101、XTR105、XTR106、XTR110、XTR115 和 XTR116 共 6 种型号,其功能是实现电压/电流(或电流/电流)转换。XTR110 是其中一种电压/电流变换器,其应用范围极广,可用于任何需要信号处理的场合,尤其是信号小、环境差的地方(如工业过程控制,压力、温度、应变测量、数据采集系统和微控制器应用系统输入通道等)更为合适。XTR110 采用标准 16 脚 DIP 封装。

① 主要性能指标如下。

a.标准 $4 \sim 20$ mA 电流输出;

b.通过对管脚的不同连接实现不同的输入/输出范围;

c.非线性度低,最大为 0.005%;

d.提供 +10 V 电压基准;

e.单电源供电,且电压范围宽(13.5 $\sim$ 40 V)。

② XTR110 的内部结构如图 3-4 所示。

该芯片主要由输入放大器 A_1、V/I 变换器 A_2 和 +10 V 电压基准电路等组成。10 脚和 9 脚分别为 4 mA 和 16 mA 量程控制端,6 脚和 7 脚为调零端,14 脚和 13 脚分别为信号输出和反馈端。

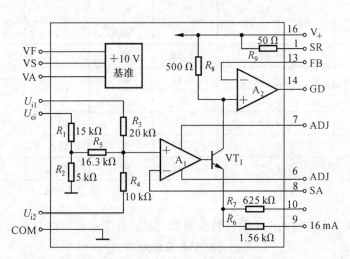

图 3-4　XTR110 的内部结构图

③ XTR110 的基本应用如下。

输入为 $0 \sim 10$ V 电压时,输出 $4 \sim 20$ mA 电流,这是标准的变送电路,图 3-5 所示为其外部连接电路。图中,通过调节 R_{P1} 来进行零点调节,首先应将输入电压置零,然后调整 R_{P1} 使输出电流为 4 mA。利用分压器 R_{P2} 可在输出电流满刻度时进行幅度调节。这一调整与零点调节是相互作用的。对于该电路,可将输入电压置于 +10 V 满刻度,然后调整 R_{P2} 到 20 mA 满刻度输出。用

于幅度调整的 R_{P2}、R_1 和 R_2 的值可根据如下原则选取：选择 R_2 使幅度可以连续小幅递减，然后选择 R_{P2} 和 R_1 使幅度上升，从而使幅度相对于中心值可调。

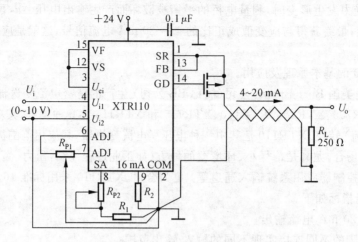

图 3-5 XTR110 的外部连接电路

当要求其他的输入电压或输出电流时，只要对某些管脚进行适当连接就可以实现。如输入电压为 0～10 V、输出电流为 0～20 mA 时，使管脚 3、5、9、10 接管脚 2（公共引脚端即接地），使管脚 4 接输入电压信号。表 3-1 列出了各种对应关系。

表 3-1 输入/输出与管脚关系

输入范围 /V	输出范围 /mA	3 脚	4 脚	5 脚	9 脚	10 脚
0～10	0～20	2	输入	2	2	2
2～10	4～20	2	输入	2	2	2
0～10	4～20	15,12	输入	2	2	开路
0～10	5～25	15,12	输入	2	2	2
0～5	0～20	2	2	输入	2	2
1～5	4～20	2	2	输入	2	2
0～5	2～20	15,12	2	输入	2	开路
0～5	5～25	15,12	2	输入	2	2

2. I/V 转换

I/V 转换主要用来将输入电流信号转换为与之呈线性关系的输出电压信号。

1）基本原理电路

图 3-6 所示为实现电压/电流转换的基本原理电路。

由图可知 $u_o = -i_S R_f$，可见输出电压与输入电流成比例。输出端的负载电流为

$$i_o = \frac{u_o}{R_L} = \frac{-i_S R_f}{R_L} = -\frac{R_f}{R_L} i_S \qquad (3\text{-}10)$$

若 R_L 固定，则输出电流与输入电流成正比，该电路也可视为电流放大电路。

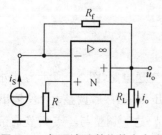

图 3-6 电压/电流转换基本电路

2) 0 ～ 10 mA/0 ～ 5 V 转换电路

最简单的 I/V 转换可以利用一个 500 Ω 的精密电阻,将 0 ～ 10 mA 的电流信号转换为 0 ～ 5 V 的电压信号。图 3-7 所示为一个实用的 I/V 转换电路。其实质是一同相比例放大电路,利用 0 ～ 10 mA 的电流信号在电阻 R 上产生输入电压,若取 $R = 100\ \Omega$,则当 $I = 10$ mA 时,产生 1 V 的输入电压,该电路的放大倍数为

$$K = 1 + \frac{R_\mathrm{f}}{R_1} \tag{3-11}$$

若取 $R_1 = 100\ \Omega, R_\mathrm{f} = 500\ \Omega$,则 0 ～ 10 mA 输入对应于 0 ～ 5V 的电压输出。由于采用同相端输入,因此,电路中的运算放大器应选择共模抑制比较高的运算放大器。

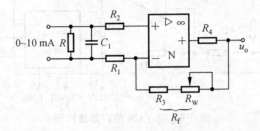

图 3-7　0 ～ 10 mA/0 ～ 5 V **转换电路**

3) 4 ～ 20 mA/0 ～ 5 V 转换电路

图 3-8 所示电路可实现 4 ～ 20 mA 到 0 ～ 5 V 的转换。由电路得

$$u_\mathrm{N} = u_\mathrm{P} = i_\mathrm{S}R \tag{3-12}$$

$$\frac{u_\mathrm{o} - u_\mathrm{N}}{R_\mathrm{f}} = \frac{u_\mathrm{N}}{R_1} + \frac{u_\mathrm{N} - U_\mathrm{f}}{R_5} \tag{3-13}$$

故有

$$u_\mathrm{o} = \left(1 + \frac{R_\mathrm{f}}{R_1} + \frac{R_\mathrm{f}}{R_5}\right)i_\mathrm{S}R - \frac{R_\mathrm{f}}{R_5}U_\mathrm{f} \tag{3-14}$$

若取 $R = 200\ \Omega, R_1 = 18\ \mathrm{k}\Omega, R_5 = 43\ \mathrm{k}\Omega$, $R_\mathrm{f} = 7.14\ \mathrm{k}\Omega$,调整电位器 R_P 使 $U_\mathrm{f} = 7.53$ V,则当 $i_\mathrm{S} = 4 ～ 20$ mA 时,可得出 $u_\mathrm{o} = 0 ～ 5$ V。

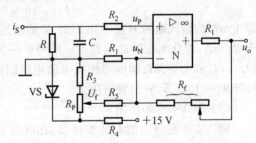

图 3-8　4 ～ 20 mA/0 ～ 5 V **转换电路**

4) RCV420 型精密电流/电压转换器

RCV420 是美国 TI 公司生产的单片精密电流/电压转换器,可广泛用于工业过程控制、自动化仪表、数据采集系统及远程终端设备中。

(1) RCV420 的性能特点。

① RCV420 属于高精度电流变送器,可将 4 ～ 20 mA 的电流信号转换成 0 ～ 5 V 的电压信号,转换精度为 ±0.1%。

② 具有精密的 10 V 电压基准,温漂 < 5×10^{-6}/℃。

③ 响应速度快,抗干扰能力强。其增益带宽为 30 kHz,响应时间仅为 10 μs,共模抑制比为 86dB,输入端可承受 ±40 V 的共模电压。

④ 外围电路简单,价格低廉。使用时一般不需要对增益、偏置电压及共模抑制比进行调整。

⑤ 通常采用 ±15 V 或 ±12 V 双电源供电。工作温度范围是 −25 ～ +85 ℃。

(2) RCV420 的内部结构和工作原理。

图 3-9 所示为 RCV420 的内部结构。RCV420 采用 DIP-16 封装,其中 16 脚 V₊、4 脚 V₋ 分

别接电源正、负极,3 脚 IN$_+$、1 脚 IN$_-$ 分别接输入电流的正、负端,14 脚 VOU 为 I/V 转换器的电压输出端,2 脚 CT 为差分信号的零点,该点应接地,13 脚 COMV 为器件公共端,5 脚 COMR 为基准参考端。

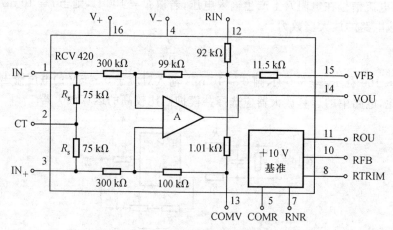

图 3-9　RCV420 的内部结构图

RCV420 主要由精密集成运放、电阻网络、10 V 基准电源组成。当 CT 端接地时,首先利用传感电阻把 4～20 mA 电流转换为差分输入电压,然后通过差分电压器获得 0～5 V 的输出电压。其电流/电压转换系数为

$$\frac{U}{I} = \frac{5 \text{ V}}{16 \text{ mA}} = 0.3125 \text{ V/mA} \tag{3-15}$$

即 1 mA 的输入电流对应于 0.3125 V 的输出电压。为使 0 V 输出对应于 4 mA,+5 V 输出对应于 20 mA,差分电压器的偏置电压应等于 −4 mA × 0.3125 V/mA = −1.25 V。内部的 99 kΩ、11.5 kΩ 和 1.01 kΩ 的电阻构成 T 形电阻网络,将 VOU 端与 RIN 端相连时,利用 T 形电阻网络可产生 −1.25 V 的偏置电压。

（3）RCV420 的应用。

RCV420 是精密的 I/V 变换器,在应用时一般可与 XTR101/103/104 等器件结合使用构成完整的远距离测量系统。图 3-10 所示电路为远距离高精度测温系统电路,是 RCV420 在远距离测量系统中的一种应用。

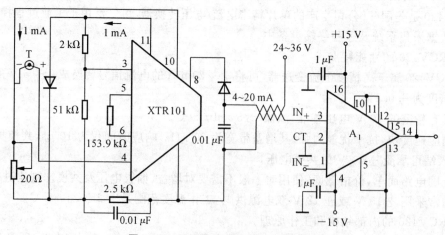

图 3-10　远距离高精度测温系统电路

图 3-10 所示电路由 XTR101 变送器一部分和 RCV420 变送器一部分组成。其中 XTR101 将温度信号（如热电偶信号）变为 4～20 mA 的电流输出。经远距离传输后，再由 RCV420 将4～20 mA 的电流信号转换成 0～5 V 的电压信号输出。0～5 V 的电压信号可直接与 A/D 变换器、单片机芯片、智能仪表等连接，构成远距离测温系统。

3.2　电压/频率转换电路

电压/频率转换电路简称 V/F 转换电路或 V/F 转换器。频率/电压转换电路简称 F/V 转换电路或 F/V 转换器。电压信号转变成频率信号后，由于频率信号可以比电压信号更为精确地传输，其抗干扰能力增强，因此尤其适用于遥控系统、干扰较大的场合和远距离传输等方面。将电压信号转换成频率信号另一个主要应用领域是进行信号隔离装置的设计，这时可先将电压信号转换成频率信号，然后通过光学隔离器进行耦合，经由频率/电压转换器恢复成电压，以达到在系统的输入和输出之间实现接近理想的隔离。

V/F 和 F/V 转换电路有模块式结构和单片集成式结构两种。单片集成式结构通常都是可逆的，既可作为 V/F 转换器使用，也可作为 F/V 转换器使用，具有体积小、成本低等特点。模块式变换器一般做成专用转换器，即将 V/F 和 F/V 设计成两种独立的模块。

1. V/F 转换

V/F 转换电路能把输入的电压信号转换成相应的频率信号，即它的输出频率与输入电压值成比例。在此，重点介绍由通用运放构成的 V/F 转换电路和单片集成 V/F 转换器。

1) 通用运放构成的 V/F 转换电路

典型的 V/F 变换方法有四种：积分复原式、电荷平衡式、电压反馈型和交替积分型。重点介绍由前两种变换方法构成的 V/F 转换电路。

(1) 积分复原式 V/F 转换电路。

积分复原式 V/F 转换电路的原理如图 3-11(a) 所示，电路由积分器和电压比较器组成，S 为模拟电路开关，可由三极管或场效应管组成。

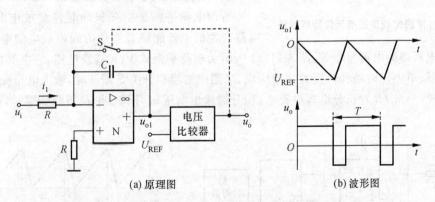

(a) 原理图　　　　　　　　　　　　　(b) 波形图

图 3-11　积分复原式电压/频率转换电路原理图及波形图

设输出电压 u_o 为高电平 U_{oH} 时 S 断开，u_o 为低电平 U_{oL} 时 S 闭合。当电源接通后，由于电容 C 上电压为零，则 $u_{o1}=0$，使 $u_o=U_{oH}$，S 断开，电压 u_i 向电容 C 充电，u_{o1} 逐渐减小；一旦 u_{o1} 超过基准电压 U_{REF}，u_o 将从 U_{oH} 跃变为 U_{oL}，导致 S 闭合，使 C 迅速放电至零，则 $u_{o1}=0$，从而 u_o 将从 U_{oL} 跃变为 U_{oH}，S 又断开，重复上述过程，电路产生自激振荡，波形如图 3-11(b) 所示。u_i 愈大，u_{o1} 从零变化到 U_{REF} 所需时间愈短，振荡频率也就愈高。

图 3-12(a) 所示为常用的 V/F 转换电路。电路包括积分器、滞回比较器和积分复位开关。滞回比较器由运算放大器 N_2 及其外围电阻构成,经分析得到滞回比较器的两个门限电平为

$$U_1 = -U \frac{R_7}{R_6 + R_7} + U_Z \frac{R_6}{R_6 + R_7} \tag{3-16}$$

$$U_2 = -U \frac{R_7}{R_6 + R_7} - U_Z \frac{R_6}{R_6 + R_7} \tag{3-17}$$

式中:U_Z 为输出限幅电压,其大小由两个反相串联的稳压管 VS_2 和 VS_3 的稳压值决定。三极管 V 构成积分复原开关,其通断由输出电压 u_o 控制。当 u_o 为高电平时,V 导通;当 u_o 为低电平时,V 截止。

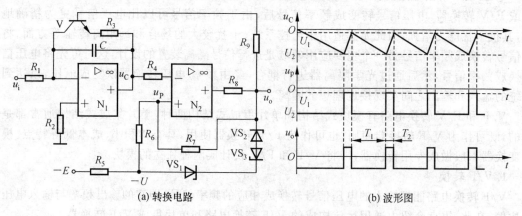

(a) 转换电路　　　　　　　　　　　　　　(b) 波形图

图 3-12　常用 V/F 转换电路

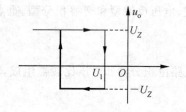

图 3-13　滞回比较器的电压传输特性图

该电路原理与前述的积分复原式 V/F 转换电路的原理类似,不再赘述。V/F 转换电路的各点波形如图 3-12(b) 所示。图 3-13 给出了由运算放大器 N_2 和外围电路构成的滞回比较器的电压传输特性。

(2) 电荷平衡式 V/F 转换电路。

所谓电荷平衡是指在积分电容 C 放电时,由复位电路产生的电流能使 C 在短时间内放电的电荷量与较长时间充电所得的电荷量相等。图 3-14(a) 所示为电荷平衡式 V/F 转换电路,它主要由积分器、过零比较器、单稳定时器和恒流发生器构成。当图中的模拟开关 S 断开时,输入电压 u_i(设为正)产生的电流 $i = u_i/R$ 对积分电容 C 充电,积分器输出电压 u_C 下降。当 u_C 下降到零时,比较器 N_2

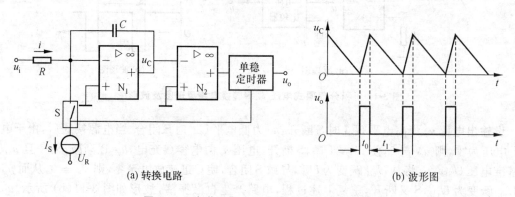

(a) 转换电路　　　　　　　　　　　　　　(b) 波形图

图 3-14　电荷平衡式 V/F 转换电路及波形图

发生跳变,触发单稳定时器,使其产生一个脉宽为 t_0 的脉冲,此脉冲可使开关 S 接通。恒流源使积分电容 C 放电,当 t_0 结束时,开关 S 断开,放电停止,t_0 期间放掉的电荷量为

$$Q_1 = t_0(I_S - i) \tag{3-18}$$

此后 u_i 又开始对 C 充电,u_C 下降到零时,比较器 N_2 又发生跳变,触发单稳定时器再产生一个 t_0 脉冲,如此循环下去。开关 S 断开期间充电电荷量为

$$Q_2 = t_1 i \tag{3-19}$$

由电荷平衡原理,$Q_1 = Q_2$,故有

$$t_0(I_S - i) = t_1 i \tag{3-20}$$

$$t_0 + t_1 = t_0 \frac{I_S}{i} \tag{3-21}$$

输出脉冲频率为

$$f = \frac{1}{t_0 + t_1} = \frac{i}{t_0 I_S} = \frac{u_i}{t_0 I_S R} \tag{3-22}$$

在设计时,使恒流源 $|I_S| \gg i$,则电容放电时间 t_0 就会远小于充电时间 t_1,如图 3-14(b) 所示,但电荷量相等。这种转换器从原理上消除了积分复原时间所引起的非线性误差,故大大提高了转换的线性度。单片集成 V/F 转换器大多采用了电荷平衡式 V/F 转换电路作为基本电路。

2) 单片集成 V/F 转换器

单片集成 V/F 转换器具有精度高、线性度高、温度系数低、功耗低、动态范围宽等一系列优点,目前已广泛应用于数据采集、自动控制和数字化及智能化测量仪器中。实现 V/F 转换有很多的集成芯片,主要有 VFC32、LMX31 系列、VFC110、AD650/651/652、TC9400、BG382 等。下面以 AD650 和 LMX31 系列为例介绍集成 V/F 转换器。

(1) AD650。

AD650 是美国模拟器件公司推出的高精度 V/F 转换器,它由积分器、比较器、精密电流源、单稳多谐振荡器和输出晶体管组成。该芯片在 ±15 V 电源电压下工作,功耗电流小于 15 mA,满刻度为 1 MHz 时其非线性度小于0.07％。AD650 既能用作 V/F 转换器,又可用作 F/V 转换器,广泛用于通信、仪器仪表、雷达、远距离传输等领域。

图 3-15　AD650 引脚排列

AD650 电路的引脚排列如图 3-15 所示,其功能和符号如表 3-2 所列。

表 3-2　引脚符号和功能

引脚序号	符 号	功 能	引脚序号	符 号	功 能
1	V_{OUT}	电压输出	8	F_{OUT}	频率输出
2	$+IN$	同相端输入	9	C_2	比较器电容
3	$-IN$	反相端输入	10	D_{GND}	数字地
4	I_{OPPSET}	失调电流	11	A_{GND}	模拟地
5	$-V_S$	负电源	12	$+V_S$	正电源
6	C_1	定时电容	13	T_{r1}	失调调整 1
7	NC	空脚	14	T_{r2}	失调调整 2

AD650 电压/频率转换器工作原理如图 3-16 所示。输入信号电流可直接由电源提供,也可由电阻(R_1+R_3)端输入电压产生。由图 3-15 可知,AD650 实际上是一种电荷平衡型 V/F 转换器,其具体工作原理不再赘述。AD650 输出的脉冲频率 F_{OUT} 正比于 V_{IN},并与电路中的阻容值有关。由于电荷平衡式结构对输入信号作连续积分,所以具有优良的抗噪声性能。

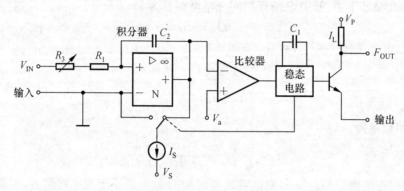

图 3-16　AD650 电路原理图

AD650 的输入电压可以是正电压输入、负电压输入或正负电压输入。单极性正电压输入的电压频率转换器电路如图 3-17 所示。输入的正电压经积分电阻加到积分器的反相输入端 3 脚,同相输入端 2 脚接模拟地,由信号源提供积分电流来驱动 AD650。双极性失调电流调整端 4 脚不用,悬空。对于输入信号为负电压信号或是双极性电压信号时,其连接电路可参考其他相关资料。

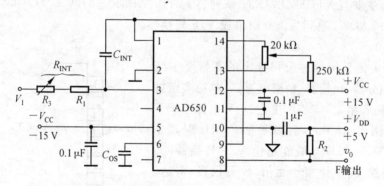

图 3-17　单极性正电压输入的 V/F 变换器电路

(2) LMX31 系列。

LMX31 系列包括 LM131A/LM131、LM231A/LM231、LM331A/LM331 等。这类集成芯片的性价比较高。LM131/231/331 因内部具有新的温度补偿能隙基准电路,所以在整个工作温度范围内和电源电压低到 4.0 V 时,具有极高的精度,能满足 100 kHz 的 V/F 转换所需要的高速响应。精密定时电路具有低的偏置电流,高压输出可达 40 V,可防止 V+ 端的短路,输出可驱动 3 个 TTL 负载。这类器件常应用于精密 V/F 转换、A/D 转换、F/V 转换、长时间积分、线性频率调制和解调、数字系统、计算机应用系统等方面。

图 3-18 所示为 LM131/231/331 内部结构。由图可知,该转换器内部电路由输入比较器、定时比较器和 RS 触发器组成的单稳定时器,基准电源电路,精密电流源,电流开关及集电极开路输出管等几部分组成。两个 RC 定时电路,一个由 R_t、C_t 组成,它与单稳定时器相连,另一个由 R_L、C_L 组成,靠精密的电流源充电,电流源输出电流 I_S 由内部基准电压源供给的 1.9 V 参考电

压和外部电阻 R_S 决定($I_S = 1.9 \text{ V}/R_S$)。

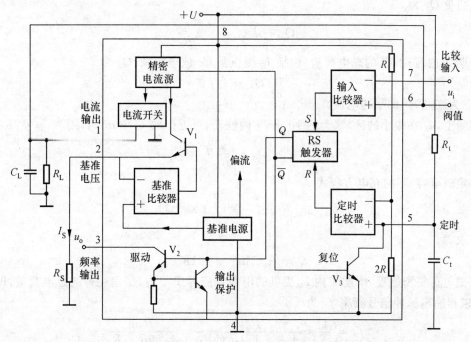

图 3-18 LM131/231/331 内部结构

LMX31 系列芯片既可以构成 V/F 转换器,也可构成 F/V 转换器。图 3-19 所示为其用作 V/F 转换器的原理电路。当正输入电压 $u_i > u_6$ 时,输入比较器输出高电平,使单稳定时器输出端 Q 端为高电平、$\bar{Q}$ 端为低电平,输出管 V 饱和导通,频率输出端输出低电平 $u_o = U_{oL} \approx 0 \text{ V}$,同时,电流开关 S 闭合,电流源输出电流 I_S 对 C_L 充电,u_6 逐渐上升。同时,与引脚 5 相连的芯片内的放电管截止,电源 U 经 R_t 对 C_t 充电,当 C_t 电压上升至 $u_5 = u_{Ct} \geqslant 2U/3$ 时,单稳态定时器输出改变状态,Q 端为低电平,使 V 截止,$u_o = U_{oH} = +E$,电源开关 S 断开,C_L 通过 R_L 放电,使 u_6 下降。同时,C_t 通过芯片内放电管快速放电到零。当 $u_6 \leqslant u_i$ 时,又开始第二个脉冲周期,如此循环往复,输出端输出脉冲信号。

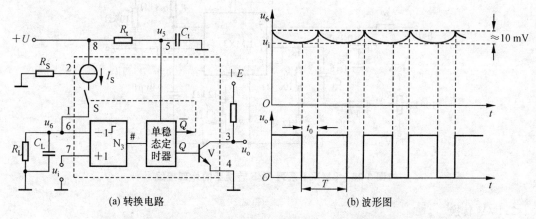

(a) 转换电路   (b) 波形图

图 3-19 LMX31 系列用作 V/F 转换器的简化电路及各电压波形

设输出脉冲信号周期为 T，输出为低电平的持续时间为 t_0。在 t_0 期间，电流 I_S 提供给 C_L、R_L 的总电荷量 Q_S 为

$$Q_S = I_S t_0 = 1.9 \frac{t_0}{R_S}\tag{3-23}$$

周期 T 内流过 R_L 的总电荷量（包括 I_S 提供及 C_L 放电提供）Q_R 为

$$Q_R = i_L T\tag{3-24}$$

式中：i_L 为流过 R_L 的平均电流。

实际上，u_6 在很小的区域（大约 10 mV）内波动，可近似取 $u_i \approx u_6$ 时，则 $i_L \approx u_i/R_L$，故有

$$Q_R \approx \frac{u_i}{R_L} T\tag{3-25}$$

由定时电容 C_t 的充电方程式

$$u_{C_t} = u(1 - e^{-\frac{t_0}{R_t C_t}}) = \frac{2}{3} U\tag{3-26}$$

可求得

$$t_0 = R_t C_t \ln 3 \approx 1.1 R_t C_t\tag{3-27}$$

根据电荷平衡原理，周期 T 内 I_S 提供的电荷量应等于 T 内 R_L 消耗掉的总电荷量，即 $Q_S = Q_R$，可求得输出脉冲信号频率 f_0 为

$$f_0 = \frac{1}{T} \approx \frac{R_S u_i}{1.9 \times 1.1 R_t C_t R_L} = \frac{R_S u_i}{2.09 R_t C_t R_L}\tag{3-28}$$

式中：u_i 的单位为 V。由上式可知，输出脉冲的频率 f_0 与输入信号 u_i 成正比例关系。

LMX31 系列 V/F 转换器的外部接线如图 3-20 所示。与图 3-19（a）所示相比，电压 u_i 输入端增加了由 R_1、C_1 组成的低通滤波器，在 R_L、C_L 原接地端增加了偏移调节电路，R_1 为 100 kΩ，也是为了使 7 脚偏流抵消 6 脚偏流的影响。在 2 脚增加了一个可调电阻 R_{W2}，用以调整 LMX31 的增益偏差和由 R_L、R_t 和 C_t 引起的偏差。在集电极开路输出端 3 脚上接有一个上拉电阻。LMX31 将输入信号电压转换成频率信号后，可接入到单片机的定时器/计数器输入端中，进行后续处理，构成某种数字化测量电路。

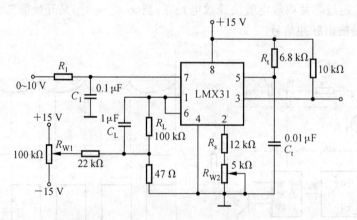

图 3-20　LMX31 系列 V/F 转换器的外部接线

2. F/V 转换

F/V 转换是将输入的频率信号按线性的比例关系转换成电压信号。F/V 转换电路的工作原理如图 3-21（a）所示。它主要由电平比较器、单稳态触发器和低通滤波器三部分组成。输入信号

u_i 通过电平比较器转换为方波信号去触发单稳态触发器,产生脉宽固定的输出脉冲序列。将此脉冲序列经低通滤波器平滑,可得到与输入信号频率 f_i 成比例的输出电压信号 u_o。若该电平比较器为滞回比较器,其门限电平分别为 U_H、U_L,则其各点波形如图 3-21(b) 所示。

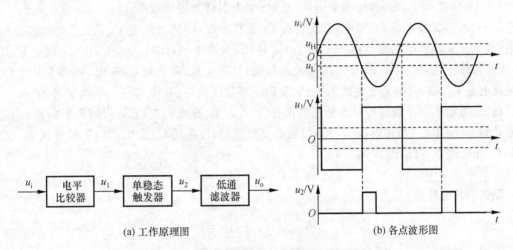

(a) 工作原理图   (b) 各点波形图

图 3-21 F/V 转换器的工作原理和各点波形

能完成上述工作过程的电路很多,有由分离元件组成的变换电路,也有各种集成 F/V 转换器,这类集成转换器使用简单,调试方便,转换精度也比较高,是目前首选器件。大多数单片集成 V/F 转换芯片,都可以实现 F/V 转换,如 AD650、VFC32、LMX31 系列等。下面以 LMX31 系列芯片为例,介绍其工作原理及外部接线。

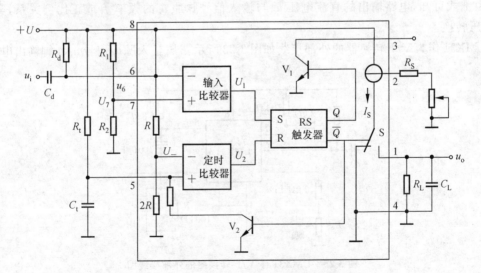

图 3-22 LMX31 作 F/V 转换器电路原理图

由图 3-22 可知,输入比较器的同相输入端 7 脚外加一比较电平 $U_7 = R_2U/(R_1 + R_2)$(通常取 $U_7 = 9U/10$),反相输入端 6 脚除加入固定电压 U 外,外接输入负脉冲频率信号 u_i 经微分网络 R_d、C_d 微分后也加到 6 脚,其输出端为 RS 触发器的置位端 S。定时比较器的反相输入端由内电路加一固定的比较电平 $U_- = 2U/3$,同相输入端 5 脚外接定时网络 R_t、C_t,其输出端为 RS 触发器的复位端 R。

当 u_i 没有负脉冲输入时，$u_6 = U > U_7$，U_1 为低电平，此时 U_2 为低电平，RS 触发器保持复位状态，$\overline{Q} = 1$。电流开关 S 与地端接通，晶体管 V_2 导通，引脚 5 上的电压 $u_5 = u_{C_t} = 0$。当输入端 u_i 有负脉冲输入时，其前沿和后沿经微分后分别产生负向和正向尖峰脉冲，负向尖峰脉冲使 $u_6 < U_7$，U_1 为高电平，此时 U_2 为低电平，故 RS 触发器转为置位状态，$\overline{Q} = 0$。电流开关 S 与 1 脚相连，I_S 对外接滤波电容 C_L 充电，并为负载 R_L 提供电流，同时晶体管 V_2 截止，U 通过 R_t 对 C_t 充电，其电压从零开始上升，当 $u_5 = u_{C_t} \geq U_-$ 时，U_2 为高电平，此时 $u_6 > U_7$，U_1 为低电平，因而 RS 触发器翻转为复位状态，$\overline{Q} = 1$，S 与地端接通，I_S 流向地，停止对 C_L 充电，V_2 导通，C_t 经 V_2 快速放电至 $u_{C_t} = 0$，U_2 又变为低电平。触发器保持复位状态，等待 u_i 下一次负脉冲触发。

总之，每输入一个负脉冲，RS 触发器便置位，I_S 对 C_L 充电一次，充电时间等于 C_t 电压 u_{C_t} 从零上升到 $U_- = 2U/3$ 所需时间 t_1。RS 触发器复位期间，停止对 C_L 充电，而 C_L 对负载 R_L 放电。根据 C_t 充电规律，可求得 t_1 为

$$t_1 = R_t C_t \ln 3 \approx 1.1 R_t C_t \tag{3-29}$$

提供的总电荷量 Q_S 为

$$Q_S = I_S t_1 = 1.9 \frac{t_1}{R_S} \tag{3-30}$$

u_i 的一个周期 $T_i = 1/f_i$ 内，R_L 消耗掉的总电荷量 Q_R 为

$$Q_R = i_L T_i = \frac{u_o}{R_L} T_i \tag{3-31}$$

根据电荷平衡原理，$Q_S = Q_R$，可求得输出端平均电压为

$$u_o = \frac{1.9 t_1 R_L}{T_i R_S} \approx 2.09 \frac{R_L}{R_S} R_t C_t f_i \tag{3-32}$$

由上式可知，电路输出的直流电压 u_o 与输入信号脉冲 u_i 的频率 f_i 成正比例关系，实现频率/电压转换。

LMX31 作为 V/F 转换器的外部接线如图 3-23 所示。6 脚输入脉冲信号 u_i，1 脚输出电压 u_o。

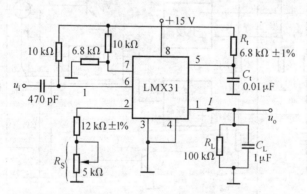

图 3-23 LMX31 作 V/F 转换器的外部接线图

3.3 模拟数字转换电路

在计算机测控系统中，传感器输出的模拟信号首先由信号调理电路进行处理，如放大、硬件滤波、信号变换等。然后，再将模拟信号转换成数字量，以便采用微处理器或微机系统进行进一步分析、处理、储存等。有时计算机分析、处理完毕后，还将数字量结果重新转换为相应的模拟

量,用于驱动显示仪表、记录设备和反馈控制系统。

由模拟量到数字信号的转换,可以用模拟／数字转换电路来实现的,也称 A/D 转换器或 ADC(Analog Digital Converter)。由数字量到模拟量的转换,可用数字／模拟转换电路来实现,也称 D/A 转换器或 DAC(Digital Analog Converter)。

1. A/D 转换

1) A/D 转换器的基础知识

A/D 转换器的主要技术指标包括分辨率、量化误差、精度和转换时间等。

分辨率是指能分辨的输入模拟电压的最小变化量。通常用数字量的位数表示,如 8 位、12 位、16 位分辨率等。若分辨率为 8 位,表示它可以对全量程的 $\frac{1}{2^8}$ 的增量作出反应。分辨率越高,转换时对输入量的微小变化的反应越灵敏。

量化误差是由于 A/D 转换器的有限分辨率而引起的误差,即有限数字对模拟数值进行离散取值(量化)而引起的误差。理论上量化误差应为一个单位分辨率的输出变化所对应模拟量的范围,采用四舍五入的情况下为 $\pm\frac{1}{2}$ LSB(最低有效位)的输出变化所对应模拟量的范围。

精度有绝对精度和相对精度两种表示法。绝对精度(或绝对误差)指的是一个给定的数字量对应的理论模拟量输入与实际模拟量输入之差。绝对精度通常用最小有效位的分数表示,如精度为 $+\frac{1}{2}$ LSB。通常用百分比表示满量程时的相对误差,如 $\pm0.05\%$。

转换时间指的是完成一次 A/D 转换所需要的时间。转换速率是转换时间的倒数。不同形式和分辨率的器件,其转换时间的长短相差很大,可为几微秒到几百毫秒。在选择器件时,要根据应用的需要和成本,对这项指标加以考虑。

A/D 转换器的种类很多,常用的有逐次逼近式、双积分式和并行比较式。下面分别介绍它们的工作原理。

(1) 逐次逼近式 A/D 转换。

逐次逼近式 A/D 转换的方法是将被测的输入电压 U_i 与一个参考电压 U_c 相比较,根据比较结果增大或减小推测电压的值,使之向输入电压逼近。推测信号由 D/A 转换器输出,当推测电压等于输入电压时,输入 D/A 转换器的数码就是输入电压对应的数字量。其电路原理如图 3-24 所示。

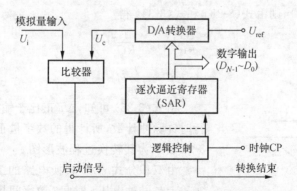

图 3-24 逐次逼近式 A/D 转换器原理框图

逐次逼近式 A/D 转换的工作过程:电路收到启动信号后,将逐次逼近寄存器置"0",第一个脉冲到来时,逻辑控制电路首先将逐次逼近寄存器的最高位 D_{N-1} 置"1",经过 D/A 转换变成模

拟电压 U_c,此电压与输入电压 U_i 进行比较,如果 $U_i \geqslant U_c$,则保留这一位;否则该位置"0"。第二个脉冲到来时,逻辑控制电路使次高位 D_{N-2} 置"1",并与 D_{N-1} 一起送入 D/A 转换器转换成模拟电压 U_c,再次与输入电压 U_i 进行比较,此过程不断进行下去,直到最后一位 D_0 比较完毕。此时逐次逼近寄存器中的 N 位数字量即为输入模拟电压 U_i 所对应的输出数字量。

逐次逼近式 A/D 转换器在转换速度和电路复杂程度之间有个很好的折中,因此是目前种类最多、数量最大、应用最广的 A/D 转换器件。常用集成逐次逼近式 A/D 转换器有 8 位的 ADC0801 ～ ADC0805 和 ADC0808/ADC0809、12 位的 AD574、16 位的 ADC1140 等。

(2) 双积分式 A/D 转换。

图 3-25 所示为双积分式 A/D 转换电路原理框图。它主要由积分器、过零电压比较器、控制逻辑电路、时钟和计数器等部分组成。

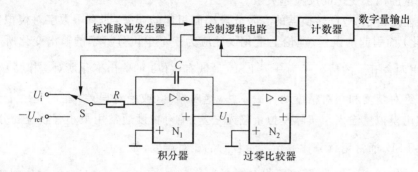

图 3-25　双积分式 A/D 转换电路原理框图

转换之前,逻辑控制电路使计数器全部清零、积分电容 C 放电至零。模拟开关 S 接至 U_i 端,积分器对输入信号进行积分,积分时间固定为 T,若输入信号 U_i 为常量,则积分器的输出为

$$U_1 = -\frac{1}{RC}\int_0^T U_i \mathrm{d}t = -\frac{T}{RC}U_i \tag{3-33}$$

若 $U_i > 0$,则 U_1 负向增加。当 $t = T$ 时,S 接置 $-U_{ref}$,开始对参考电压积分,积分器输出从负值开始上升,当积分器输出 u_1 上升到零时,第二次积分结束。设这段时间为 ΔT,则有

$$U_1 - \frac{1}{RC}\int_0^{\Delta T}(-U_{ref})\mathrm{d}t = 0 \tag{3-34}$$

假设 $-U_{ref}$ 为常量,则由式(3-33)和式(3-34)得

$$\frac{\Delta T}{RC}U_{ref} = \frac{T}{RC}U_i \tag{3-35}$$

$$\Delta T = \frac{T}{U_{ref}}U_i \tag{3-36}$$

由式(3-36)可知,ΔT 正比于输入电压 U_i,在 ΔT 内进行时钟脉冲计数,所计得的数字量正比于输入电压 U_i。图 3-26 所示为其转换过程波形图。

由双积分式 A/D 转换电路的工作过程可以看出,其实质上是一种电压-时间-数字间接型 A/D 转换电路。若输入电压 $U_i < 0$,则所加的参考电压应为 U_{ref}。为了满足对双极性输入电压进行双积分 A/D 转换的要求,可在电路中设置 U_{ref} 和 $-U_{ref}$ 一对参考电压,并通过对相应模拟

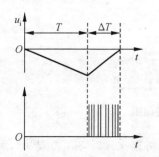

图 3-26　双积分 A/D 转换过程波形图

开关的控制,实现自动极性的转换要求。双积分式 A/D 转换器的抗干扰能力很强,但转换速度较慢。在速度要求不高的场合,如数字仪表,双积分式 A/D 转换器的使用十分广泛。这类器件主要为 CMOS 单片集成 3 位半 ～ 5 位半 A/D 转换器,如 3 位半的 MC14433、4 位半的 ICL7135、5 位半的 AD7555 等。

(3) 并行比较式 A/D 转换。

并行比较式 A/D 转换采用多个比较器,仅作一次比较而实行转换,又称闪速型、FLash 型 A/D 转换器。它将基准电压 U_R 分成相等的 2^n 份,每份为 $U_R/2^n$。n 位并行比较式 A/D 转换的比较器的个数为 2^n-1 个,各比较器的参考电压分别为 $U_R/2^n, 2U_R/2^n, \cdots, (2^n-1)U_R/2^n$。输入的模拟信号 U_i 以并联方式同时加到所有比较器的另一输入端,与相应的参考电压进行比较,获得 2^n-1 个状态送入编码器进行编码,最终输出 n 位二进制数码,完成从模拟信号到数字信号的转换。

图 3-27 所示为 2 位并行比较式 A/D 转换电路。当 $U_i > \dfrac{U_R}{2}$ 时,N_2 输出"1"电平,$d_1=1$;当 $U_i > \dfrac{3U_R}{4}$ 时,N_3 输出"1"电平,$d_0=1$;当 $\dfrac{U_R}{2} > U_i > \dfrac{U_R}{4}$ 时,N_2 输出"0",N_1 输出"1",即 $d_1=0$,$d_0=1$。当输入 U_i 在其他区间时,请自行分析输出 d_0 和 d_1 的状态。

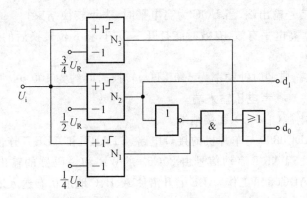

图 3-27 2 位并行比较式 A/D 转换器电路图

由于转换速率极高,n 位的转换需要 2^n-1 个比较器,因此电路规模也极大,价格也高,多适用于视频 A/D 转换器等速度要求特别高的领域。

另外,近年来出现了一种新型的 $\sum-\Delta$ 型 A/D 转换器。它由积分器、比较器、1 位 D/A 转换器和数字滤波器等组成。原理上近似于积分型,将输入电压转换成时间(脉冲宽度)信号,用数字滤波器处理后得到数字值。电路的数字部分基本上容易单片化,因此容易实现高分辨率。目前,这一技术已被广泛应用于数字音频、数字电话、图像编码、通信时钟振动及频率合成等许多领域。新型高集成度 $\sum-\Delta$ 型 A/D 转换器在测量中得到越来越广泛的应用,这种 ADC 只需极少外接元件就可直接处理微弱信号。如 $MAX1402$ 便是这种新一代 ADC 的一个范例,大多数信号处理功能已被集成于芯片内部,可视为一个片上系统,详细内容可参考其他文献。

2) 集成 A/D 转换器

单片集成 A/D 转换器的系列产品很多,下面介绍几种有代表性的 A/D 转换器。

(1) ADC0809。

ADC0809 是 NS 公司生产的 CMOS 8 位逐次逼近式 A/D 转换器,具有 8 个模拟量输入通道,可在程序控制下对任意通道进行 A/D 转换,得到 8 位二进制数字量。它采用双列直插式 28 脚封装,与 8 位微机兼容,其三态输出可以直接驱动数据总线。

图 3-28 所示为 ADC0809 的引脚排列图。

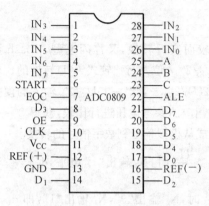

图 3-28 ADC0809 的引脚图

各引脚的功能如下:

$IN_0 \sim IN_7$:8 个通道的模拟量输入端,可输入 $0 \sim 5$ V 待转换的模拟电压。

$D_0 \sim D_7$:8 位转换结果输出端。三态输出,D_7 是最高位,D_0 是最低位。

A、B、C:通道选择端。当 CBA = 000 时,IN_0 输入;当 CBA = 111 时,IN_7 输入。

ALE:地址锁存允许端。该信号在上升沿处把 A、B、C 的状态锁到内部的多路开关地址锁存器中,从而选通 8 路模拟信号中的某一路。

START:启动信号,上升沿将所有内部寄存器清零,下降沿开始转换。

EOC:转换结束信号输出端。当 EOC 为高电平时,表示转换结束。

OE:输出允许端,高电平有效。有效时能打开三态门,将 8 位转换后的数据送到微机的数据总线上。

CLK:时钟输入端。典型时钟频率为 640 kHz,转换时间约为 100 μs。

REF(−)、REF(+):参考电压输入端。

V_{cc}、GND:供电电源(+ 5 V)和接地端。

图 3-29 所示为 ADC0809 与单片机的接口电路。START 和 ALE 互连使 ADC0809 在接收模拟量地址时启动工作。START 启动信号由 89C52 的 $\overline{WR}$ 和译码器的输出经或非门 M_2 产生。START 上升沿启动 ADC0809 工作,ALE 上升沿使 A、B、C 地址状态送入地址锁存器中,从而选择某一路输入信号。EOC 线经过反相器与 89C52 的 $\overline{INT_1}$ 相连,89C52 采用中断方式读取 ADC0809 转换后的数字量。

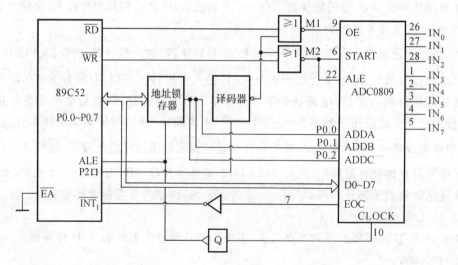

图 3-29 ADC0809 与单片机的接口电路图

（2）AD574 系列 A/D 转换器。

AD574 系列 A/D 转换器包括 AD574、AD574A、AD674A、AD674B、AD774B 和 AD1674 六个型号。AD574 是一个完整的、多用途、12 位逐次逼近式 A/D 转换器,在多通道的高速数据采集系统中被广泛使用。它具有如下特点:

① 具有 12 位和 8 位两种工作方式;

② 具有可控三态输出缓冲器,数字逻辑输入/输出为 TTL 电平;

③ 12 位数据可以一次读出,也可分两次读,便于与 8 位或 16 位微机相连;

④ 具有 + 10 V 的内部基准电压源;

⑤ 内部具有时钟产生电路,不需要外部时钟;

⑥ 单极性和双极性输入,输入量程分别为 + 10 V、+ 20 V、± 5 V、± 10 V;

⑦ 具有单极性二进制原码和双极性偏移二进制码两种输出码制。

AD574 的引脚排列如图 3-30 所示。

各引脚功能如下。

$12/\overline{8}$:数据格式选择端。为高电平时,允许 12 位数据并行输出;为低电平时,允许 8 位数据并行输出。

A_0:字节选择输入端。当 $A_0 = 0$ 时,选择 12 位转换;当 $A_0 = 1$ 时,选择 8 位转换。

$\overline{CS}$:芯片选通输入端,低电平有效。

$R/\overline{C}$:读/转换选择输入端。当 $R/\overline{C} = 1$ 时,允许读取结果;当 $R/\overline{C} = 0$ 时,允许 A/D 转换。

CE:芯片启动端。当 CE = 1 时,允许转换或读取。

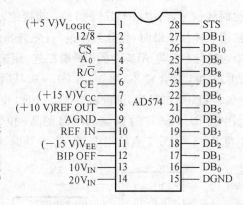

STS:状态信号输出端。当 STS = 1 时,正在转换;当 STS = 0 时,转换结束。

图 3-30　AD574 的引脚排列图

REF OUT: + 10 V 基准电压输出。

REF IN:基准电压输入。由此脚把 REF OUT 输出的基准电压引入 AD574。

BIP OFF:双极性补偿。此脚适当连接,可实现单极性或双极性。

各控制引脚具体配合方式如表 3-3 所示。

表 3-3　AD574 控制引脚功能表

CE	$\overline{CS}$	$R/\overline{C}$	$12/\overline{8}$	A_0	功　　能
0	×	×	×	×	禁止
×	1	×	×	×	禁止
1	0	0	×	0	启动 12 位转换
1	0	0	×	1	启动 8 位转换
1	0	1	接 1 脚	×	12 位数据并行输出
1	0	1	接 15 脚	0	高 8 位数据输出
1	0	1	接 15 脚	1	低 4 位数据尾接 4 位 0

AD574 通过外部适当连接可以实现单极性输入,也可以实现双极性输入,如图 3-31 所示。

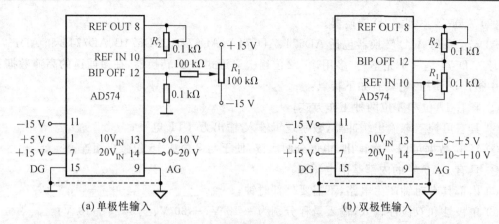

(a) 单极性输入　　　　　　　　(b) 双极性输入

图 3-31　AD574 模拟量输入电路外部连接图

　　AD574 与 8051 微控制器实用接口电路如图 3-32 所示。由于 AD574 内部有时钟,故无需外加时钟信号。图中,AD574 的 12/$\overline{8}$ 端接地,允许 8 位数据并行输出,因此若进行 12 位转换,8051 在读取转换结果时,须分两步进行:先高 8 位、后低 4 位。$\overline{CS}$ 端接地,芯片被选中。8051 的 $\overline{WR}$、$\overline{RD}$ 端通过与非门与 AD574 的 CE 端相连,用来启动转换和输出结果。A_0 端由 P0.0 控制,R/$\overline{C}$ 端由 P0.1 控制。综合表 3-3 可知,当 P0 = 00H 时,启动 12 位 A/D;当 P0 = 02H 时,读取转换结果的高 8 位;当 P0 = 03H 时,读取转换结果的低 4 位。STS 可作为结果输出时的中断请求或状态查询信号,图中接 P1.0。8051 的 P0 与 AD574 的高 8 位数据线直接相接,AD574 的低 4 位数据线与单片机的高 4 位 P0.4 ～ P0.7 直接相接。当 A_0 = 0 时,读取高 8 位数据;当 A_0 = 1 时,读取低 4 位数据。

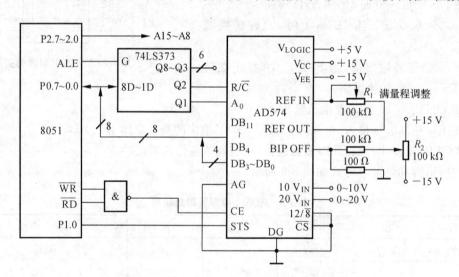

图 3-32　AD574 与 8051 微控制器接口电路

　　(3) MC14433。

　　MC14433 是美国 Motorola 公司推出的单片 3$\frac{1}{2}$ 位 A/D 转换器,其中集成了双积分式 A/D 转换器所有的 CMOS 模拟电路和数字电路,具有外接元件少,输入阻抗高、功耗低、电源电压范围宽、精度高等特点,并且具有自动校零和自动极性转换功能,只要外接少量的阻容件即可构成一个完整的 A/D 转换器。其主要功能特性如下:

① 精度:读数的 $\pm 0.05\%$ ± 1 字;

② 模拟电压输入量程:1.999 V 和 199.9 mV 两挡;

③ 转换速率:2 ～ 25 次 /s;

④ 输入阻抗:大于 1 000 MΩ;

⑤ 电源电压:± 4.8 ～ ± 8 V;

⑥ 功耗:8 mW(± 5 V 电源电压时,典型值);

⑦ 采用字位动态扫描 BCD 码输出方式,即千、百、十、个位 BCD 码分时在 Q_0 ～ Q_3 轮流输出,同时在 DS_1 ～ DS_4 端输出同步字位选通脉冲,很方便实现 LED 的动态显示。

图 3-33 所示为 MC14433 的引脚图。

各引脚的功能如下。

VAG:模拟地。

V_{REF}:基准电压,此引脚为外接基准电压的输入端。MC14433 只要一个正基准电压即可测量正、负极性的电压。

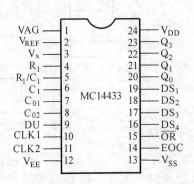

图 3-33 · MC14433 引脚图

V_x:被测电压的输入端。

R_1、R_1/C_1 和 C_1 脚:外接积分元件端。

C_{01}、C_{02}:外接失调补偿电容端,通常取 0.1 μF。

DU:定时输出控制端。若输入一个正脉冲,则使转换结果送至结果寄存器。

CLK1、CLK2:时钟信号输入、输出端。通常外接一个 300 kΩ 的电阻。

V_{EE}:负电源端。

V_{SS}:输出低电平基准,为数字地或系统地。

EOC:转换周期结束标志位。每个转换周期结束时,EOC 将输出一个正脉冲信号。

$\overline{OR}$:过量程标志位。当 $|V_x| > V_{REF}$ 时,输出低电平。

DS_1 ～ DS_4:多路选通脉冲输出端,分别对应个位、十位、百位、千位选通信号。当某一位 DS 信号有效(高电平)时,所对应的数据从 Q_0 ～ Q_3 输出。

Q_0 ～ Q_3:BCD 码数据输出端。该 A/D 转换器以 BCD 码的方式输出,通过多路开关分时选通输出个位、十位、百位和千位的 BCD 数据。

V_{DD}:正电源电压端。

MC14433 最主要的用途是作为数字电压表、数字温度计等各类数字化仪表及计算机数据采集系统的 A/D 转换接口。图 3-34 所示为由 MC14433 构成的 $3\frac{1}{2}$ 位数字电压表电路。所谓 3 位是指个位、十位、百位,其数字范围均为 0 ～ 9。而所谓半位是指千位数,它不能从 0 变化到 9,而只能由 0 变化到 1,即二值状态,所以称为半位。$3\frac{1}{2}$ 位数字电压表电路由 MC14433、MC4511 锁存译码驱动器、MC1413 驱动器、基准电压 MC1403 等组成。MC1403 为 MC14433 提供 2.5 V 的基准电压。DU 端与 EOC 端直接相连,实现实时转换显示。MC14433 的输出数据以 BCD 码的形式通过 Q_0 ～ Q_3 端按时间顺序送出,Q_0 ～ Q_3 端与 MC4511 输入端 A ～ D 相连,译码输出 a ～ g,分别经限流电阻与七段发光管的 a ～ g 各段引出脚相连。因为采用动态扫描显示方式,所以末三位的七段笔画 a ～ g 分别并联。最高位的七段发光管只接 b、c 两段。位选通信号 DS_1 ～ DS_4 送到 MC1413 的输入端 2 ～ 5 脚,经反相后由输出端 15 ～ 12 脚送到各位七段发光管的阴极,由位选通信号来控制各位七段管的发光显示。

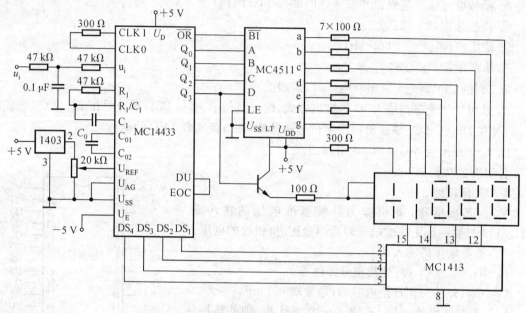

图 3-34　LED 数码管显示的数字电压表电路

2. D/A 转换

1) D/A 转换器转换特性

图 3-35 所示为 D/A 转换器的功能框图。其输入是 n 位二进制数字信号 $D_{in}(d_1 d_2 \cdots d_n)$，其中 $d_i(i=1,2,\cdots,n)$ 表示第 i 位的数码，取值为 0 或 1。将 D_{in} 看成是小数二进制，d_1 是最高有效位 (MSB) 的数码，d_n 是最低有效位 (LSB) 的数码，那么数字量 D_{in} 表示为

$$D_{in} = d_1 \times 2^{-1} + d_2 \times 2^{-2} + \cdots + d_n \times 2^{-n} = \sum_{i=1}^{n} d_i 2^{-i} \tag{3-37}$$

如果 D/A 转换器的基准电压为 U_R，则理想 D/A 转换器的输出电压 U_o 可表示为

$$U_o = U_R D_{in} = U_R \sum_{i=1}^{n} d_i 2^{-i} \tag{3-38}$$

相应的理想转换特性如图 3-36 所示。

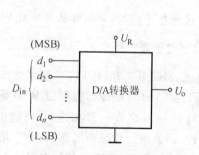

图 3-35　D/A 转换器方框图

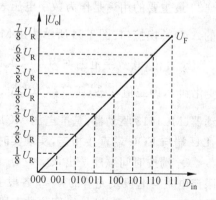

图 3-36　3 位 D/A 转换器理想转换特性

二进制加权转换时,对应于 MSB 的输出电平是 $U_R/2$,对应于 LSB 的输出电平为 $U_R/2^n$,满量程值为

$$U_F = U_R \sum_{i=1}^{n} d_i 2^{-i} = U_R \left(1 - \frac{1}{2^n}\right) = U_R - \frac{U_R}{2^n} \tag{3-39}$$

可见,满量程值比基准电压小 1 个 LSB 电平,只要 n 足够大,$U_F \approx U_R$。

2) D/A 转换器的技术指标

D/A 转换器的技术指标很多,主要有以下几个。

(1) 分辨率:是指 D/A 转换器所能分辨的最小输出模拟增量,取决于输入数字量的二进制位数。分辨率通常用数字量的位数表示,一般为 8 位、10 位、12 位、16 位等。例如,一个 10 位二进制 D/A 转换器,其分辨率为 10 位,是满量程的 1/1024。位数越多,分辨率越高。

(2) 精度:是指加给定数字量时测得的实际模拟输出量与这个数字量对应的理论模拟输出量之差。非线性误差、增益误差、失调误差等直接影响着 D/A 转换器的精度。

(3) 建立时间:是指将一个数字量转换为稳定模拟信号所需的时间,也可以认为是转换时间。它是描述 D/A 转换速率快慢的一个重要参数。D/A 转换中常用建立时间来描述其速度,而不是 A/D 转换中常用的转换速率。

3) D/A 转换器基本工作原理

D/A 转换器的电路形式有多种,按照工作方式可分为并行 D/A 转换器、串行 D/A 转换器和间接 D/A 转换器等。在并行 D/A 转换器中,D/A 转换器又分为加权电阻 D/A 转换器和 R-2R T型 D/A 转换器。下面以 R-2R T 形 D/A 转换器为例介绍 D/A 转换器的工作原理。

图 3-37 所示为 R-2R T 形 D/A 转换器。由图可知,由于运算放大器的反相端为"虚地",模拟开关在地和虚地之间切换。当输入数字信号的任一位 $d_i = 1$ 时,对应开关 S_i 与放大器的反相端接通,当 $d_i = 0$ 时,S_i 接地。可见不管 d_i 取值如何,各模拟开关的支路电流值不变。

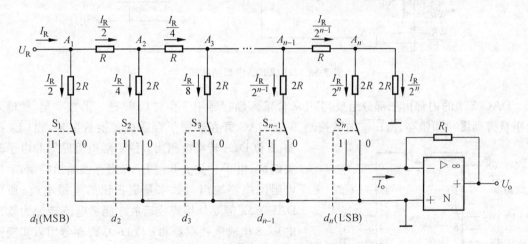

图 3-37 R-2R T 形 D/A 转换器

由图可知,电阻网络中的各个节点 $A_1, A_2, \cdots, A_n$ 往右、往下看的等效电阻均等于 $2R$。因而可推知,基准电压源 U_R 提供电流 $I_R = U_R/R$,电流从左到右每经过一个节点均由两个等值电阻分流一次,故模拟开关支路电流分别为 $\frac{I_R}{2}, \frac{I_R}{2^2}, \cdots, \frac{I_R}{2^n}$。可得输出电压 U_o 为

$$U_\mathrm{o} = -I_\mathrm{o}R_1 = -\frac{U_\mathrm{R}R_1}{R}(d_1 \times 2^{-1} + d_2 \times 2^{-2} + \cdots + d_n \times 2^{-n})$$

$$= -\frac{R_1}{R}U_\mathrm{R}\sum_{i=1}^{n}d_i 2^{-i} \tag{3-40}$$

如果取 $R_1 = R$，上式则与式(3-38)在绝对值上相同，满足 D/A 转换器的转换特性。

这种 D/A 转换器在输入数字信号转换的过程中，流过各支路电流值不变，而且位值为 1 的各支路电流直接接到运算放大器的反相输入端，既不需要支路电流的建立和消失时间，也不存在各支路电流间的传输时间差。因此不仅转换速度快，而且有效减小了动态误差。

4）集成 D/A 转换器

集成 D/A 转换器种类很多，按数字输入方式可分为并行 DAC 和串行 DAC。大多 DAC 都是并行接口，如 8 位系列 DAC0830/0831/0832、10 位系列 AD7520/7530/7533 和 12 位系列 DAC1208/1209/1210 等均为并行接口，14 位、16 位系列也全部为并行接口。常用的 D/A 转换器中，只有 AD7543 是 12 位串行 D/A 转换芯片，它主要用于远距离传输数据中。下面以 DAC0832 和 DAC1208 为例介绍集成 D/A 转换器。

(1) DAC0832。

图 3-38 所示为其内部结构图。

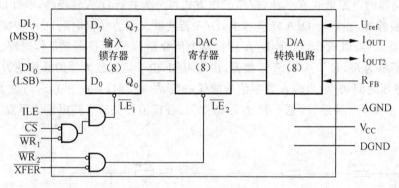

图 3-38　DAC0832 内部结构图

DAC0832 的内部由三部分组成，其中 8 位输入锁存器用于存放 CPU 送来的数字量，使输入数字量得到缓冲和锁存，由 $\overline{LE_1}$ 加以控制。8 位 DAC 寄存器用于存放待转换数字量，由 $\overline{LE_2}$ 控制。8 位 D/A 转换电路由 8 位 T 形电阻网络和电子开关组成。电子开关受 8 位 DAC 寄存器输出控制，T 形电阻网络能输出与数字量成正比的模拟电流。所以 DAC0832 需要外接集成运放才能将电流转变为输出电压。8 位输入锁存器和 8 位 DAC 寄存器用以实现两级缓冲，能做到在对某数据转换的同时，进行下一个数据的采集，这样可以提高转换速度。DAC0832 采用 20 脚双列直插式封装。图 3-39 所示为 DAC0832 的引脚排列图。

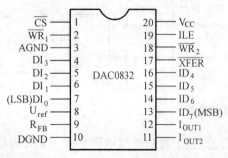

图 3-39　DAC0832 的引脚排列图

其引脚及功能说明如下。

① 数字量输入线 $DI_0 \sim DI_7$：$DI_0 \sim DI_7$ 常与 CPU 数据总线相连，用于输入 CPU 送来的待

转换数字量。

②控制线(5条)：$\overline{CS}$为片选线，ILE为允许数字量输入线、$\overline{XFER}$为传送控制输入线、$\overline{WR_1}$、$\overline{WR_2}$为两条写命令输入线。$\overline{WR_1}$用于控制数字量输入到输入寄存器，当ILE、$\overline{CS}$、$\overline{WR_1}$均有效时，可将数据写入8位输入寄存器。$\overline{WR_2}$用于控制转换时间，当$\overline{WR_2}$有效时，在$\overline{XFER}$传输控制信号作用下，可将锁存在输入寄存器中的8位数据送到DAC寄存器。$\overline{WR_1}$、$\overline{WR_2}$的脉冲宽度要求不小于500 ns。

③输出线(3条)：R_{FB}为集成运放的反馈线，常常接到集成运放的输出端。I_{OUT1}和I_{OUT2}为两条模拟电流输出线。I_{OUT1}与I_{OUT2}的和为一常数，若输入数字量全为"1"时，则I_{OUT1}取最大值，I_{OUT2}取最小值；若输入数字量全为"0"时，则I_{OUT1}取最小值，I_{OUT2}取最大值。

④电源线(4条)：V_{CC}为电源输入线，可在$+5 \sim +15$ V范围工作。U_{ref}为参考电压，可接正电压，也可接负电压，它决定$0 \sim 255$的数字量转化出来的模拟量电压值的幅度，其范围为$-10 \sim +10$ V。U_{ref}与D/A内部T形电阻网络相连。DGND为数字量地线，AGND为模拟量地线。

DAC0832的工作方式主要有单极性工作和双极性工作两种。

①单极性工作。当输入数字为单极性数字时，电路接法如图3-40所示。

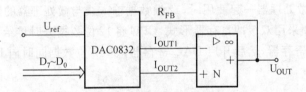

图 3-40　单极性工作输出接线图

当U_{ref}为可变电压时，即可实现二象限乘。U_{OUT}的极性与U_{ref}相反，其数值由数字输入和U_{ref}决定。集成运放的作用是将DAC0832的输出电流转变为输出电压。

②双极性工作。当输入为双极性数字(偏移二进制码)时，电路接法如图3-41所示。如果基准电压U_{ref}也是可变电压，则可实现四象限乘。

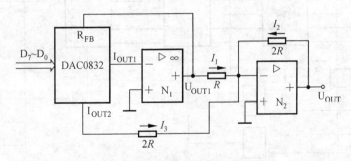

图 3-41　双极性工作输出接线图

图3-41中，集成运放N_1的作用是将DAC0832的输出电流转变为输出电压，集成运放N_2是反相求和放大器。由图3-40可得

$$I_1 + I_2 + I_3 = 0 \tag{3-41}$$

$$I_1 = \frac{U_{OUT1}}{R}, \quad I_2 = \frac{U_{OUT}}{2R}, \quad I_3 = \frac{U_{ref}}{2R} \tag{3-42}$$

设 D 为输入数字量,D 为 n 位时的通式为

$$D = d_{n-1}d_{n-2}\cdots d_1 d_0 = d_{n-1} \times 2^{n-1} + d_{n-2} \times 2^{n-2} + \cdots + d_1 \times 2^1 + d_0 \times 2^0$$

则根据 D/A 转换器的转换特性有

$$U_{OUT1} = -D \cdot \frac{U_{ref}}{256} \tag{3-43}$$

由式(3-41)、式(3-42)和式(3-43)解得

$$U_{OUT} = (D - 128)\frac{U_{ref}}{128} \tag{3-44}$$

(2) DAC1208。

DAC1208 是与微处理器完全兼容的 12 位 D/A 转换器。它与 8 位 DAC0832 有以下两点区别。

① 分辨率为 12 位,有 12 条数据输入线($DI_0 \sim DI_{11}$),采用 24 脚双列直插式封装。

② 可用字节控制信号 BYTE $1/\overline{2}$ 控制数据的输入。该信号为高电平时,12 位数据同时存入第一级的两个输入寄存器;当该信号为低电平时,只将低 4 位数据($DI_0 \sim DI_3$)存入低 4 位输入寄存器。

图 3-42 所示为 DAC1208 结构框图及引脚分布。该电路的输入部分有双缓冲寄存器和有关控制线。当其与 16 位微处理器一起使用时,12 根数据输入线与微处理器的数据直接接口。它与 8 位微处理器相连时,须采用双缓冲寄存器形式,CPU 将 12 位数据分时传给 D/A 转换器的高 8 位输入寄存器和低 4 位寄存器,然后开启 DAC 寄存器,使 12 位数据同时向 D/A 转换电路输出进行模数转换。

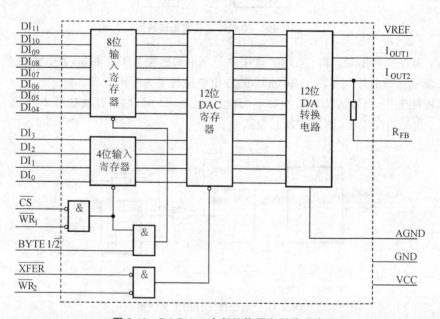

图 3-42 DAC1208 内部结构图和引脚分布

图 3-43 所示为 DAC1208 与 8051 相连的典型电路。单片机 8051 的数据经 P0 口输出,74LS373 为地址锁存器,当单片机向 DAC1208 传送数据时,74LS373 保存低 8 位地址。P2.5、P2.6 及 P2.7 经 3-8 译码器 74LS138 译码后输出信号到片选信号 $\overline{CS}$ 和传送控制输入信号 $\overline{XFER}$ 中。当地址锁存器锁存的地址最低位 $A_0 = 1$,送高 8 位数据。而 $A_0 = 0$,送低 4 位数据。也即

DAC1208 高 8 位输入寄存器地址为 010×××××××××××××1，DAC1208 低 4 位输入寄存器地址为 010×××××××××××××0。图 3-43 中，输出级采用单极性形式，若再加一运算放大器通过适当的连接也可得到双极性电压输出。

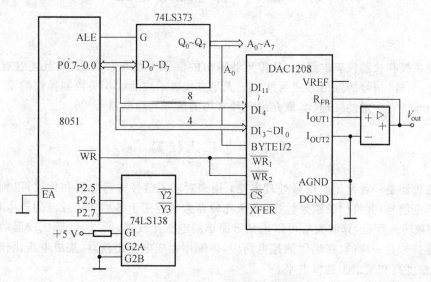

图 3-43 DAC1208 与 8051 相连的典型电路

思考题与习题

3-1 常用的信号转换电路有哪些?试举例说明其功能。

3-2 如果要将 0～5 V 的输入直流电压转换为 4～20 mA 的输出直流电流，试设计转换电路。

3-3 简述 V/I 变换器 XTR110 的特性，举例说明其应用情况。

3-4 试简述图 3-18 中 LMX31 用做 V/F 转换器的基本工作原理；若 $R_S = R_L = R_t = 470\ \Omega$，$C_t = 0.01\ \mu F$，当输入电压为 1 V 时，求输出电压的频率。

3-5 试列出逐次逼近式、双积分式和并行比较式 A/D 转换器各自的优缺点和应用场合。

3-6 A/D 转换器和 D/A 转换器的主要技术指标有哪些?

3-7 某一控制系统要使用 D/A 转换器，要求该 D/A 转换器的精度小于 0.25%，那么应选择多少位的 D/A 转换器?

3-8 一个 6 bit 的 D/A 转换器，具有单向电流输出，当 $D_{in} = 110100$ 时，$i_o = 5$ mA，试求 $D_{in} = 110011$ 时的 i_o 值。

3-9 以 ADC0809 为主要芯片设计一个电路，此电路的输入模拟信号来自超声波传感器，将其输出的数字信号，送入 MCS-51 系列单片机中。要求画出电路图，选择好电路元器件的型号，并简述其工作原理。

3-10 用 MC14433 和温度传感器 AD590 设计一个测温范围为 −50～150 ℃，精度为 0.1 ℃ 的数字显示温度仪，试画出其电路原理图。

第 4 章　信号处理电路

在测控系统和仪器仪表电路中,从传感器输出的信号一般非常微弱,而且还含有很多噪声和干扰信号,另外,信号的输出形式可能也不满足直接显示或后续相关控制操作的要求,必须按照要求对信号进行一定的处理。本章介绍几种常用的信号处理电路形式。

4.1　电压比较器

电压比较器是一种常用的信号处理电路,用来对输入信号进行鉴别和比较,以判断其大于还是小于给定信号,并将比较结果输出。电压比较器常常应用于各种非正弦波的产生和变换、越限报警、模/数转换等。运算放大器可以说是最简单的电压比较器,所以,电压比较器的符号与运算放大器的符号是一样的。在现代测控电路中,多采用集成电压比较器,集成电压比较器的优点是速度快、精度高和输出为逻辑电平。

1. 电压比较器的基本原理

电压比较器主要用来判断输入信号电位之间的相对大小,它至少有两个输入端和一个输出端。其中一个输入端加上门限电位(也称为参考电压)作为基准,另一个输入端加上被比较的输入信号。比较器的输出电压仅有两个电平,即高电平和低电平,即数字电路中逻辑电平"1"和"0"。输入信号在逐渐增加或减小的过程中,当通过门限电压时,比较器的输出电压发生翻转,从高电平翻转为低电平,或者从低电平翻转为高电平。所以,电压比较器是一种模拟输入、数字输出的模拟接口电路。它是高增益、快速、开环工作、无相位补偿的一类特殊运算放大器。

根据电压比较器的传输特性,常用的电压比较器可分为单限电压比较器、迟滞电压比较器、窗口电压比较器等。

1) 单限电压比较器

单限电压比较器是比较器中最简单的一种电路,如图 4-1 所示。图 4-2 所示为这种电压比较器的传输特性。单限电压比较器只有一个门限电压 V_{REF},如果将其加在同相输入端,输入信号 v_i 则加在反相输入端。运算放大器工作在开环状态,由于运放处于开环工作状态,开环电压增益很高,即使输入端有一个非常微小的差值信号也会导致运放处于饱和状态。因此,用作比较器时,运算放大器工作在饱和区,即非线性区。当输入信号电压 v_i 略小于参考电压 V_{REF} 时,输出电压 v_o 处于负饱和状态;当输入信号电压 v_i 升高到略大于参考电压 V_{REF} 时,输出电压 v_o 翻转到正饱和状态,图中的实线为参考电压 V_{REF} 接于反相端的情况。若把输入信号 v_i 与参考电压 V_{REF} 互换接入位置,则可得另一条传输特性(见图 4-2 中的虚线)。

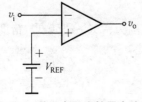

图 4-1　单限电压比较器电路图

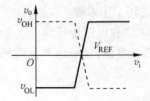

图 4-2　单限比较器传输特性曲线

当 $V_{REF} = 0$ 时,即输入电压与零电平比较,该电路称为过零比较器,其电路和传输特性如图 4-3 所示。当输入电压 v_i 为正弦波电压时,则输出电压 v_o 为矩形波电压。

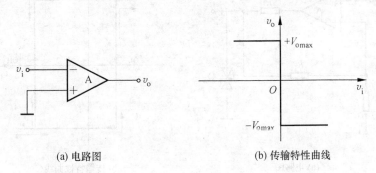

(a) 电路图　　　　　　　　　　　　　　(b) 传输特性曲线

图 4-3　过零比较器

有时为了将输出电压限制在某一特定值,可以与接在输出端的数字电路的电平配合,在比较器的输出端与反向输入端之间跨接一个双向稳压管 D_Z,起双向限幅的作用。稳压管电压为 V_Z,电路和传输特性如图 4-4 所示。v_i 与零电平比较,输出电压 v_o 被限制在 $+V_Z$ 或 $-V_Z$。

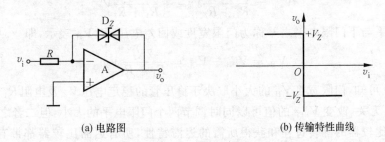

(a) 电路图　　　　　　　　　　　　　　(b) 传输特性曲线

图 4-4　利用稳压二极管限幅的过零比较器

单限电压比较器具有电路简单,灵敏度高等优点,但是抗干扰能力差,如果输入电压受到噪声影响,在门限电平上下波动时,则输出电压也将在高低电平之间反复跳变。为了克服这一缺点,实际工作中常使用迟滞比较器。

2) 迟滞比较器

迟滞比较器又称为施密特触发器,它的电路如图 4-5(a) 所示。输入电压 v_i 加在运放的反向输入端,参考电压 V_{REF} 经电阻 R_2 加在运放的同相输入端,输出电压通过反馈电阻 R_1 引回同相输入端。电阻 R 和稳压管 D_Z 起限幅作用,将输出电压的幅度限制在 $\pm V_Z$。运放的输入信号 v_i 与同相输入端的电位 v_+ 相比较,当 v_i 高于或低于 v_+ 时,输出电平发生翻转。其中 v_+ 由参考电压 V_{REF} 和输出电压 v_o 共同确定,v_o 有 $+V_Z$ 和 $-V_Z$ 两种可能,这种比较器也有两个不同的门限电压,其传输特性曲线是如图 4-5(b) 所示的迟滞回线形状。

利用叠加原理可得同相输入端的电位为

$$v_+ = \frac{R_1}{R_1 + R_2} V_{REF} + \frac{R_2}{R_1 + R_2} v_o \tag{4-1}$$

如果原输出 $v_o = +V_Z$,当 v_i 逐渐增大到 $v_i \geqslant V_{t+} = V_{OH}$($V_{OH}$ 称为上门限电平)时,v_o 由 $+V_Z$ 翻转到 $-V_Z$,上门限电平 V_{OH} 为

$$V_{OH} = \frac{R_1}{R_1 + R_2} V_{REF} + \frac{R_2}{R_1 + R_2} V_Z \tag{4-2}$$

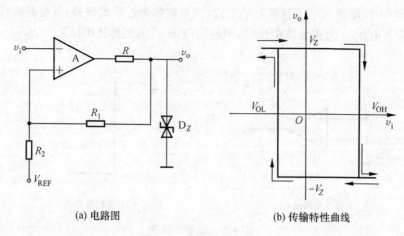

(a) 电路图   (b) 传输特性曲线

图 4-5　迟滞电压比较器

如果原输出 $v_o = -V_Z$，当 v_i 逐渐减小到 $v_i \leqslant V_{t-} = V_{OL}$（$V_{OL}$ 称为下门限电平）时，v_o 由 $-V_Z$ 翻转到 $+V_Z$，下门限电平 V_{OL} 为

$$V_{OL} = \frac{R_1}{R_1 + R_2}V_{REF} - \frac{R_2}{R_1 + R_2}V_Z \tag{4-3}$$

上门限电平与下门限电平之差称为门限宽度或回差电压，用 V_H 表示，即

$$V_H = V_{OH} - V_{OL} = \frac{2R_2}{R_1 + R_2}V_Z \tag{4-4}$$

由式（4-4）可知，门限宽度 V_H 的大小取决于稳压管的稳定电压 V_Z 及电阻 R_1 和 R_2 的值，与参考电压 V_{REF} 无关。改变 V_{REF} 的值可以同时调节两个门限电平的大小，但二者之差 V_H 不变。

为了加速比较器的翻转过程和获得所需的迟滞特性，所有迟滞比较器都带有正反馈回路。图 4-6 所示为迟滞比较器的两种基本形式，其中图 4-6(a) 所示为下行迟滞比较器，电阻 R_F 和 R_P 构成所需的正反馈，输入信号 v_i 从反相端输入。图 4-6(b) 所示为上行迟滞比较器，电阻 R_F 和 R_P 构成所需的正反馈，输入信号 v_i 从同相端输入，参考电压 V_{REF} 则从反相端输入。由于电路引入了正反馈，一旦比较器输出端的逻辑电平发生变化，如由高电平 V_{OH} 向低电平 V_{OL} 变化，则正反馈将迫使同相端电位随之下降，从而加速了输出电位的翻转。有时，为了进一步提高转换速度，可在反馈电阻 R_F 上并接 $10 \sim 100$ pF 的电容，以加强这种正反馈作用。

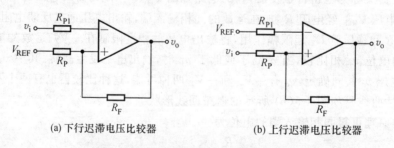

(a) 下行迟滞电压比较器   (b) 上行迟滞电压比较器

图 4-6　两种基本形式的迟滞电压比较器

3）窗口比较器

在许多断续测量和控制系统中，常常需要采用窗口比较器来判别输入信号是否位于两个门限电平之间。图 4-7(a) 所示为一个窗口比较器的电路，图中有两个参考电压 V_{REF1} 和 V_{REF2}

($V_{REF1} > V_{REF2}$)，V_{REF1} 接在运放 A_1 的反相端，V_{REF2} 接在运放 A_2 的同相端。当输入信号 $v_i >$ V_{REF1} 时，运放 A_1 输出高电平，由于 $V_{REF1} > V_{REF2}$，所以 $v_i \geqslant V_{REF1} > V_{REF2}$，运放 A_2 输出低电平，因此 D_1 导通，D_2 截止，电路通过限流电阻 R_1 和稳压管稳压输出电压 V_Z；当输入信号 $v_i <$ $V_{REF2} < V_{REF1}$ 时，运放 A_2 输出高电平，运放 A_1 输出低电平，因此 D_2 导通，D_1 截止，电路通过限流电阻 R_1 和稳压管稳压输出电压 V_Z；当 $V_{REF2} < v_i < V_{REF1}$ 时，运放 A_1、A_2 的输出均为低电平，D_1、D_2 均截止，稳压管也截止，输出电压为 0。图 4-7(b) 所示为该电路的电压传输特性曲线。

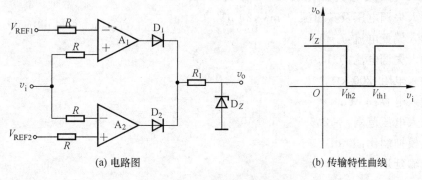

(a) 电路图　　　　　　　　　　(b) 传输特性曲线

图 4-7　窗口电压比较器

2. 单片集成电压比较器

电压比较器的输入信号为模拟信号，输出为高、低电平的数字信号，所以电压比较器通常作为模拟电路和数字电路的接口电路。集成电压比较器与通用运算放大器构成的电压比较器相比，其开环增益低，失调电压大，共模抑制比小，但是响应速度快、传输的延迟时间短，而且一般不需要增加限幅电路就可以与后续数字电路接口。目前市场上单片集成电压比较器型号很多，但具有代表性的集成比较器主要有单比较器 LM111/211/311、LM161/261/361、LM193/293/393、CA311/3098/3099 等；四比较器 LP165/365、CA139/239/339、CMP04 等；高速电压比较器 CMP05、CMP401/402、AD790 等；超高速比较器 AD8561/8598/8564、AD1317、LT1015/1016、LT685、AD9696/9698、AD96685/9668 等。下面以超高速比较器 AD96685 为例说明单片集成比较器的应用。

AD96685 的传输延迟时间只有 2.5 ns，适用于高速触发器、高速线接收器、门限检测器、窗口比较器、峰值检测器等场合，其主要特点如下。

(1) 超快速：2.5 ns 传输延迟，传输时间偏差为 50 ps。

(2) 低功耗：总功率为 118 mW。

(3) 逻辑兼容：ECL 电平。

(4) 封装形式：DIP、TO-100、SOIC、PLCC。

图 4-8(a) 所示为 AD96685 的管脚排列图(以 DIP 封装为例)，图 4-8(b) 所示为 AD96685 的功能方框图。由于 AD96685 的输出端是发射级开路输出形式，故使用时应外接电阻 R_L，并接 $V_T = -2$ V，以满足 ECL 电平要求。

各管脚含义如下。

(1) VS+：正电源供电端，额定电压为 +5.0 V。

(2) VS−：负电源供电端，额定电压为 −5.0 V。

(3) IN+：差动输入级的同相模拟输入端。

（4）IN—：差动输入级的反相模拟输入端。

（5）LATCH ENABLE：锁定使能。

（6）Q：输出端。

（7）$\overline{Q}$：输出端。

（8）GROUND1：数字地。

（9）GROUND2：模拟地。

AD96685 的主要参数如下。

（1）输入失调电压及其温漂：1 mV,20 μV/℃。

（2）输入偏置电流：7 μA。

（3）输入失调电流：0.1 μA。

（4）输入电阻：200 kΩ。

（5）输入电容：2 pF。

（6）输入电压范围：$-$2.5—$+$5.0 V。

（7）共模抑制比：90 dB。

（8）传输延迟时间：2.5 ns。

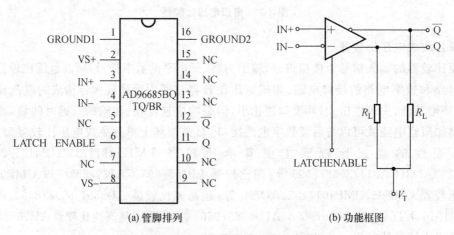

(a) 管脚排列　　　　　　　　(b) 功能框图

图 4-8　AD96685 的管脚排列图和功能框图

图 4-9 所示为由 AD96685 构成的一种超高速采样电路。在锁定使能端无脉冲输入（高电平）时，引脚 4 经过 R_3 = 50 Ω 接 ECL 逻辑低电平，因而 AD96685 的输出 v_o 反映 v_i 与 V_{REF} 的比较变化。当需要对某一时刻的 v_i 采样时，在引脚 4 加上锁定使能输入阶跃低电平，于是输出 v_o 便以 t_s（采样时间）$\leqslant$ 0.5 ns 时保持相应的输入信息。该电路在高速 A/D 转换电路中较为常见。

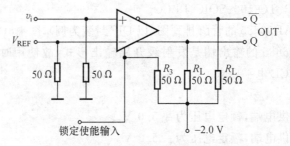

图 4-9　AD96685 组成的超高速采样电路

3. 电压比较器的应用

电压比较器的应用较广，主要应用于高速 A/D 转换器（ADC）、时间测量电路、脉冲宽度调制器、峰值检测器、延迟振荡器、精密整流器、过压检测器、高速触发器、开关驱动器等场合。其中电压比较器较常见的一种应用是产生非正弦信号，包括方波、三角波、锯齿波、阶梯波等。下面以方波信号的产生为例进行说明。

方波常用于数字电路的信号源。在一个上、下门限电平和输出高、低电平大小相等、方向相反的迟滞比较器中，增加一条 RC 反馈回路，就组成了简单的方波发生器，电路如图 4-10(a) 所示。该方波发生器由通用运算放大器组成，输出端所接的两个稳压管用于限幅，电阻 R_0 是限幅电阻，这样，电路的输出电压 v_o 的高电平 V_{OH} 和低电平 V_{OL} 分别是稳压管的正、负稳压值 V_z。

图 4-10(a) 中的比较器是具有下行特性的迟滞比较器。由于该电路的高、低输出电平大小相等、方向相反且没有参考电压，所以该电路的上、下门限电平也是大小相等、方向相反的。这时，比较器的上门限电平、下门限电平宽度分别表示为

$$
\left.
\begin{aligned}
V_{OH} &= \frac{R_1}{R_F + R_1} v_{OH} = \frac{R_1}{R_F + R_1} V_z \\
V_{OL} &= \frac{R_1}{R_F + R_1} v_{OL} = \frac{R_1}{R_F + R_1} V_z \\
V_R &= \pm \frac{R_2}{R_1 + R_2} V_z
\end{aligned}
\right\}
\tag{4-5}
$$

在图 4-10(a) 中，接通电源时输出电压 v_o 处在高电平还是低电平是不确定的。当 $v_o = v_{OH}$ 时，负反馈回路中的 RC 电路被充电，电容两端的电压（即运放反向端的电压）按指数规律上升，当达到 V_{OH} 时，输出状态将转换，v_o 由 v_{OH} 突跳到 v_{OL}，电容 C 随即反向充电，当其上电压下降到 V_{OL} 时，输出状态再次转换，v_o 由 v_{OL} 突跳到 v_{OH}，电容 C 又开始正向充电。上述过程周而复始，就形成自激振荡，其波形如图 4-10(b) 所示。

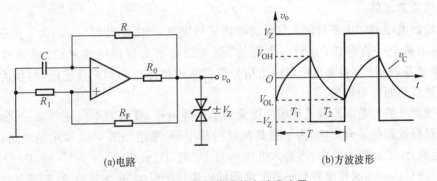

(a)电路　　　　　　　　　　　　　　　　　(b)方波波形

图 4-10　比较器构成的方波发生器

显然，RC 负反馈回路在 v_{OH} 作用下，电容两端电压由 V_{OL} 充电到 V_{OH} 所需的时间 T_1 加上在 v_{OL} 作用下由 V_{OH} 放电到 V_{OL} 所需的时间 T_2 就是这个振荡器的振荡周期 T。

由 RC 电路理论可知，起始值为 V_{OL}，在阶跃信号电压 v_{OH} 作用下的充电过程可表示为

$$
v_C = v_{OH} + (V_{OL} - v_{OH}) \exp\left(\frac{-t}{RC}\right) = V_z + (V_{OL} - V_z) \exp\left(\frac{-t}{RC}\right)
$$

式中，当 $t = T_1$ 时，电容 C 两端电压达到 V_{OH}，即有

$$
V_{OH} = V_z + (V_{OL} - V_z) \exp\left(\frac{-T_1}{RC}\right)
$$

解之得

$$T_1 = RC\ln \frac{V_Z - V_{\mathrm{OL}}}{V_Z - V_{\mathrm{OH}}} \tag{4-6}$$

把式(4-5)代入上式可得

$$T_1 = RC\ln\left(1 + \frac{2R_1}{R_{\mathrm{F}}}\right)$$

同理可得

$$T_2 = RC\ln \frac{-V_Z - V_{\mathrm{OH}}}{-V_Z - V_{\mathrm{OL}}} = RC\ln\left(1 + \frac{2R_1}{R_{\mathrm{F}}}\right) \tag{4-7}$$

故该电路的振荡频率可表述为

$$f = \frac{1}{T} = \frac{1}{T_1 + T_2} = \frac{1}{2RC\ln\left(1 + \dfrac{2R_1}{R_{\mathrm{F}}}\right)} \tag{4-8}$$

可见,改变电阻R或电容C,或者改变比值R_1/R_{F}的大小,均能改变振荡频率f,而振荡幅度的调整则应通过选择限幅电路中稳压管的稳压值V_Z来达到。

该电路输出方波前后沿的陡峭程度取决于运算放大器参数的上升速率 SR,SR 越大,输出方波越陡峭,方波质量越好。一般来说,这种电路的最高振荡频率在几十千赫兹,若要达到上百千赫兹,则必须挑选运算放大和相应的电路元件。

4.2　峰值与绝对值检测电路

测控系统和仪器仪表中经常需要对信号进行各种运算来获得所需的输出结果,如信号的加、减、乘、除、乘方、开方、微分或积分等运算,有时还需要获得某些信号特征值,如绝对值、峰值、有效值、算术平均值等。本节介绍两种测控系统中常用的检测电路。

1. 峰值检测电路

峰值检测电路的作用是对输入信号的峰值进行提取,产生输出$u_{\mathrm{o}} = u_{\text{峰}}$,为了实现这样的目标,电路输出值会一直保持,直到一个新的、更大的峰值出现或电路复位。峰值检测电路在 AGC(自动增益控制)电路和传感器输出信号最值求取电路中得到广泛应用,可作为程控增益放大器倍数选择的判断依据。

峰值检测电路的基本原理是利用二极管的单向导电性,使电容单向充电来记忆峰值。二极管的压降对测量的结果有影响,为了提高测量的精度,可采用如图 4-11 所示的电路,其中二极管 D_1 在运放 A_1 的反馈回路中。当输入电压 $v_{\mathrm{I}} < U_C$ 时,D_1 截止;当 $v_{\mathrm{I}} > U_C$ 时,D_1 导通,电容C开始充电,使$U_C = v_{\mathrm{I}}$,这样电容C一直充电到输入电压的最大值。由运放 A_2 构成的电压跟随器具有较高的输入阻抗,电容 C 可以保持峰值较长时间。开关 S 的作用是为了在新的测量开始时

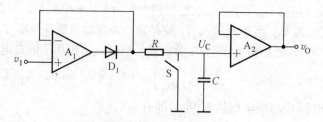

图 4-11　峰值检测电路

将电容 C 放电。

对电路的主要要求是：① A_1 的输出阻抗低，R 的阻值小，使 C 能迅速地充电，U_C 能跟随 v_1 的增大而变化；② 电容 C 的漏电流小，开关 S 的泄漏电阻大，A_2 的输入阻抗大，使 v_0 能保持峰值。

该电路存在两个主要缺点：其一是放大器 A_1 的电容负载容易使其产生振荡，可在电路中接入电阻 R、延长电容 C 的充电时间来避免振荡，但这是以牺牲 U_C 对 v_1 的快速响应为代价的；其二是当 $v_1 < U_C$ 时，A_1 处于饱和状态，由此产生的恢复实践限制了该电路在低频范围的应用。

图 4-12 所示电路克服了以上两个缺点。图中 A_1 工作在反相放大状态，当 $v_1 > -U_C$ 时，U_1 为负，二极管 D_1 导通，使 C 迅速充电，U_C 的绝对值增大直至输出电压 $v_0 = -v_1$。二极管 D_1 的导通电压及放大器 A_2 的输入失调电压的影响被消除了。当输入电压下降时，U_1 上升，D_1 截止，使 A_1、A_2 处于分离状态，U_1 上升直到二极管 D_2 导通，对放大器 A_1 构成负反馈，从而避免了过度饱和。v_1 的反向峰值存于电容 C 中，测量结束后，可以通过开关 S 放电。

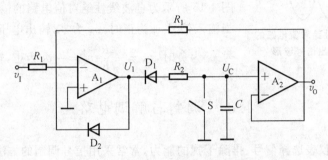

图 4-12　改进的峰值检测电路

可以利用正负峰值电路与加法或减法电路相结合构成各种所需的峰值电路，用于获取被测参数的最大变化量，如温度变化量、工件的椭圆度等。

2. 绝对值检测电路

不论输入信号的极性如何，电路的输出总是为正，实现这样功能的电路称为绝对值检测电路。从电路上看，取绝对值就是对信号进行全波或半波整流。绝对值电路的传输特性曲线如图 4-13 所示。通常可利用二极管进行整流，但整流二极管的非线性会带来严重影响，特别是在小信号的情况下。为了精确地实现绝对值运算，必须采用线性整流电路，图 4-14 所示为全波线性绝对值电路。从图中可以看出，这个电路由半波整流器（前段电路）和加法电路（后段电路）构成。

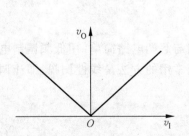

图 4-13　绝对值电路的传输特性曲线

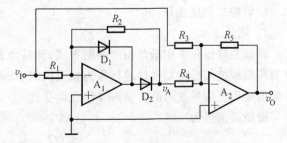

图 4-14　全波线性绝对值电路

由运放 A_1 和 R_1、R_2、D_1、D_2 构成半波整流电路,由运放 A_2 和 R_3、R_4、R_5 构成一个反向加法电路。$v_1 > 0$ 时,D_1 导通,D_2 截止,$v_A = 0$;当 $v_1 < 0$ 时,D_1 截止,D_2 导通,$v_A = -\dfrac{R_2}{R_1}v_1$。由运放 A_2 加法电路对 v_A 和 v_1 进行相加运算。

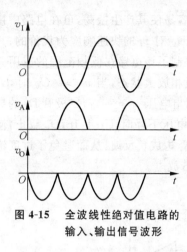

$$v_O = -\frac{R_5}{R_4}v_A - \frac{R_5}{R_3}v_1 \tag{4-9}$$

如果 $R_1 = R_2 = R_3 = 2R_4 = R_5 = R$,则当 $v_1 > 0$ 时

$$v_O = -\frac{R_5}{R_4}v_A - \frac{R_5}{R_3}v_1 = -\frac{R_5}{R_3}v_1 = -v_1$$

当 $v_I < 0$ 时

$$v_O = -\frac{R_5}{R_4}v_A - \frac{R_5}{R_3}v_1 = -\frac{2R}{R}\left(-\frac{R}{R}v_1\right) - \frac{R}{R}v_1 = +v_1$$

可得 $v_O = -|v_1|$,实现了对输入信号取绝对值的运算。图 4-15 所示为全波线性绝对值电路的输入、输出信号波形。当输入信号 v_1 为正时,v_A 为零,输出电压 v_O 为负;当输入信号 v_1 为负时,$v_A = -\dfrac{R_2}{R_1}v_1 = -v_1$ 为正,输出电压 v_O 为负。

图 4-15　全波线性绝对值电路的输入、输出信号波形

4.3　调制与解调电路

为了提高仪器仪表选择信号、排除干扰的能力,常常采用信号调制的方法。调制的目的就是赋予测量的有用信号一定特征,常常通过一个高频载波信号来进行测量信号调制,使它获得与噪声信号完全不同的某一特征,从而能将它与噪声区分开来,经调制后的信号能够较容易地将有用信号与噪声相分离。

从已放大后的高频已调波中恢复出原测量信号的过程称为解调。从仪器仪表中通过解调可以获得对应于被测量变化情况的示值或示值变化曲线。

在模拟系统中,根据载波波形的不同,调制可分为正弦波调制和脉冲调制两种方式。正弦波调制是以高频正弦波为载波,用低频调制信号去控制正弦波的过程。一个正弦波信号的参数有幅度、频率、相位三个,相对应的调制方式分别是调幅、调频、调相。调频与调相都使得高频振荡的总相角受到调变,所以统称为角度调制或调角。脉冲调制是用高频矩形脉冲为载波,用低频调制信号去控制矩形脉冲的过程。其中低频调制信号分别去控制矩形脉冲的幅度、宽度或相位三个参数的调制,分别称为脉幅调制、脉宽调制和脉位调制。

1. 调幅式测量电路

1) 调幅原理

调幅是仪器仪表中最常用的调制方式,其特点是调制与解调电路简单。用低频调制电压去控制高频载波信号的幅度的过程称为幅度调制(或调幅)。常用的方法是线性调幅,即让调幅波的幅值随调制信号波形的变化按线性规律变化。

设载波信号为

$$u_c(t) = U_{cm}\cos\omega_c t \tag{4-10}$$

调制信号为单频信号

$$u_\Omega(t) = U_{\Omega m}\cos\Omega t \quad (\Omega \ll \omega_c) \tag{4-11}$$

　　如果用调制信号 $u_\Omega(t)$ 对载波信号 $u_c(t)$ 进行调制，则根据振幅调制的定义，已调信号的振幅随调制信号 $u_\Omega(t)$ 的变化而作线性变化，当调制信号为零时，调幅波就是载波。因此，调幅信号 $u_s(t)$ 的一般表达式应为

$$u_s(t) = [U_{cm} + ku_\Omega(t)]\cos\omega_c t \qquad (4\text{-}12)$$

　　其中，调幅信号的瞬时振幅为

$$U_m(t) = U_{cm} + ku_\Omega(t) = U_{cm} + kU_{\Omega m}\cos\Omega t = U_{cm}(1 + M_a\cos\Omega t)$$

式中：k 为比例常数，一般由调制电路确定，又称调制灵敏度；M_a 为调幅系数，$M_a = \dfrac{kU_{\Omega m}}{U_{cm}}$，它表示载波振幅受调制信号控制的强弱程度。

　　由此，调幅信号的一般表达式可写为

$$u_s(t) = U_{cm}(1 + M_a\cos\Omega t)\cos\omega_c t = U_{cm}\cos\omega_c t + U_{cm}M_a\cos\Omega t\cos\omega_c t \qquad (4\text{-}13)$$

　　图 4-16 给出了调制信号、载波信号和调幅信号的波形与频谱。其中图 4-16(a) 所示为调制信号、载波信号和调幅信号的波形图，图 4-16(b) 所示为调制信号、载波信号和调幅信号的频谱图。

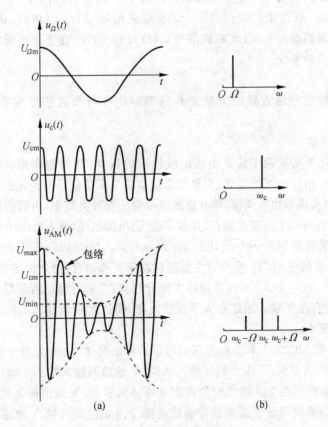

图 4-16　调幅波形与频谱

　　由图 4-16(a) 可知，调幅信号的振幅由直流分量 U_{cm} 和交流分量 $kU_{\Omega m}\cos\Omega t$ 叠加而成，其中交流分量与调制信号成正比，即调幅信号的包络（信号振幅各峰值点的连线）完全反映了调制信号的变化。另外，调幅系数为

$$M_{\mathrm{a}} = \frac{kU_{\Omega m}}{U_{\mathrm{cm}}} = \frac{U_{\max} - U_{\mathrm{cm}}}{U_{\max} + U_{\min}} = \frac{U_{\max} - U_{\mathrm{cm}}}{U_{\mathrm{cm}}} = \frac{U_{\mathrm{cm}} - U_{\min}}{U_{\mathrm{cm}}} \tag{4-14}$$

式(4-13) 又可写为

$$u_{\mathrm{s}}(t) = U_{\mathrm{cm}}(t)\cos\omega_{\mathrm{c}}t + \frac{M_{\mathrm{a}}U_{\mathrm{cm}}}{2}\left[\cos(\omega_{\mathrm{c}} + \Omega)t + \cos(\omega_{\mathrm{c}} - \Omega)t\right] \tag{4-15}$$

可以看出，$u_{\mathrm{s}}(t)$ 的频谱包括三个频率分量：载波 ω_{c}、上边频($\omega_{\mathrm{c}} + \Omega$) 和下边频($\omega_{\mathrm{c}} - \Omega$)，即调幅将原调制信号的频谱搬移到载频的左、右两侧，如图 4-16(b) 所示。由于被传输的调制信号信息只存在于两个边频分量中而不存在于载波频率中，因此只取两个边频信号，这种调制常称为双边带调制。对于双边带调制，有

$$\begin{aligned} u_{\mathrm{s}}(t) &= \frac{M_{\mathrm{a}}U_{\mathrm{cm}}}{2}\left[\cos(\omega_{\mathrm{c}} + \Omega)t + \cos(\omega_{\mathrm{c}} - \Omega)t\right] \\ &= kU_{\Omega m}U_{\mathrm{cm}}\cos\Omega t\cos\omega_{\mathrm{c}}t \end{aligned} \tag{4-16}$$

式中：k 为比例系数。

可见，双边带调幅信号中仅包含两个边频，无载频分量，其频带宽度为调制信号频率的 2 倍。需要指出的是，在调制信号过零点时高频相位有 180° 的突变。由式(4-16)可知，在调制信号的正半周，$\cos\Omega t$ 为正，双边带调幅信号 $u_{\mathrm{s}}(t)$ 与载波信号 $u_{\mathrm{c}}(t)$ 同相；在调制信号的负半周，$\cos\Omega t$ 为负，双边带调幅信号 $u_{\mathrm{s}}(t)$ 与载波信号 $u_{\mathrm{c}}(t)$ 反相。因此，在正负半周期交界处，双边带调幅信号 $u_{\mathrm{s}}(t)$ 有 180° 的突变。

2) 调幅电路

产生双边带调幅信号最直接的方法就是将调制信号与载波信号相乘，可以用乘法器来实现。

(1) 乘法器调制器。

模拟乘法器可用来实现两个输入电压的线性积的运算，其典型应用包括：乘、除、平方、均方、倍频、调幅、检波、相位检测等运算。只要用乘法器将与测量信号成正比的调制信号 u_{x} 与载波信号 u_{c} 相乘，就可以实现双边带调幅。单片集成模拟乘法器种类较多，内部结构不同，各项参数指标也不同。选择时应注意几个主要参数：工作频率范围、电源电压、输入电压动态范围、线性度等。

常用的模拟乘法器有 Motorola 公司的 MC1496/1596、MC1495/1595 和 MC1494/1594 单片模拟乘法器。MC14 系列与 MC15 系列的主要区别在于工作温度，前者的工作温度为 0 ~ 70 ℃，后者的工作温度为 −55 ~ 125 ℃，其余指标大部分相同，个别性能后者稍好一些。MC1596 是以双差分电路为基础的，在 Y 输入通道加入了反馈电组，所以 Y 通道输入电压动态范围较大，X 通道输入电压动态范围小。

图 4-17 所示为用 MC1596 乘法器实现双边带调幅的具体电路。由图可知，X 通道两输入端 8、10 脚的直流电位均为 6 V，可作为载波输入通道；Y 通道两输入端 1、4 脚之间外接调零电路，可通过调节 50 kΩ 电位器使 1、4 脚之间的直流电位差为零，即 Y 通道输入信号仅为交流调制信号。输出端 6、12 脚应外接调谐于载频的带通滤波器。2、8 脚之间外接 Y 通道负反馈电阻。

(2) 开关电路调制。

如图 4-18 所示，在输入端加入测量信号 u_{x}，V_1、V_2 是两个场效应管开关，高频方波信号 U_{c} 和 $\overline{U}_{\mathrm{c}}$ 分别加入它们的栅极来控制它们的通断。当 U_{c} 为高电平，$\overline{U}_{\mathrm{c}}$ 为低电平时，V_1 导通，V_2 截止，如果 V_1、V_2 为理想开关，输出电压 $u_{\mathrm{o}} = u_{\mathrm{x}}$。当 U_{c} 为低电平，$\overline{U}_{\mathrm{c}}$ 为高电平时，则 V_1 截止，V_2 导通，输出为零。由图 4-18(b) 所示的各信号波形图可知，该电路实现了输入信号 u_{o} 与幅值按 1、0 变化的载波信号相乘。

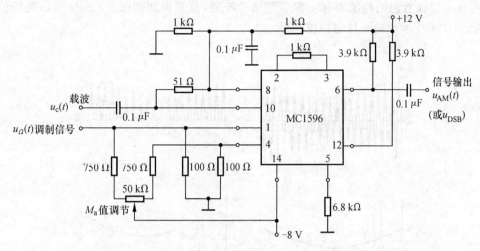

图 4-17　用 MC1596 乘法器实现双边带调幅的具体电路

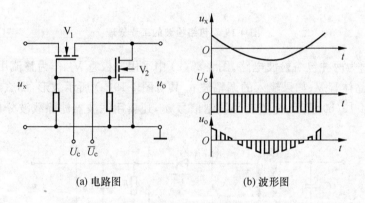

（a）电路图　　　　　　　（b）波形图

图 4-18　相乘调制电路

归一化后的方波载波信号可按傅里叶级数展开为

$$K(\omega_c t) = \frac{1}{2} + \frac{2}{\pi}\cos\omega_c t - \frac{2}{3\pi}\cos 3\omega_c t + \cdots \tag{4-17}$$

将 $K(\omega_c t)$ 与输入信号 u_x 相乘后，用带通滤波器（图中未表示）滤去低频信号 $\frac{1}{2}u_x$ 和频率高于 $3\omega_c$ 的高频信号，得到相乘调制信号。图中 V_1 也可用电阻代替。

3）调幅波的解调电路（检波器）

调幅波的解调过程（不失真地还原信息）通常称为检波，实现该功能的电路也称为振幅检波器（简称检波器）。从原理上讲，要从包含调制波信息的已调波中还原出调制信号信息，必须要有非线性器件，使之产生新的频率分量，并把高频载波的高频分量滤除，因此，振幅检波器由非线性器件和低通滤波器组成。

（1）包络检波电路。

图 4-19 所示为包络检波的工作原理图，其中图 4-19（a）所示为调幅信号，只要用二极管或其他具有单向导电性能的元件截去其下半部，就可得到图 4-19（b）所示的半波检波后的信号，然后用滤波器滤去其高频成分，剩下按已调波包络线变化的低频成分，就可恢复出调制信号，这种检波方式称为包络检波。实现包络检波过程的电路为包络检波器。包络检波器根据所用器件

不同,可分为二极管包络检波器和三极管包络检波器,分别得到如图 4-19(d) 所示的峰值检波信号和图 4-19(c) 所示的平均值检波信号。

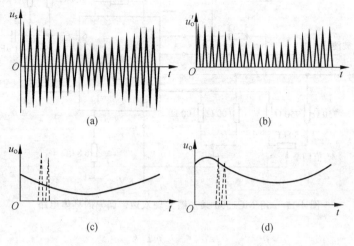

图 4-19　包络检波的工作原理

图 4-20 所示为两种包络检波电路。图 4-20(a) 中采用二极管 V_D 作为整流用非线性元件,图 4-20(b) 中采用晶体管 V。如果输入的调幅波 u_s 具有图 4-19(a) 所示波形,那么经二极管整流后其波形 u_o' 如图 4-19(b) 所示。为了获得调制信号 u_o,还要用滤波器滤除载波分量。

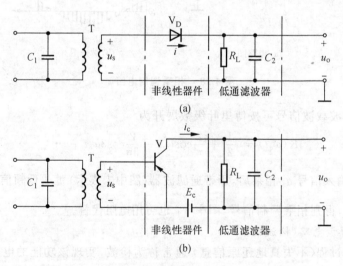

图 4-20　包络检波电路

就检波物理过程而言,图 4-20(b) 所示晶体管检波器利用发射结产生的工作过程与图 4-20(a) 所示二极管包络检波器是相似的,不同的是:一方面,晶体管有放大作用,即晶体管的输出电压 $i_c R_L$ 可能大于 u_s 的半波整流值;另一方面,是在晶体管检波电路中,集电极电压的变化对集电极电流 i_c 影响很小,因此 i_c 基本上由 u_s 确定,而与 R_L 上的输出电压 u_o 无关。由于晶体管 V 只在半个周期导通,半个周期 i_c 对电容 C 充电,另半个周期电容 C 向电阻 R_L 放电,流过 R_L 的平均电流只有 $i_c/2$,这种检波称为平均值检波,其输出波形如图 4-19(c) 所示。

在二极管检波电路中,由于整个电路是串联的,加在二极管 V_D 两端的电压是输入高频电压 u_s 与输出电压 u_o 之差。如果图 4-20 中二极管 V_D 和晶体管 V 都具有理想的线性特性,那么在晶体管检波器中,余弦电流脉冲的通角为 θ,如图 4-21(b) 所示。而在二极管检波器中电流脉冲的通角 $\theta = \arccos(u_o/U_{sm})$,如图 4-21(a) 所示。负载 R_L 与二极管正向电阻 r 之比越大,则需要向滤波器供电的时间越短,θ 越小。这种检波器称为峰值检波器,其输出波形如图 4-19(d) 所示,这里"峰值"是指高频信号的峰值。低通滤波器的时间常数应满足 $1/\omega \ll R_L C_2 \ll 1/\Omega$,才能滤除载波信号,同时保留调制信号。

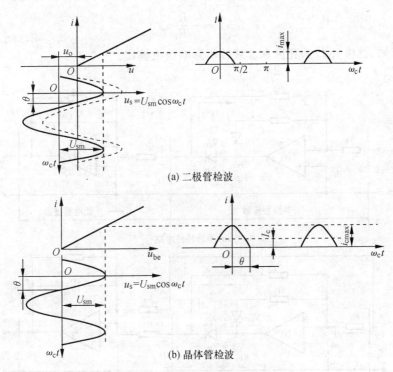

(a) 二极管检波

(b) 晶体管检波

图 4-21　两种包络检波电路的导通角

在前面的讨论中,都假定二极管或晶体管具有理想的线性特性,但实际上二极管或晶体管都不可能是理想的,二极管存在死区电压,其伏安特性也是一根非线性的指数曲线。晶体管的转移特性也是非线性的,这都会造成检波器的非线性失真。为了解决这一问题,可以采用图 4-22 所示的由集成运算放大器构成的精密检波电路。

① 半波精密检波电路。

图 4-22(a) 所示为半波精密检波电路,其输入、输出波形分别如图 4-23(a)、(b) 所示。在调幅波 u_s 为正的半周期,经运算放大器 N_1 反相后,D_1 导通,D_2 截止,A 点电位接近于虚地,$u_A \approx 0$。在调幅波 u_s 为负的半周期,D_1 截止,D_2 导通,A 点有电压输出。R'_2 的反馈支路是用来防止 u_s 为正半周期时因 D_2 截止而使运放处于开环环态,由此可能造成运放饱和而设置的。R'_2 反馈支路的加入也使 u_s 在两个半周期负载基本对称。

若集成运放 N_1 的输入阻抗远大于 R_2,则 $i \approx -i_i$。按图上所标的极性,可列出下列方程组:

$$u_s = i_i R_1 + u'_s = u'_s - iR_1 \tag{4-18}$$

$$u'_A = u + u_A = u + iR_2 + u'_s \tag{4-19}$$

$$u'_A = - K_d u'_s \tag{4-20}$$

式中：K_d 为 N_1 的开环放大倍数。解上述联立方程组得到

$$u_s = - \left[\frac{R_1}{R_2} + \frac{1}{K_d} \left(1 + \frac{R_1}{R_2} \right) \right] u_A - \frac{1}{K_d} \left(1 + \frac{R_1}{R_2} \right) u \tag{4-21}$$

通常，N_1 的开环放大倍数 K_d 很大，这时上式可简化为

$$u_s = - \frac{R_1}{R_2} u_A \tag{4-22}$$

或

$$u_A = - \frac{R_2}{R_1} u_s \tag{4-23}$$

由上式可知，二极管 D 的死区和非线性不影响检波输出。

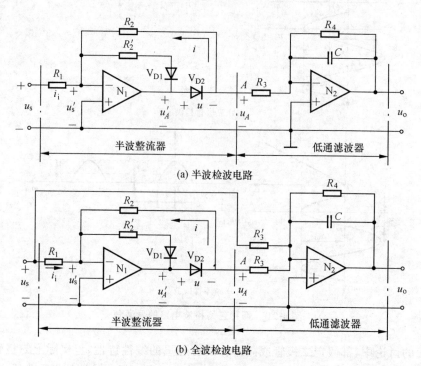

(a) 半波检波电路

(b) 全波检波电路

图 4-22　线性精密整流电路

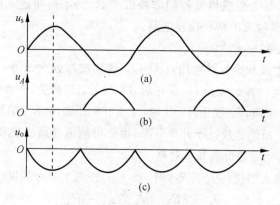

图 4-23　全波精密检波电路波形

图中 N_2 与 R_3、R_4、C 等构成低通滤波器。对于低频信号，电容 C 接近开路，滤波器的增益为 $-R_4/R_3$。对于载波频率电容 C 接近短路，它使高频信号受到抑制。因为电容 C 的左端接虚地，电容 C 上的充电电压不会影响二极管 D 的通断，所以这种检波器属于平均值检波器。

② 全波精密检波电路。

检波可以用半波整流的方式实现，也可采用全波整流的方法。图 4-22(b) 所示为用全波整流器实现检波的电路。u_A 仍为 N_1 的反相半波整流信号，其波形如图 4-23(b) 所示。N_2 构成加法器，将半波整流信号与图中所示输入信号 u_s 相加。电路中取 $R_5 = 2R_3$。在不加电容器 C 时，N_2 的输出为

$$u_o = -\frac{R_4}{R_3}\left(u_A + \frac{u_s}{2}\right) \tag{4-24}$$

其波形如图 4-23(c) 所示。电容 C 起滤除载波信号的作用。

图 4-24 所示为另一种线性全波整流电路。N_1 为反相放大器，N_2 为跟随器。当 $u_s > 0$ 时，D_1、D_4 导通，D_2、D_3 截止，$u_o = u_s$。当 $u_s < 0$ 时，D_2、D_3 导通，D_1、D_4 截止，选取 $R_1 = R_4$，$u_o = -u_s$，所以，$u_o = |u_s|$。为减小偏置电流的影响，取 $R_2 = R_1 /\!/ R_4$，$R_3 = R_5$。

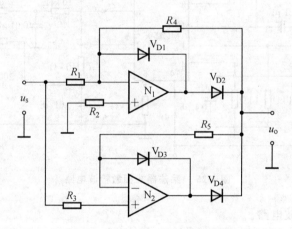

图 4-24 另一种线性全波整流电路

(2) 相敏检波电路。

上述包络检波电路在实际中存在两个问题：其一是检波器在解调信号时只能获取调幅信号的幅度信息，而不能获取信号的相位信息，在测控系统中，有时信号的相位信息是非常重要的，如位移、速度、力的方向等都与相位信息有关，所以在这样一些参数的检测中，包络检波电路就不适用；其二是包络检波电路本身不具有区别不同频率载波信号的能力，对于不同载波频率的信号它的整流方式相同，也就意味着它不具备区分信号和噪声的能力。因此，在测量控制中常常需要解调电路应具有鉴别信号的相位变化和选择不同信号频率的能力，这种解调电路称为相敏检波电路。

如果将双边带调幅信号 u_s 再乘以单位幅度的载波信号 $\cos\omega_c t$，得到

$$u_o = u_s\cos\omega_c t = U_{xm}\cos\Omega t\cos^2\omega_c t$$

$$= \frac{1}{2}U_{xm}\cos\Omega t + \frac{1}{2}U_{xm}\cos\Omega t\cos2\omega_c t$$

$$= \frac{1}{2}U_{xm}\cos\Omega t + \frac{1}{4}U_{xm}[\cos(2\omega_c - \Omega)t + \cos(2\omega_c + \Omega)t] \tag{4-25}$$

用低通滤波器滤除$(2\omega_c - \Omega)$和$(2\omega_c + \Omega)$高频分量后,即可得到代表被测量值的信号$U_{xm}\cos\Omega t$。由此可见,相敏检波与幅值调制一样,可以用相乘电路来实现,也可用含开关元件(非线性元件)的相加电路来实现,其作用实质均是乘以$\cos\omega_c t$。

① 乘法器式相敏检波电路。

图 4-25 所示为利用乘法器构成的相敏检波电路,是用 MC1596 构成的相敏检波电路。它与前面的调幅电路非常类似,其区别主要有两点:一个是接在输入端 1 的输入电容与接在引脚 4 的补偿电容值不同,这是由于调幅电路中的两个输入信号一个是低频信号,另一个为高频信号,而输出的是高频已调幅信号;而检波电路中两个输入信号都是高频信号,输出信号则是低频信号,所以电容的选择有所不同;其次,在相敏检波电路中还增加了由运放 F007 和 R、C 等构成的低通滤波器。

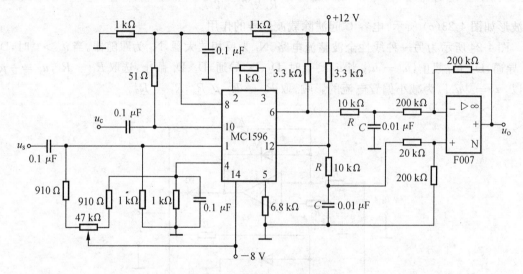

图 4-25　乘法器式相敏检波电路

② 开关式相敏检波电路。

图 4-18 所示电路也可用作半波相敏检波电路,在输入端加入已调信号 u_s,高频方波信号 U_c 和 $\overline{U}_c$ 分别加入 V_1、V_2 两个场效应管开关的栅极来控制它们的通断。当 U_c 为高电平,$\overline{U}_c$ 为低电平时,V_1 导通,V_2 截止,有输出信号。当 U_c 为低电平,$\overline{U}_c$ 为高电平时,V_1 截止,V_2 导通,输出为零。经低通滤波器滤除高频分量后得到与调制信号 u_x 成正比的输出。半波相敏检波电路存在输出信号的脉动较大的问题,为了解决这一问题可以采用全波相敏检波电路。

图 4-26(a)、(b)所示为两种开关式全波相敏检波电路。在图 4-26(a)中,当 U_c 为高电平的半周期,同相输入端接地,u_s 只从反相端输入,放大器的放大倍数为 -1,输出信号如图 4-26(c)、(d)中实线所示;当 U_c 为低电平的半周期,V 截止,u_s 同时从同相端和反相端输入,放大器的放大倍数为 $+1$,输出信号如图 4-26(c)、(d)中虚线所示。

在图 4-26(b)中,取 $R_1 = R_2 = R_3 = R_4 = R_5 = R_6/2$,当 U_c 为高电平的半周期,V_1 导通,V_2 截止,u_s 只从反相端输入,放大器的放大倍数为 $-\dfrac{R_6}{R_2 + R_3} = -1$,输出信号如图 4-26(c)、(d)中实线所示;当 U_c 为低电平的半周期,V_1 截止,V_2 导通,反相输入端通过 R_3 接地,u_s 同时从同相端输入,放大器的放大倍数为 $\dfrac{R_6}{R_2 + R_3 + R_6} \times \left(1 + \dfrac{R_6}{R_3}\right) = 1$,输出信号如图 4-26(d)中虚线所示,同样也实现了全波相敏检波。

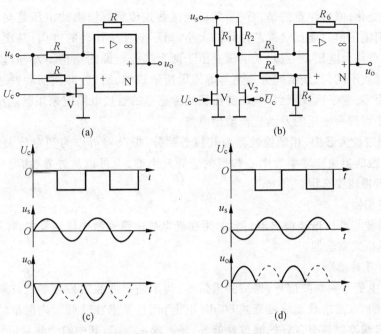

(a)　　　　　　　　　　　　　　(b)

(c)　　　　　　　　　　　　　　(d)

图 4-26　开关式相敏检波电路

（3）相敏检波器的应用。

由于相敏检波电路具有鉴相与选频功能,能较好地抑制干扰噪声,在精密仪器中得到广泛应用。它的主要用途有以下几方面。

① 用作各种测量仪器中的解调电路,它常用于电感式、互感式、电容式仪器中。它还常用作各种交流电桥的检波电路。图 4-27 所示为相敏检波器用于互感式仪器中的例子。

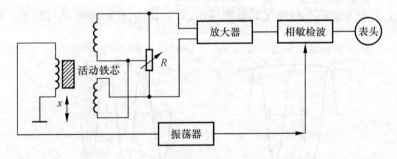

图 4-27　相敏检波器用于互感式仪器

互感式电感传感器是利用互感 M 的变化来反映被测量的变化。这种传感器实质上是一个输出电压可变的变压器。当变压器初级线圈输入稳定交流电压后,次级线圈便会有感应电压输出,该电压随被测量的变化而变化。差动变压器式电感传感器是常用的互感式传感器。传感器主要由线圈和活动铁芯两部分组成。线圈包括一个初级线圈和两个反接的次级线圈,当初级线圈输入交流激励电压时,次级线圈将产生感应电动势 e_1 和 e_2。由于两个次级线圈极性反接,因此,传感器的输出电压为二者之差,即 $e_y = e_1 - e_2$。活动衔铁能改变线圈之间的耦合程度。输出 e_y 的大小随活动铁芯的位置变化而变化。当活动铁芯的位置居中时,$e_1 = e_2$,$e_y = 0$;当活动铁芯向上移时,$e_1 > e_2$,$e_y > 0$;当活动铁芯向下移时,$e_1 < e_2$,$e_y < 0$。活动铁芯的位置往复变化,其输出电

压也随之发生变化。值得注意的是:首先,差动变压器式传感器输出的电压是交流量,如用交流电压表指示,则输出值只能反映铁芯位移的大小,而不能反映移动的方向;其次,交流电压输出存在一定的零点残余电压,零点残余电压是由于两个次级线圈的结构不对称,以及初级线圈铜损电阻、铁磁材质不均匀、线圈间分布电容等原因所形成的。所以,即使活动铁芯位于中间位置时,输出也不为零。鉴于这些原因,差动变压器式传感器的后接电路应采用既能反应铁芯位移极性,又能补偿零点残余电压的差动直流输出电路。

② 用于锁定放大器中。相敏检波器为其核心部分,振荡器可以为锁定放大器一部分,这时放大器常为以振荡器振荡频率为中心频率的选频放大器。也可以从外界(由电桥)输入参考信号。滤波参数可视需要选定。

③ 用作鉴相器。

④ 用作基波与奇次谐波检测器。例如,用在光电显微镜和激光稳频管中,等等。

⑤ 用作模拟式乘法器。

4) 载波信号的选取

在解调器中要滤除载波信号,保留测量信号。为了使得滤波后残存的波纹系数不对测量结果产生显著影响,常要求载波信号衰减 60 dB 以上,而且要求在通频带内测量信号基本上不衰减,这除了要求滤波器具有良好的滤波性能外,还要求 $\omega_c \gg \Omega$,其中 Ω 为测量信号的最高变化角频率。在实践中常要求 $\omega_c > 10 \Omega$;否则滤波器的设计将会很困难。

要求 $\omega_c \gg \Omega$ 还与下述现象有关。图 4-28 中曲线 1 为调制信号、曲线 2 为载波信号。由于信号调制情况具有随机性,可能出现图 4-28(a)所示情况,有一个载波的波峰正好处于调制信号的最高点。也有可能出现图 4-28(b)所示情况,即载波信号对称地分布于调制信号 1 最高点的两侧。如果 $\omega_c = n\Omega$,那么 B 点调制信号的值等于 A 点的 $\cos \dfrac{\pi}{n}$。在采用峰值检波的情况下,检出的峰值误差较大。如果要求相对误差小于 1‰,则要求 $n > 23$。如果要求相对误差小于 0.1‰,则要求 $n > 71$。实际上出现上述最不利情况的概率很小,可以认为 $n > 10$ 时已可满足一般测量要求。

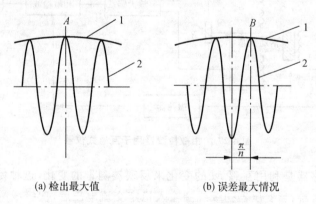

(a) 检出最大值　　　　　　　　　(b) 误差最大情况

图 4-28　调幅信号中峰值可能发生的变化

5) 常用的调制解调集成电路芯片

目前有多种常用的调制解调集成电路芯片可供选择,如 LZX1 全波相敏整流放大器、LZX3 相敏整流电路、LZX15 调制解调变换放大器、L4ZX16 半波相敏解调器、LZ630 平衡调制解调器和 LZ1596/1496 平衡调制器 / 解调器等。这里以 LZX1 单片集成电路为例来进行介绍。LZX1 单片集成电路是一种全波相敏整流放大器,它是以晶体管作为开关元件的全波相敏解调器,能同时完成产生方波电压,把输入交流信号经全波整流后变成直流信号,以及鉴别输入信号相位等功能。使用该器件,可以巧妙地代替变压器、斩波器和放大器,使相敏解调器实现全集成电路化,具有重量轻、体积小、可靠性高、调整方便、零点误差小等优点。该器件广泛应用于自动控制、模拟系统、热工测量仪器中。根据用户要求,也可以作单相调制器、双相调制器等。该芯片采用 TO-5 型 14 线和 C-14 线双列陶瓷外壳封装,如图 4-29 所示,其中,图 4-29(a) 所示为 TO-5 型引脚排列,图 4-29(b) 所示为陶瓷双列引脚排列。其各引脚功能如表 4-1 所示。

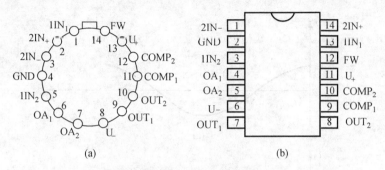

(a)　　　　　　　　　　　　　　　　(b)

图 4-29　LZX1 的外引脚排列图

表 4-1　LZX1 的引脚功能

功　　能	信号输入		参考输入		电　源		调　零		补　偿		地	滤　波	输　出	
					U_+	U_-								
TO-5	1	5	2	3	13	8	6	7	11	12	4	14	9	10
C-14	13	3	14	1	11	6	4	5	9	10	2	12	7	8

注:采用 TO-5 封装时,引脚 14 和 9 之间可接滤波电容器 C,改善正负输出的对称性。

图 4-30 所示为该芯片的一种典型应用电路。输入信号和参考信号分别接入 LZX1 芯片的引脚 5、3,正、负电源由引脚 13、8 引入,电位器 R 起调零作用,一般阻值取为几十千欧,输出信号由引脚 9、10 引出,在引脚 11、12 间接入电容 C 以消除振荡。

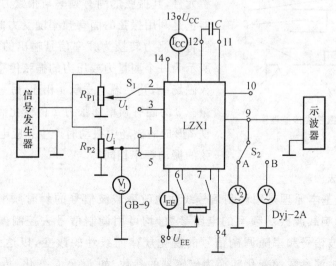

图 4-30　TAX1 的一种典型应用电路图

2. 调频式测量电路

1) 调频原理与方法

调频就是用调制信号 x 去控制高频振荡信号(载波信号)的频率,使其频率随调制信号 x 变化而变化,调频波形如图 4-31 所示。调频波的表达式可写为

$$u_s = U_{cm}\cos(\omega_c + M_f\sin\Omega)t \tag{4-26}$$

式中:ω_c 为载波信号的角频率;U_{cm} 为调幅波中载波信号的幅度;M_f 为调频信号的调制系数。

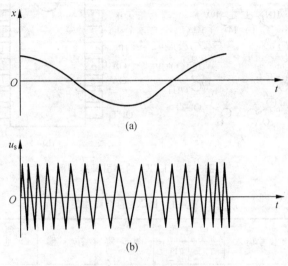

(a)

(b)

图 4-31　调频信号的波形

在电测量仪中常用的调频方法有以下两种。

(1) 直接调频法。

被测参数的变化直接引起传感器输出信号频率的改变。图 4-32 所示的振弦式传感器就是一个典型例子。振弦式传感器主要由膜片 1、磁铁 2、振弦 3 和支承 4 构成。振弦式传感器以张紧的钢弦作为敏感元件,其振弦的固有频率与张紧力有关。振弦式传感器正是利用振弦的固有频率随受力的大小而改变的特性将被测力转换为频率信号输出的测量元件。图 4-32 所示为一个测量力或压力的振弦传感器,振弦 3 置于永久磁场中,其一端与支承 4 相连,另一端与膜片 1 相连,振弦 3 的固有频率随张力 T 的变化而变化。振弦 3 在磁铁 2 形成的磁场中振动时产生感应电动势,其频率与振弦的振动频率相同。

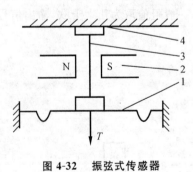

图 4-32　振弦式传感器

1— 膜片;2— 磁铁;3— 振弦;4— 支承

(2) 参数调频法。

参数调频法的基本原理是用调制信号线性地改变载波信号的瞬时频率。因此,在电路中只要找到能直接影响载波振荡频率的电路参数,均可用调制信号去控制振荡器的这些电路参数,从而实现载波信号频率随调制信号的变化规律而线性的改变,以达到调频的目的。电测仪表中,首先将被测参数的变化转换为传感器的参数,如 L、R、C 变化。传感器的线圈、电容

或电阻接在振荡回路中,这样被测参数的变化就会引起振荡器振荡频率的变化,输出调频信号。为了将不同的电参数变化转换为输出信号的频率变化,可以采用 LC 振荡器、RC 振荡器、多谐振荡器等。

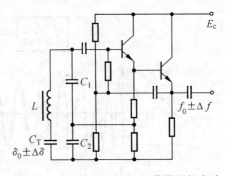

图 4-33 所示为将传感器电容 C_T 的变化转换为频率变化的调频电路。它是一个电容三点式 LC 振荡器,传感器电容 C_T 随被测参数变化而变化,从而使振荡器输出频率发生变化,实现调频。

图 4-33　电容三点式 LC 振荡器调频电路

2) 解调电路

从调频信号中恢复出原来代表被测量变化的调制信号的过程称为鉴频或频率检波。常用的鉴频电路有微分鉴频、斜率鉴频、相位鉴频和比例鉴频四类。分别介绍如下。

(1) 微分鉴频。

调频信号的数学表达式为

$$u_s = U_{cm}\cos(\omega_c + M_f\sin\Omega)t \tag{4-27}$$

将上式对时间求导数可得

$$\frac{\mathrm{d}u_s}{\mathrm{d}t} = -U_{cm}(\omega_c + M_f x)\sin(\omega_c + M_f x)t \tag{4-28}$$

这是一个调频调幅信号。利用包络检波器检出它的幅值变化,就可以获得包含被测量的信息 $:U_{cm}(\omega_c + M_f x)$。通过零点和灵敏度的标定还可进一步获得所需示值 $U_{cm}\omega_c$、$U_{cm}M_f$,从而得到调制信号 x。

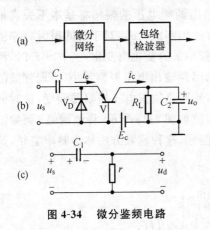

图 4-34　微分鉴频电路

微分鉴频电路的基本原理如图 4-34 所示。电容 C_1 和晶体管 V 的发射结正向电阻组成微分电路。为了正确实现微分,要求 $C_1 \ll \dfrac{1}{\omega_c r}$,二极管 V_D 一方面为晶体管 V 提供直流偏压,另一方面为 C_1 提供放电回路,电容 C_2 作滤除高频信号用。

在上述微分电路中,微分电流 $i = C_1 \dfrac{\mathrm{d}u_s}{\mathrm{d}t}$。为了正确实现微分,$C_1$ 不能太大,因而这种电路灵敏度较低。为了提高其性能,可以用单稳触发器形成窄脉冲代替微分电路,如图 4-35 所示。

在这种电路中,单稳的脉宽 τ 应满足

$$\tau < \frac{1}{f_m} = \frac{2\pi}{\omega_c + M_f x_m} \tag{4-29}$$

式中:f_m、x_m 分别为 u_s 的最高瞬时频率和被测量 x 的最大值。

u_s 的瞬时频率越高,窄脉冲越密,经低通滤波后的输出电压越高。它将频率变化转换为电压变化。

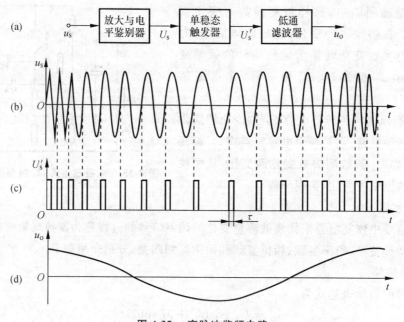

图 4-35 窄脉冲鉴频电路

(a) 框图; (b) 调频信号; (c) 窄脉冲; (d) 输出信号

(2) 斜率鉴频。

任何非电阻性电路对于输入不同频率的正弦信号具有不同的传输能力。图 4-36 所示为单谐振回路斜率鉴频器的幅频特性曲线。如果选用曲线中接近于直线部分的线段 AB,使调频信号的中心频率置于它的幅频特性曲线 AB 的中点,也就是使谐振回路对于谐振频率是失谐的,那么,当调频波的瞬时频率按某一规律变化时,谐振回路的输出调频电压的振幅将基本不失真地按瞬时频率的变化规律而变化。其原理是:当调频波电流流过回路时,回路对于不同瞬时频率的失谐所呈现的阻抗不同,回路电压振幅将随调频波的瞬时频率 f 的变化而变化。当 $f > f_c$ 时,回路失谐小,回路输出电压振幅大;当 $f < f_c$ 时,回路失谐大,回路输出电压振幅就小。当调频波的瞬时频率随调制信号调变时,回路阻抗的失谐度也在调变,使回路输出电压振幅受调变,这时的并联回路电压就是一个调幅 - 调频波,变换后的调幅 - 调频波如图 4-36 所示。将该调幅 - 调频波通过包络检波器,就可以解调出反映在包络变化上的调制信号。这种鉴频方法称为斜率鉴频,这种电路称为斜率鉴频器,又称为失谐回路振幅鉴频器。

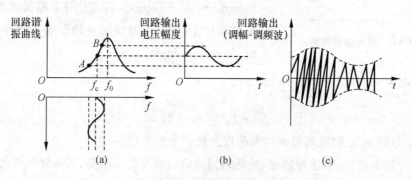

图 4-36 单调谐回路斜率鉴频器的幅频特性曲线

最简单的斜率鉴频电路由一个工作在失谐状态的单调谐放大器和一个包络检波器组成,这种单调谐回路鉴频器的幅频特性曲线部分不完全是直线,或者说线性范围较窄,当频偏较大时,非线性失真严重,因此只能用在频偏小的调频电路。实际应用中不采用这种单调谐回路的鉴频器。为了获得较好的线性鉴频特性,一般采用有两个失谐回路构成的斜率鉴频器,称为双失谐回路斜率鉴频器,如图 4-37 所示。

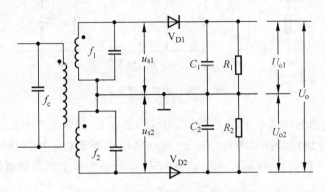

图 4-37　双失谐回路斜率鉴频器

双失谐回路鉴频器也由频-幅变换器和振幅检波器两部分组成。由图 4-37 可知,它共有 3 个谐振回路,初级回路调谐于调频信号的中心频率 f_c,次级的两个回路分别调谐于 f_1 和 f_2,且 $f_1 > f_c > f_2$。并且 f_1 和 f_2 是对称的,$f_1 - f_c = f_c - f_2$,因此称为双失谐回路鉴频器,调频信号是在回路两端产生的。

假设两个二极管检波器的参数一致,u_{s1} 和 u_{s2} 分别经二极管检波器得到输出电压 u_{o1} 和 u_{o2},由于次级两回路线圈与 V_{D1}、V_{D2} 接法相反,所以 u_{o1} 与 u_{o2} 的极性相反,合成的总输出电压 $u_o = u_{o1} - u_{o2}$。如果两个检波器的传输系数均为 1,则检波输出电压就等于检波输入高频电压的振幅,则可得到总输出电压 $u_o = u_{o1} - u_{o2} = u_{s1} - u_{s2}$,即 u_o 随频率变化的规律与 $(u_{s1} - u_{s2})$ 随频率变化的规律一样。

由以上结果可得出如图 4-38 所示的曲线。图中,次级两回路的谐振曲线用虚线表示,它代表检波输入高频电压振幅 u_{s1} 和 u_{s2} 随频率 f 变化而变化的规律,只要将 u_{s1} 和 u_{s2} 两曲线相减,就可得到图 4-38 中实线所示的鉴频特性曲线。

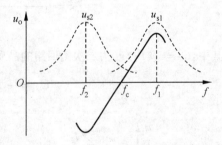

图 4-38　双失谐回路鉴频器的鉴频曲线

双失谐回路鉴频器的鉴频特性曲线在直线性和线性范围这两个方面都比单失谐回路鉴频器有显著的改善。这是因为,当一边鉴频输出波形有失真,如正半周大,负半周小时,对称的另一边鉴频输出波形也必定有失真,但却是正半周小,负半周大,因而相互抵消。

（3）相位鉴频。

相位鉴频器与斜率鉴频器不同,它不是利用谐振回路的幅频特性来做变换器,而是利用回路的相位-频率特性（相频特性）来完成频-幅变换的。

图 4-39 所示为相位鉴频电路的一例。经放大后的调频信号 u_s 分两路加到相位鉴频电路:一路经耦合电容 C_0 加到扼流线圈 L_3 上,它相当于相敏检波器的参考电压,由于在调频波角频率

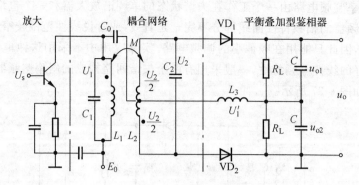

图 4-39　相位鉴频电路

$\omega_c + M_f x$ 范围内，C_0 的容抗远小于 L_3 的感抗，可认为加在 L_3 的电压即为放大器输出电压 U_1；另一路信号经互感耦合加到谐振回路 L_2、C_2 上，这一电压相当于相敏检波器的信号电压。设两线圈参数相同，即 $L_1 = L_2$，$C_1 = C_2$，$r_1 = r_2$，其中，r_1、r_2 分别为两个线圈的电阻。在二次侧回路中产生感应电动势

$$E = \frac{M}{L_1} U_1 \tag{4-30}$$

与 U_1 同相，在二次侧回路中产生的电流为

$$I_2 = \frac{E}{r_2 + j\left(\omega L_2 - \dfrac{1}{\omega C_2}\right)} = \frac{MU_1}{L_1 Z_2} e^{-j\varphi} \tag{4-31}$$

式中：Z_2 为谐振回路 L_2、C_2 的阻抗；φ 为 I_2 与 U_s 的相位差。

这里，

$$Z_2 = \sqrt{r_2^2 + \left(\omega L_2 - \frac{1}{\omega C_2}\right)^2} = r_2 \sqrt{1 + \xi^2} \tag{4-32}$$

$$\xi = \frac{\omega L_2 - \dfrac{1}{\omega C_2}}{r_2} = Q_2 \left(\frac{\omega}{\omega_0} - \frac{\omega_0}{\omega}\right) \approx Q_2 \frac{2\Delta\omega}{\omega_0} \tag{4-33}$$

$$\varphi = \arctan\xi \tag{4-34}$$

其中，$Q_2 = \omega_0 L_2 / r_2$ 为二次侧回路的品质因数，ξ 称为广义失调量。$\Delta\omega = \omega - \omega_0$ 为角频率变化量。

$$U_2 = -I_2 \frac{1}{j\omega C_2} = \frac{\omega_0^2 M}{\omega Z_2} U_1 e^{j\left(\frac{\pi}{2} - \varphi\right)} \tag{4-35}$$

它比 I_2 超前 90°，其矢量图如图 4-40 所示。

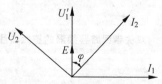

图 4-40　电流与电压的相位关系

这里相敏检波电路用鉴相器，其输出 u_o 与 $U_2 \cos\left(\dfrac{\pi}{2} - \varphi\right) = U_2 \sin\varphi = \dfrac{\omega_0^2 M U_1}{\omega r_2 (1 + \xi^2)} \xi$ 成正比。$\Delta\omega \ll \omega$ 时，广义失调量 ξ 很小，可以认为 u_o 与 ξ 成正比，即 u_o 与偏频量 $\Delta\omega$ 呈线性关系。$\Delta\omega$ 的大小反映角频率的变化，即它是调制信号的线性函数。

另外，由于此电路的输出信号与输入信号的振幅成比例，因此当输入信号很大时将产生很大的输出，所以必须在输入端预先接入一个限幅电路。

（4）比例鉴频。

图 4-41 所示为比例鉴频电路，从本质上说它也是一个相位鉴频电路，它与图 4-39 主要区别是在 a、b 两点并联了一个大电容 C_5，用于抑制寄生调幅，也就是当输入信号 U_s 和 U_1 的幅值在瞬间发生变化时，由于电容器 C_5 具有大容量，所以 U_5 也不会发生变化，输出的电压幅度保持一定，所以比例鉴频电路不用外接限幅电路。

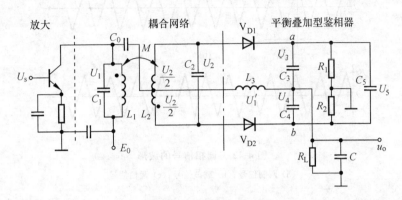

图 4-41　比例鉴频电路

电容 C_5 的值达到 $10\ \mu\mathrm{F}$，它和 R_1、R_2 组成的回路时间常数很大，达到 $0.1 \sim 0.2\ \mathrm{s}$。在检波过程中，它对寄生调幅呈现惰性，使 a、b 两点电压 U_5 保持常值。当 U_1、U_2 幅值增大时，通过二极管 V_{D1}、V_{D2} 向电容 C_3、C_4、C_5 的充电电流增大。由于 $C_5 \gg C_3$、$C_5 \gg C_4$，增加的充电电流绝大部分流入 C_5，使 U_3、U_4 基本不变。显然这时二极管 V_{D1}、V_{D2} 的导通角 θ 增大，它导致二次侧的电流消耗增大，品质因数 Q_2 下降。二次侧的电流消耗增大又反映到一次侧，使放大器的放大倍数减小，U_1、U_2 的值趋于恒定。另一方面，Q_2 的下降又致使广义失调量 ξ 减小，使输出 u_o 减小。正是由于这种负反馈作用，使比例鉴频电路有自行抑制寄生调幅能力，输出基本上不受幅值波动的影响。

在 $R_1 = R_2 = R_0$ 条件下，输出电压为

$$u_o = -\frac{U_3 - U_4}{2R_L + R_0}R_L = -U_5 \frac{1 - \dfrac{U_4}{U_3}}{1 + \dfrac{U_4}{U_3}} \frac{R_L}{2R_L + R_0} \tag{4-36}$$

即 u_o 只与 U_3 和 U_4 的比例有关。正因为如此，这种鉴频电路常称为比例鉴频电路。

3. 调相电路

1）调相的原理与方法

调相是用调制信号（被测量）x 去控制高频振荡信号（载波信号）的相位。常用的是线性调相，即让调相信号的相位按调制信号 x 的线性函数变化，调相波形如图 4-42 所示。调相信号 u_s 的数学表达式为

$$u_s = U_{cm}\cos(\omega_c t + M_P x) \tag{4-37}$$

式中：ω_c、U_{cm} 分别为载波信号的角频率与幅值；M_P 为调相信号的调制系数。

调频和调相都表现为高频振荡信号（载波信号）的总相角受到调制，所以统称为角度调制。同样一个已调信号 u_s 对于被测量 x（如位移），它是调相波；对于被测量 x（如速度），它就是调频波。

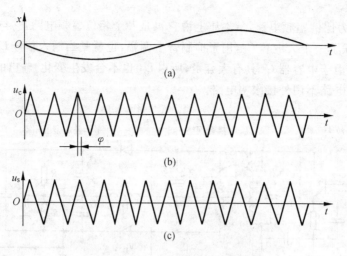

图 4-42　调相信号的波形
(a) 调制信号；(b) 载波信号；(c) 调相信号

由式(4-37) 可算出，调相信号 u_s 的瞬时角频率为

$$\omega = \omega_c + M_P \frac{\mathrm{d}x}{\mathrm{d}t} \tag{4-38}$$

常用的调相方法有以下三种。

（1）直接调相法。

被测参数的变化直接引起传感器输出信号相位的改变。图 4-43 所示为感应式扭矩传感器直接调相法的典型实例。在弹性轴 1 上装有两个相同的齿轮 2 和 5。齿轮 2 以恒速与轴 1 一起转动时，在感应式传感器 3 和 4 中产生感应电动势。由于扭矩 M 的作用，使轴 1 产生扭转，使传感器 4 中产生的感应电动势为一调相信号，它和传感器 3 中产生的感应电动势的相位差与扭矩 M 成正比。

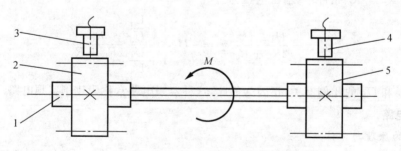

图 4-43　感应式扭矩传感器
1— 弹性轴；2、5— 齿轮；3、4— 传感器

（2）增量码信号的调相。

图 4-44 中，1 为标尺光栅，2 为指示光栅。两块栅距相同的光栅，当其刻线面互相靠近，其刻线方向相交成一个很小的夹角 θ 时，形成亮暗交替的莫尔条纹，其光通 Φ 的变化曲线如图 4-44(b) 所示。当标尺光栅 1 沿 x 方向移动时，亮暗条纹沿 y 方向移动。如果沿 y 方向在莫尔条纹的宽度 B 范围内放置光电元件 $V_{P1} \sim V_{Pn}$，那么 $V_{P1} \sim V_{Pn}$ 将输出不同相位的光电信号。这些信号的频率由标尺光栅 1 移动速度决定。当光栅 1 静止时，这些光电元件输出不同的直流电平。这

种直流信号容易受到干扰,可以将光电元件 $V_{P1} \sim V_{Pn}$ 通过电子开关 $S_1 \sim S_n$ 依次与放大器 N 的输入端接通。这样在标尺光栅 1 静止时,放大器 N(经滤除切换造成的波纹后)输出正弦信号 $U_m \cos(\omega_c t + \varphi_0)$,其中 ω_c 为电子开关 $S_1 \sim S_n$ 切换周期 T 的函数,φ_0 为初相角。当标尺光栅 1 沿 x 方向移过 x 时,输出信号获得附加相移 $2\pi x/W$,其中 W 为光栅节距。输出信号为标尺光栅 1 位移量的调相信号,即

$$u_s = U_m \cos\left(\omega_c t + \varphi_0 + \frac{2\pi x}{W}\right) \tag{4-39}$$

适当选择计算位移量 x 的起点,可使 $\varphi_0 = 0$,这时

$$u_s = U_m \cos\left(\omega_c t + \frac{2\pi x}{W}\right) \tag{4-40}$$

它也可写成标尺光栅移动速度的调频信号,即

$$u_s = U_m \cos\left(\omega_c t + \frac{2\pi v}{W}\right)t \tag{4-41}$$

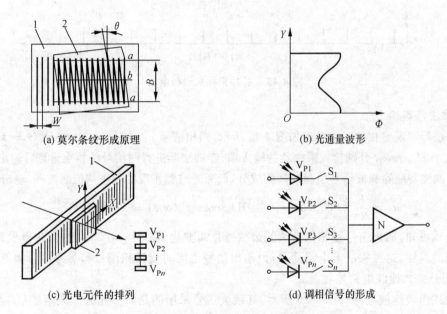

(a) 莫尔条纹形成原理　　　　　　　　　(b) 光通量波形

(c) 光电元件的排列　　　　　　　　　　(d) 调相信号的形成

图 4-44　莫尔条纹信号的调制
1— 标尺光栅;2— 指示光栅

(3) 脉冲采样式调相。

脉冲调相是一种由调制电压控制的脉冲可变延时调相,其工作原理如图 4-45 所示。由载波信号整形后形成等间隔输入脉冲,由它去触发锯齿波发生器。调制电压 u_x 与锯齿波电压 U'_c 相加后进入门限检测电路。当 u_x 与锯齿波电压之和等于门限电压时,形成输出脉冲。

2) 鉴相电路

调相信号是一个与载波信号有一定相位差的同频信号,因此调相信号的解调,也称鉴相,就可归结求调相信号与载波信号的相位差。常用的方法有相敏检波器鉴相,相位 - 脉宽和、变换鉴相及脉冲采样式鉴相。

(1) 相敏检波器鉴相。

相敏检波器具有鉴相特性,因此各种相敏检波电路均可用作鉴相器。

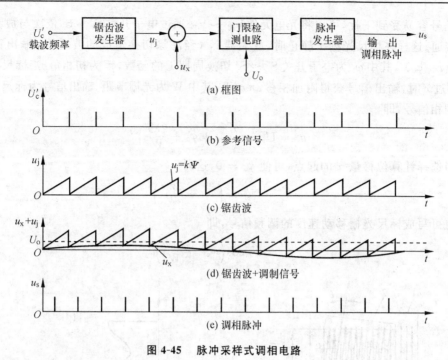

图 4-45　脉冲采样式调相电路

① 乘法器鉴相。

用乘法器实现鉴相的基本原理如图 4-45 所示,调相信号 $u_s = U_{sm}\cos(\omega_c t + \phi)(\phi = \pi/2)$ 和参考信号 $u_s = U_{cm}\cos\omega_c t$ 分别接入乘法器的输入端,经乘法器进行两信号的相乘运算后输出,输出信号由低通滤波器滤除载波信号引起的高频成分,低通滤波器实现的是平均值滤波器,输出电压

$$u_o = \frac{K}{2\pi}\int_0^{2\pi} U_{sm}\cos(\omega_c t + \phi)U_{cm}\cos\omega_c t\,d(\omega_c t) = \frac{KU_{sm}U_{cm}\cos\phi}{2}$$

由上式可知,输出信号随相位差 ϕ 的余弦变化而变化。在 $\phi = \pi/2$ 附近,能获得较高的灵敏度和较好的线性。这种乘法器电路简单,但输出信号会同时受调相信号和参考信号幅值的影响。

② 用开关式检波电路鉴相。

开关式相敏检波电路如图 4-26 所示。其载波信号采用的是归一化的方波信号 U_c,与单频的正、余弦信号作载波信号比较,归一化的方波信号 U_c 中除频率为 ω_c 的基波信号外,还有频率为 $3\omega_c$、$5\omega_c$… 的奇次谐波成分。但因为 $\cos(\omega_c t + \phi)\cos3\omega_c t$、$\cos(\omega_c t + \phi)\cos5\omega_c t$ 等在 $\omega_c t$ 的一个周期内积分值为零,所以这些高频谐波分量并不会对输出电压 u_o 造成影响。在开关式相敏检波电路中载波信号的幅值对输出没有影响,但调相信号的幅值仍然有影响。

(2) 通过相位 - 脉宽和、变换鉴相。

① 异或门鉴相。

异或门鉴相的工作原理如图 4-46 所示。该鉴相方法要求调相信号和参考信号的占空比均为 1∶1,否则会带来误差。故异或门鉴相首先将调相信号与参考信号整形后形成占空比为 1∶1 的方波信号 U_s 和 U_c,然后将它们送到异或门 D_{G1},异或门输出 U_o 的脉宽 B 与 U_s 和 U_c 的相位差 φ 相对应,如图 4-46(b) 所示,因此取出脉宽 B 的信息就可以实现鉴相。有两种处理方法可以进行脉宽 B 的信息的提取:一种方法是将 U_o 送入一个低通滤波器,滤波后的输出 u_o 与脉宽 B 成正比,也就是与相位差 φ 成正比,根据 u_o 可以确定相位差 φ;另一种方法如图 4-46(c) 所示,U_o 用作门控信号,当 U_o 为高电平时,时钟脉冲 CP 才能通过门 D_{G2} 进入计数器。因此进入计数器的脉冲数 N

与脉宽 B 成正比,也即与相位差 φ 成正比。U_o 的下跳边沿到来时,发出锁存指令,将计数器计的脉冲数送入锁存器。延时片刻后将计数器清零。锁存器锁存的数 N 就是在 U_s 和 U_c 的一个周期内进入计数器的脉冲数,它反映了 U_s 和 U_c 的相位差 φ。电路的输出特性如图 4-46(d) 所示,在 $0 \sim \pi$ 范围内具有线性关系,但是不能鉴别 U_s 和 U_c 哪个相位超前。该鉴相器的鉴相范围为 $0 \sim \pi$。

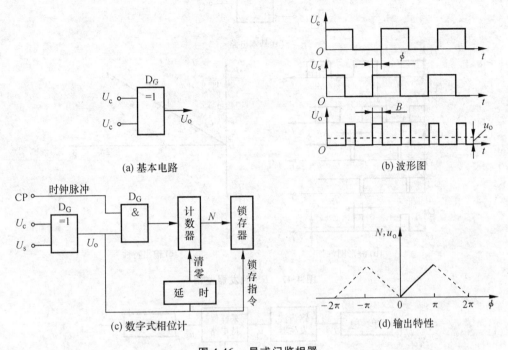

(a) 基本电路　　　(b) 波形图

(c) 数字式相位计　　　(d) 输出特性

图 4-46　异或门鉴相器

② RS 触发器鉴相。

采用异或门鉴相器鉴相,对 U_s 和 U_c 的占空比有严格要求,必须均为 $1:1$。RS 触发器对 U_s 和 U_c 的占空比没有要求,而且鉴相线性好,鉴相范围宽,因此 RS 触发器鉴相获得广泛应用。

将由调相信号 U_s 和参考信号 U_c 形成的窄脉冲 U'_s、U'_c 分别加到 RS 触发器的 S 端和 R 端,如图 4-47 所示,$Q = $ "1" 的脉宽 B 与 U_s 和 U_c 的相位差 φ 相对应,如图 4-47(b) 所示。与异或门鉴相器鉴相相似,RS 触发器鉴相也有两种处理方法提取脉宽 B 的信息:一种方法是将 Q 端输出送入一个低通滤波器,滤波后的输出 u_o 与脉宽 B 成正比,即与相位差 φ 成正比,所以根据 u_o 就可以确定相位差 φ;另一种方法是用 Q 代替图 4-46(c) 中的 U_o 作门控信号,锁存器锁有的数代表 U_s 和 U_c 的相位差 φ。这种鉴相器的鉴相范围为 $\Delta\phi \sim (2\pi - \Delta\phi)$,其中 $\Delta\phi$ 为窄脉冲宽度所对应的相位角,其输出特性如图 4-47(c) 中实线 1 所示。图中 N、u_o 的含义与图 4-46(d) 的相同。如果将 Q 和 $\bar{Q}$ 分别送到差分放大器的同相和反相输入端,或者在 $Q = $ "1" 时让计数器作加法计数,$Q = $ "0" 时作减法计数,就可以使鉴相器具有图 4-47(c) 中虚线 2 所示输出特性,鉴相范围为 $\pm(\pi - \Delta\phi)$。

(3) 脉冲采样式鉴相。

脉冲采样式鉴相电路的工作原理与图 4-45 所示的脉冲采样式调相电路相似,它实现脉冲采样调相的逆过程,其原理图如图 4-48 所示。参考信号 U_c 先经单稳形成窄脉冲 U'_c 作为锯齿波发生器的输入信号,锯齿波发生器产生锯齿信号 u_j,由调相信号 U_s 形成的窄脉冲 U'_s 通过采样保持电路采集此时的 u_j 值,并将其保持。采样保持电路输出信号 u' 由 U_s 和 U_c 的相位差 φ 决定。u' 经低通滤波器滤波后得到平滑的输出信号 u_o,从而实现调相信号的解调。这种鉴相器的鉴相

范围为 $0 \sim (2\pi - \triangle\phi)$，其中 $\triangle\phi$ 为与锯齿波回扫区相对应的相位角。锯齿波 u_j 的非线性对鉴相精度有较大影响。

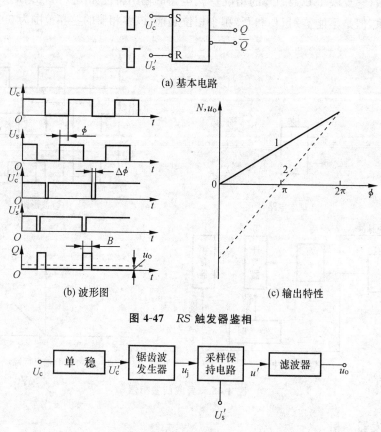

(a) 基本电路

(b) 波形图　　　　　　　　　(c) 输出特性

图 4-47　RS 触发器鉴相

图 4-48　脉冲采样式鉴相电路工作原理

4.4　滤波电路

　　一些传感器输出的信号非常微弱，一般都在毫伏级，而且信号中还混杂有大量的噪声和干扰。为了正确提取有用信号，必须采取一定的措施去除噪声和干扰信号。所谓滤波器，就是具有频率选择作用的电路或运算处理系统，具有滤除噪声和分离各种不同信号的功能。在测控电路中，滤波器的作用是从具有各种不同频率成分的信号中，提取具有特定频率成分的信号。例如，由 0.7 kHz 和 1.7 kHz 的两个正弦信号合成的信号，经过只允许频率低于 1 kHz 的信号通过的滤波器之后，输出端只剩下 0.7 kHz 的正弦波了。可以想象，如果采用各种不同的滤波器，就可以提取出各种不同的信号。

1. 滤波器的种类

滤波器有多种分类方法，按功能可分为低通、高通、带通、带阻滤波器。

（1）低通滤波器的作用是使低频信号通过而高频信号不能通过。

（2）高通滤波器的性能与低频滤波器相反，是使高频信号通过而低频信号不能通过。

（3）带通滤波器的作用是使频率在某一个频带范围内的信号能通过，而在此频带范围以外的信号均不能通过。

（4）带阻滤波器的性能与带通滤波器相反，是使频率在某一个频带范围内的信号能阻断，而在此频带范围以外的信号均能通过。

从滤波器的电路组成，滤波器可以分为无源滤波器和有源滤波器。

（1）无源滤波器由电感 L、电容 C 和电阻 R 组成的无源网络。无源滤波器的实现由于有大量元件需要测值、筛选、自制、焊装，而调试也是一项十分烦琐的工作。另外它使用的电路板面积很大，尤其是在低频段，电容 C 和电阻 R 的值都很大，体积、质量也都很大，甚至到了无法实现的地步。但它也有一定的优点，首先，其参数灵敏度要比有源器件低，甚至非常小；其次，在没有电源供给的情况下无源滤波器也能正常使用；再者，电感 L、电容 C 和电阻 R 元件的成本要比有源器件低，因此无源滤波器成本较低。但是最为重要的是，对于那些有源滤波器无能为力的地方，如高频、微波，甚至是分布参数域或强功率域，往往是非使用无源滤波器不可的。

（2）有源滤波器是指用运算放大器作为电压源或电流源，配上 RC 网络构成的有源网络。有源滤波器有能源补充，因而可以完全不顾及网络的损耗。在无源滤波器中大阻值 R 的较大损耗曾经是多用电感少用电阻的重要原因之一，而电感的生产、制作都很麻烦，并且存在体积很大难以集成的问题。有源滤波器可以使用损耗较大的电阻，用小型的电阻、电容取代电感，不但减小了体积，而且使滤波器的调谐变得容易，有时只要简单更换一个不同阻值的电阻就可以了，所以容易实现有源滤波器的集成化。另外有源滤波的理论分析和设计更为简单。有源滤波器的出现和由于集成运算放大器的飞速发展，对无源滤波器的使用量甚至设计原理方法的理论学习和发展形成巨大冲击。目前，在测控系统中大量采用的是 RC 有源滤波器。

2. 滤波器的特性

图 4-49 表示了滤波器的理想特性和实际幅频特性。图中的虚线为理想滤波器特性曲线，实线为实际滤波器特性曲线。理想滤波器物理上无法实现，实际应用中只能尽量逼近理想状态。K_p 为频率特性的幅值，称为通带增益。ω_p 为幅值下降 3 dB 时所对应的频率，称为截止频率，ω_{p1} 和 ω_{p2} 分别称为低端和高端截止频率。ω_0 为滤波器的固有频率，称为谐振频率或中心频率。B 称为滤波器的频带宽度，简称为带宽。

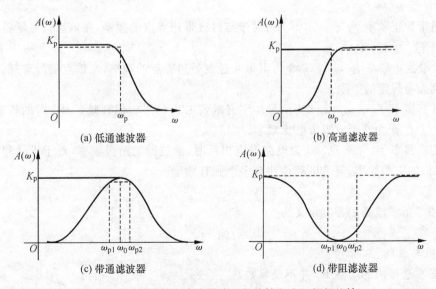

图 4-49　四种基本滤波器的理想特性和实际幅频特性

还有一种全通滤波器,信号通过该滤波器后,其频率成分不会有任何损失,但信号中所包含各频率成分的延时情形随频率的不同而不同。这一特点常用于需要对系统延时进行补偿的场合,因此这种滤波器也常称为延时均衡器或移相器。

实际工程中所设计的滤波器,其特性不可能达到理想特性,对信号的衰减量是以截止频率 ω_p 为分界线缓慢变化的。图中实线所示特性还只是设计特性,也就是说,这个特性是在所使用的电容器和电感线圈都具有理想特性的前提下得到的。而实际上,用实际的电容器和电感线圈所制作出来的滤波器,有可能连图中实线的特性也达不到。

3. 滤波器的主要特性指标

四种基本滤波器的实际幅频特性及其主要特性指标如图 4-50 所示,下面介绍其主要性能指标。

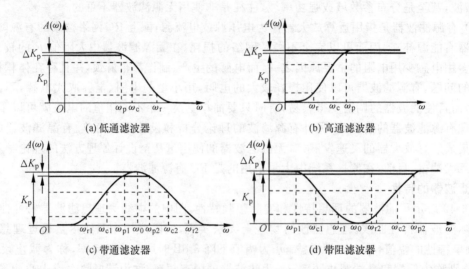

图 4-50　四种基本滤波器的实际幅频特性及其主要特性指标

1) 特征频率

(1) 通带截止频率 $f_p = \omega_p/(2\pi)$ 为通带与过渡带边界点的频率,在该点信号增益下降到人为规定的下限。

(2) 阻带截止频率 $f_r = \omega_r/(2\pi)$ 为阻带与过渡带边界点的频率,在该点信号衰耗(增益的倒数)下降到人为规定的下限。

(3) 转折频率 $f_c = \omega_c/(2\pi)$ 为信号功率衰减到 $1/2$(信号幅值衰减 3 dB) 时的频率,在很多情况下,常以 f_c 作为通带或阻带截止频率。

(4) 固有频率 $f_0 = \omega_0/(2\pi)$ 为电路没有损耗时,滤波器的谐振频率,对于带通和带阻滤波器,则是它们的中心频率。复杂电路往往有多个固有频率。

2) 带宽

带通或带阻滤波器的带宽定义为

$$B = f_{c2} - f_{c1} \tag{4-42}$$

3) 增益与衰耗

滤波器在通带内的增益 K_p 并不是常数。

(1) 对于低通滤波器,通带增益 K_p 一般指 $\omega = 0$ 时的增益;对于高通滤波器,通带增益一般指 $\omega \to \infty$ 时的增益;对于带通滤波器,通带增益一般则指中心频率处的增益。

（2）对带阻滤波器，应给出阻带衰减（衰减为增益的倒数），通常定义为通带与阻带中心频率处增益之差。

（3）通带增益变化量 ΔK_p（又称为通带波纹）指通带内各点增益的最大变化量，如果 K_p 以 dB 为单位，则指增益 dB 值的变化量。

4）阻尼系数与品质因数

阻尼系数 ξ 是表征滤波器对角频率为 ω_0 信号的阻尼作用，是滤波器中表示能量衰耗的一项指标。

阻尼系数的倒数称为品质因数 Q，是评价带通与带阻滤波器频率选择特性的一个重要指标。

$$Q = \frac{\omega_0}{\Delta\omega} = \frac{f_0}{B} \tag{4-43}$$

式中：$\Delta\omega$ 为带通或带阻滤波器下降 3dB 带宽；ω_0 或 f_0 为滤波器的中心频率，在很多情况下中心频率与固有频率相等。

5）灵敏度

滤波电路由多个元件构成，每个元件参数值的变化都会影响滤波器的性能。滤波器某一性能指标 y 对某一元件参数 x 变化的灵敏度记作 S_x^y，定义为：

$$S_x^y = \frac{\mathrm{d}y/y}{\mathrm{d}x/x}$$

该灵敏度与测量仪器或电路系统灵敏度不是一个概念，该灵敏度越小，标志着电路容错能力越强，稳定性也越高。

6）群时延函数

当滤波器幅频特性满足设计要求时，为保证输出信号失真度不超过允许范围，对其相频特性 $\Phi(\omega)$ 也应提出一定要求。在滤波器设计中，常用群时延函数 $\dfrac{\mathrm{d}\Phi(\omega)}{\mathrm{d}\omega}$ 评价信号经滤波后相位失真程度。群时延函数 $\dfrac{\mathrm{d}\Phi(\omega)}{\mathrm{d}\omega}$ 越接近常数，信号相位失真越小。

4. 滤波器的传递函数与频率特性

1）模拟滤波器的传递函数

模拟滤波电路的特性可由传递函数来描述。传递函数是输出与输入信号电压或电流拉氏变换之比。其通用形式为

$$H(s) = \frac{U_o(s)}{U_i(s)} = \frac{b_0 s^m + b_1 s^{m-1} + \cdots + b_{m-1}s + b_m}{s^n + a_1 s^{n-1} + \cdots + a_{n-1}s + a_n} = \frac{\sum\limits_{k=0}^{m} b_k s^k}{\sum\limits_{l=0}^{n} a_l s^l} \tag{4-44}$$

式中：$s = \sigma + \mathrm{j}\omega$ 为拉氏变量，分子和分母中的各系数 b_k、a_l 是由电路结构与元件参数值所决定的实常数。为了保证线性网络的稳定性，分母中的各系数均应为正，并且要求 $n \geqslant m$。其中 n 称为网络（传递函数）的阶数，反映了电路的复杂程度。滤波器的幅频特性逼近理想频率特性的程度取决于传递函数的阶数 n。图 4-51 给出了不同阶数的巴特沃斯低通滤波器的幅频特性。

经分析，任意一个互相隔离的线性网络级联后，总的传递函数等于各网络传递函数的乘积。这样，任何复杂的滤波网络可由若干简单的一阶与二阶滤波电路级联构成。对于高阶滤波器的传递函数，可以把它分解为多个二阶函数（当 n 为偶数时）或一个一阶函数和多个二阶函数（当 n

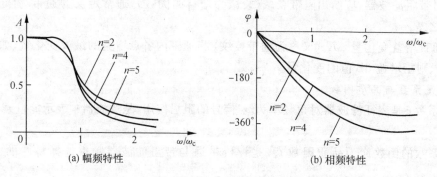

图 4-51　不同阶数的巴特沃斯低通滤波器的频率特性

为奇数时)的乘积。也就是说,一个 n 阶的滤波器可以用多个二阶滤波器(当 n 为偶数时)或一个一阶滤波器和多个二阶滤波器(当 n 为奇数时)级联而成。因此,二阶滤波器是基本的滤波器。

二阶滤波器传递函数的一般形式为

$$H(s) = \frac{b_0 s^2 + b_1 s^1 + b_2}{s^2 + a_1 s^1 + a_2} \tag{4-45}$$

为了使其具有更为明显的物理意义,令 $a_1 = \xi \omega_0$,$a_2 = \omega_0^2$,则式(4-45)可以改写为

$$H(s) = \frac{b_0 s^2 + b_1 s^1 + b_2}{s^2 + \xi \omega_0 s^1 + \omega_0^2} \tag{4-46}$$

式中:ξ 为阻尼系数;ω_0 为固有频率。

当系数 b_k 取不同的值时,可以得到不同特性的滤波器。

(1) 低通滤波器:$b_0 = b_1 = 0$,$b_2 = K_0 \omega_0^2$,则

$$H(s) = \frac{K_0 \omega_0^2}{s^2 + \xi \omega_0 s^1 + \omega_0^2} \tag{4-47}$$

(2) 高通滤波器:$b_0 = K_0$,$b_1 = b_2 = 0$,则

$$H(s) = \frac{K_0 s^2}{s^2 + \xi \omega_0 s^1 + \omega_0^2} \tag{4-48}$$

(3) 带通滤波器:$b_0 = b_2 = 0$,$b_1 = \xi \omega_0$,则

$$H(s) = \frac{\xi \omega_0 s^1}{s^2 + \xi \omega_0 s^1 + \omega_0^2} \tag{4-49}$$

(4) 带阻滤波器:$b_0 = K_0$,$b_1 = 0$,$b_2 = K_0 \omega_0^2$,则

$$H(s) = \frac{K_0 s^2 + K_0 \omega_0^2}{s^2 + \xi \omega_0 s^1 + \omega_0^2} \tag{4-50}$$

2) 模拟滤波器的频率特性

当滤波器的输入信号 v_i 是角频率为 ω 的单位信号时,滤波器的输出 $V_o(j\omega) = H(j\omega)$,它描述了在单位信号输入情况下的输出信号随频率变化的关系,称为滤波器的频率特性函数,简称频率特性。

频率特性 $H(j\omega)$ 是一个复函数,其幅值 $A(\omega)$ 称为幅频特性,表示输出信号相对于输入信号的幅度大小的变化,其幅角 $\Phi(\omega)$ 表示输出信号的相位相对于输入信号相位的变化,称为相频特性。

当式(4-45)中的 a_1 和 a_2 取不同的值时,同一形式的滤波器具有不同的滤波性能。主要是由于阻尼系数 ξ 的不同,使得滤波器的通带波纹、阻带衰减速度和相位等特性不同。按滤波特性的

不同,可将滤波分为三种类型:最大平坦型、纹波型和恒延时型。图 4-52 给出了低通滤波器的三种滤波特性。

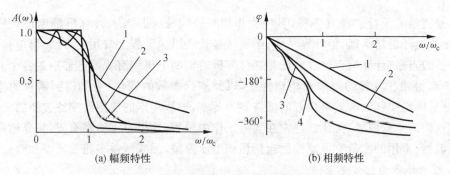

(a) 幅频特性　　　　　　　　　　　　　　(b) 相频特性

图 4-52　不同逼近函数的低通滤波器的频率特性

1— 五阶贝赛尔滤波器;2— 五阶巴特沃斯滤波器;

3— 五阶通带波纹为 0.5 dB 的切比雪夫滤波器;4— 五阶通带波纹为 2 dB 的切比雪夫滤波器

这三种类型的滤波器又分别称为巴特沃斯(逼近)滤波器、切比雪夫(逼近)滤波器和贝塞尔(逼近)滤波器。

(1) 巴特沃斯逼近。

这种逼近的原则是使滤波器的幅频特性在通带内最为平坦,并且单调变化,但这种滤波器在阻带的衰减较为缓慢,使得滤波器的频率选择性较差。

图 4-52 给出了 $n = 1,2,3,4$ 阶四种巴特沃斯低通滤波器的幅频和相频特性。由图 4-52(a) 可知,幅值 $A(\omega)$ 随频率单调下降,随着电路阶数 n 的增加,滤波器越接近理想滤波器特性,滤波器的滚降越快,频率选择性越好。这种规律同样适用于其他逼近方法。由图 4-52(b) 可知,巴特沃斯滤波器的相频特性是非线性的,因此不同频率的信号通过滤波器后会有不同的相移,而且随着电路阶数 n 的增加,相频特性的线性度变差,相频特性变坏。

对于二阶低通滤波器,巴特沃斯逼近对应于 $\xi = \sqrt{2}$。

(2) 切比雪夫逼近。

这种逼近的原则是允许滤波器的幅频特性在通带内有一定的波动量 ΔK_P。在电路阶数一定时,其幅频特性比巴特沃斯型滚降更快,频率选择性更好,也更接近理想的滤波器特性,而且通带内波动越大,频率选择性越好。与巴特沃斯滤波器一样,切比雪夫滤波器的相频特性也是非线性的。由于切比雪夫滤波器的幅频特性在通带内存在波纹,所以又称为波纹型滤波器。

对于二阶的低通滤波器,不同的阻尼系数 ξ 值,对应的切比雪夫滤波器的通带波动 ΔK_P 不同。一般,其 ξ 值控制在 $0.75 \sim 1.3$ 之间。

(3) 贝塞尔逼近。

与前两种不同,这种逼近的原则是使滤波器的相频特性在通带内具有最高的线性度。群延时函数最接近于常量,从而使因滤波器的相频特性引起的失真最小。但是滤波器的幅频特性在阻带内衰减缓慢,频率选择性差。这种滤波器通常用于要求信号失真小、信号频率较高的场合。

对于二阶的低通滤波器,贝塞尔滤波器的 $\xi = \sqrt{3}$。

对于高通、带通和带阻滤波器,上述讨论结果同样适用。

5. RC 有源滤波器的设计

在现代测控系统中,RC 有源滤波器由于结构简单、调整方便、易于集成化等突出优点,应用最为广泛。由前面陈述可知,高阶的滤波器可以由若干二阶和一阶有源滤波电路构成,而一阶电路比较简单,可由 RC 无源网络实现,但性能不完善,应用不多,因此,本节主要讨论二阶有源滤波电路设计。

有源滤波器的设计方法有多种,其中常用的有公式法、图表法、计算机辅助设计法和类比法。公式法的设计思路清晰,但计算量大;图表法是长期以来工程上常用的方法,简单易行,但需要一套完整的表格;计算机辅助设计法是在计算机的辅助下得到有源滤波器中的各个元件的参数,并可仿真得到滤波器的幅频和相频特性,以及进行参数的优化,直到得到满意的滤波器为止。类比法是以经实践证明效果良好的滤波器为蓝本,按照一定的规则改变滤波器的元件参数,得到所需性能的新滤波器,类比法经常在实际工作中采用。这里由于篇幅有限,只介绍图表法设计有源滤波器。常用的二阶有源滤波器包括压控电压源型、无线增益多路反馈型和双二阶环型。

1) 压控电压源型滤波电路

图 4-53 所示为压控电压源型滤波电路的基本结构,其中由运算放大器 A 与电阻 R 和 R_0 构成的同相放大器称为压控电压源,压控增益 $K_f = 1 + \dfrac{R_0}{R}$,该电路传递函数为

$$H(s) = \frac{K_f Y_1 Y_2}{(Y_1 + Y_2 + Y_3 + Y_4)Y_5 + [Y_1 + (1 - K_f)Y_3 + Y_4]Y_2} \tag{4-51}$$

式中:$Y_1 \sim Y_5$ 为所在位置元件的复导纳,对于电阻元件 $Y_i = 1/R_i$,对于电容元件 $Y_i = \omega C_i$。

$Y_1 \sim Y_5$ 选用适当电阻 R、电容 C 元件,该电路可构成低通、高通和带通三种二阶有源滤波电路。

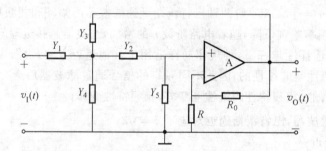

图 4-53　压控电压源型二阶滤波器的基本结构

(1) 低通滤波电路。

在图 4-53 中,取元件 Y_1、Y_2 为电阻,Y_3、Y_5 为电容,$Y_4 = 0$(开路),可构成低通滤电路,如图 4-54(a) 所示。其传递函数的形式与式(4-47) 相同,滤波器的参数为

$$K_P = K_f = 1 + \frac{R_0}{R} \tag{4-52}$$

$$\omega = \frac{1}{\sqrt{R_1 R_2 C_1 C_2}} \tag{4-53}$$

$$\alpha \omega_0 = \frac{1}{C}\left(\frac{1}{R_1} + \frac{1}{R_2}\right) + \frac{1 - K_f}{R_2 C_2} \tag{4-54}$$

(2) 高通滤波电路。

在图 4-53 中,取元件 Y_3、Y_5 为电阻,Y_1、Y_2 为电容,$Y_4 = 0$(开路),可构成高通滤波电路,如图 4-54(b) 所示,该电路相当于图 4-56(a) 的低通电路中,电阻 R 与电容 C 位置互换,其传递函数的形式与式(4-48) 相同,滤波器参数为

$$K_P = K_f = 1 + \frac{R_0}{R} \tag{4-55}$$

$$\omega = \frac{1}{\sqrt{R_1 R_2 C_1 C_2}} \tag{4-56}$$

$$\alpha\omega_0 = \frac{1}{R_2}\Big(\frac{1}{C_1} + \frac{1}{C_2}\Big) + \frac{1 - K_f}{R_1 C_1} \tag{4-57}$$

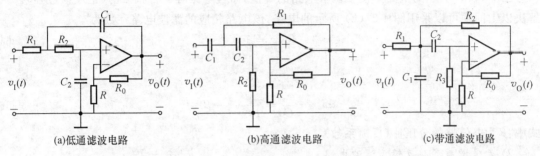

(a)低通滤波电路　　　　　　(b)高通滤波电路　　　　　　(c)带通滤波电路

图 4-54　压控电压源型二阶滤波电路

（3）带通滤波电路。

用压控电压源构成的二阶带通滤波电路有多种形式，如果取 Y_2、Y_4 为电容，其余为电阻，如图 4-54(c) 所示，其传递函数形式与式(4-49) 相同，滤波电路参数为

$$K_P = K_f \left[1 + (+\frac{C_1}{C_2})\frac{R_1}{R_3} + (1 - K_f)\frac{R_1}{R_2} \right]^{-1} \tag{4-58}$$

$$\omega_0 = \sqrt{\frac{R_1 + R_2}{R_1 R_2 R_3 C_1 C_2}} \tag{4-59}$$

$$\alpha\omega_0 = \frac{\omega_0}{Q} = \frac{1}{R_1 C_1} + \frac{1}{R_3 C_1} + \frac{1}{R_3 C_2} + \frac{1 - K_f}{R_2 C_1} \tag{4-60}$$

（4）带阻滤波电路。

用压控电压源构成的二阶带阻滤波器也有多种形式，图 4-55 所示为一种基于 RC 双 T 网络的二阶带阻滤波器，为使其传递函数具有式(4-50) 的形式，双 T 网络必须具有平衡式结构，$R_1 R_2 C_3 = (R_1 + R_2)(C_1 + C_2) R_3$ 或 $R_3 = R_1 /\!/ R_2$，$C_3 = C_1 /\!/ C_2$。可以证明，在这样的电路中，R、C 元件位置互换，仍为带阻滤波电路。通常情况下，$C_1 = C_2 = C_3/2 = C$，$R_1 = R_2 = 2R_3 = R$。在上述条件下，滤波器参数为

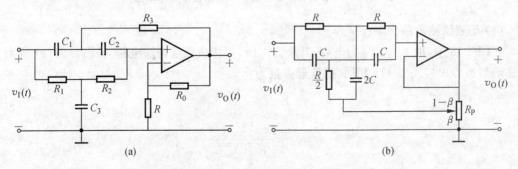

(a)　　　　　　　　　　　　　　　　(b)

图 4-55　压控电压源型二阶带阻滤波电路

$$K_P = K_f = 1 + \frac{R_0}{R} \tag{4-61}$$

$$\omega_0 = \frac{1}{RC} \tag{4-62}$$

$$\alpha\omega_0 = \frac{\omega_0}{Q} = \frac{2}{RC}(K_f = 1 \text{ 时}) \tag{4-63}$$

图 4-55(a) 所示的电路不便于调节电路的 Q 值,而且电路容易自激振荡(正反馈过强)。为了解决以上问题可以采用图 4-57(b) 所示的电路,该电路相应的滤波电路参数为

$$K_P = 1 \tag{4-64}$$

$$\omega_0 = \frac{1}{RC} \tag{4-65}$$

$$\alpha\omega_0 = \frac{\omega_0}{Q} = \frac{4}{RC}(1-\beta) \tag{4-66}$$

式中:β 为电位器的分压比(反馈系数)。

2) 无限增益多路反馈型滤波电路

无限增益多路反馈型滤波电路是由一个理论上具有无限增益的运算放大器和多路反馈网络构成的滤波电路。与压控电压源电路一样,它也可以构成多种二阶滤波电路。图 4-56 所示为由单一运算放大器构成的无限增益多路反馈二阶滤波电路,其传递函数为

$$H(s) = -\frac{Y_1 Y_2}{(Y_1 + Y_2 + Y_3 + Y_5)Y_4 + Y_2 Y_3} \tag{4-67}$$

式中:$Y_1 \sim Y_5$ 为各元件的复导纳,其意义与式(4-51)相同。

同样,$Y_1 \sim Y_5$ 选用适当 R、C 元件,可构成低通、高通或带通二阶滤波电路,但不能构成带阻滤波电路。

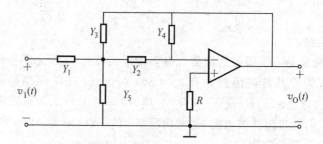

图 4-56　无限增益多路反馈型二阶滤波电路基本结构

(1) 低通滤波电路。

在图 4-56 中,取 Y_4 和 Y_5 为电容,其余为电阻,可构成低通滤波电路。如图 4-57(a) 所示,其传递函数的形式与式(4-47)相同,滤波器参数为

$$K_P = -\frac{R_3}{R_1} \tag{4-68}$$

$$\omega_0 = \frac{1}{\sqrt{R_2 R_3 C_1 C_2}} \tag{4-69}$$

$$\alpha\omega_0 = \frac{1}{C_1}\left(\frac{1}{R_1} + \frac{1}{R_2} + \frac{1}{R_3}\right) \tag{4-70}$$

(2) 高通滤波电路。

在图 4-56 中，取 Y_4 和 Y_5 为电阻，其余为电容，可构成高通滤波电路，如图 4-57(b) 所示，其传递函数的形式与式(4-48) 相同，滤波器参数为

$$K_P = -\frac{C_1}{C_3} \tag{4-71}$$

$$\omega_0 = \frac{1}{\sqrt{R_1 R_2 C_2 C_3}} \tag{4-72}$$

$$\alpha\omega_0 = \frac{C_1 + C_2 + C_3}{R_2 C_2 C_3} \tag{4-73}$$

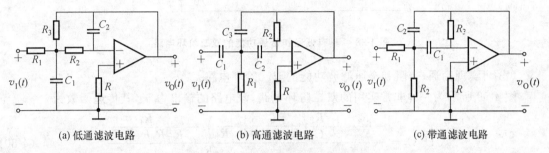

(a) 低通滤波电路　　　　　　　(b) 高通滤波电路　　　　　　　(c) 带通滤波电路

图 4-57　无限增益多路反馈型电路

(3) 带通滤波电路。

在图 4-56 中，取 Y_2 与 Y_3 为电容，其余为电阻，可构成二阶带通滤波电路，如图 4-57(c) 所示，其传递函数的形式与式(4-49) 相同，滤波器参数为

$$K_P = -\frac{R_3 C_1}{R_1(C_1 + C_3)} \tag{4-74}$$

$$\omega_0 = \sqrt{\frac{R_1 + R_2}{R_1 R_2 R_3 C_1 C_2}} \tag{4-75}$$

$$\alpha\omega_0 = \frac{\omega_0}{Q} = \frac{1}{R_3}\left(\frac{1}{C_1} + \frac{1}{C_2}\right) \tag{4-76}$$

3) 双二阶环型滤波电路

双二阶环型电路一般是由两个以上的运算放大器构成的加法器、积分器等组成。双二阶环型滤波电路的灵敏度低，因而性能非常稳定，并可实现多种滤波功能，经过适当改进，还可将运算放大器数目减少到两个。由于双二阶环滤波电路可以同时实现两种以上的滤波特性，所以又称为状态可调节滤波器。下面介绍三种典型的双二阶环滤波电路。

(1) 可实现低通和带通滤波功能的双二阶环电路。

图 4-58 所示电路可实现两种滤波功能，$v_1(t)$、$v_2(t)$ 为低通滤波电路的输出，$v_3(t)$ 为带通滤波电路的输出，滤波器参数为

$$K_{P1} = -\frac{R_1}{R_0}, \quad K_{P2} = -\frac{R_1 R_4}{R_0 R_5}, \quad K_{P3} = -\frac{R_2}{R_0} \tag{4-77}$$

$$\omega_0 = \sqrt{\frac{R_5}{R_1 R_3 R_4 C_1 C_2}} \tag{4-78}$$

$$\alpha\omega_0 = \frac{\omega_0}{Q} = \frac{1}{R_3 C_1} \tag{4-79}$$

K_{P1}、K_{P2}、K_{P3} 分别为输出 $v_1(t)$、$v_2(t)$ 和 $v_3(t)$ 时的通带增益。可以用 R_5 调节 ω_0，用 R_2 调节

Q,用 R_0 调节 K_{Pi},各参数间相互影响很小。

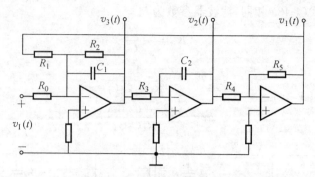

图 4-58　具有低通和带通功能的双二阶环电路

（2）可实现高通、带阻和全通滤波功能的双二阶环电路。

图 4-59 所示为一种非常实用的双二阶环电路,该电路的输出为 u_o,其传递函数为

$$H(s) = \frac{-\dfrac{R_4}{R_{02}}s^2 + \dfrac{R_4}{C_1}\left(\dfrac{1}{R_{01}R_3} - \dfrac{1}{R_{01}R_2}\right)s - \dfrac{R_4}{R_{03}R_1R_3C_1C_2}}{s^2 + \dfrac{1}{R_2C_1}s + \dfrac{R_4}{R_1R_3R_5C_1C_2}} \tag{4-80}$$

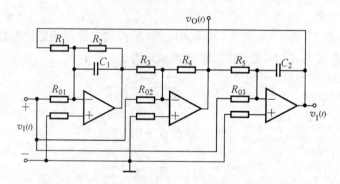

图 4-59　可实现高通、带通与全通的双二阶环电路

如果令 R_{03} 开路,并使 $R_{01} = R_{02}R_2/R_3$,则该电路为高通滤波电路。如果使 $R_{03} = R_{02}R_5/R_4$,并保持 $R_{01} = R_{02}R_2/(2R_3)$,则该电路为带阻滤波电路。如果同时使 $R_{01} = R_{02}R_2/(2R_3)$,$R_{03} = R_{02}R_5/R_4$,则该电路为全通滤波电路。该电路所实现的各种滤波特性电路的滤波参数均为

$$K_P = -\frac{R_4}{R_{02}} \tag{4-81}$$

$$\omega_0 = \sqrt{\frac{R_4}{R_1R_3R_5C_1C_2}} \tag{4-82}$$

$$\alpha\omega_0 = \frac{\omega_0}{Q} = \frac{1}{R_2C_1} \tag{4-83}$$

在上述电路中,某些元件值必须满足一定的约束关系,如果元件值有误差,将会影响其特性。各种形式的双二阶环电路实现低通、高通、带通与全通（传递函数分子含二次项）滤波功能时,一般都有这种约束关系,当满足这些约束关系时,它们的灵敏度也是较低的。

（3）低通、高通、带通、带阻和全通滤波电路。

在图 4-60 中，如果 $R_{01} = R_{02} = R_{03} = R_{04}$，则 $v_H(t)$、$v_B(t)$、$v_L(t)$ 分别为高通、带通、低通滤波电路的输出，则滤波参数分别为

$$K_{PH} = 1, K_{PB} = -1, K_{PL} = 1 \tag{4-84}$$

$$\omega_0 = \frac{1}{\sqrt{R_1 R_2 C_2 C_3}} \tag{4-85}$$

$$\alpha\omega_0 = \frac{\omega_0}{Q} = \frac{1}{R_1 C_1} \tag{4-86}$$

其中 K_{PH}、K_{PB}、K_{PL} 分别为构成高通、带通、低通滤波器时的通带增益。如果令 R_{07} 开路（虚线断开），并且令 $R_{05} - R_{06} - R_0$，则 u_x 为带阻滤波器的输出。如果接入 R_{07}，并使 $R_{07} = R_0$，则 v_H 为全通滤波器的输出，增益均为 $K_P = -1$，ω_0 和 Q 不变。

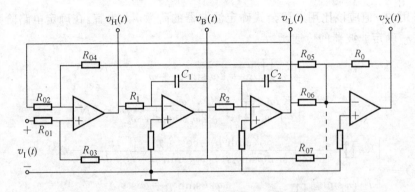

图 4-60　可实现低通、带通、高通、带阻与全通功能的双二阶环电路

4）有源滤波器的设计

有源滤波器的设计，主要包括确定传递函数、选择电路结构、选择有源器件和计算无源元件参数四个过程。

（1）传递函数的确定。

首先按照应用特点，选择一种合适的逼近方法。由前所述可知，三种逼近方法各有优缺点，需要根据具体的测试信号特征来进行滤波器逼近方法的选择。在一般测试系统中，巴特沃斯逼近和切比雪夫逼近的应用比贝塞尔更逼近理想的特性，当阶数一定时，切比雪夫逼近过渡带滚降更快，频率选择性更好，但通过切比雪夫逼近滤波器的信号失真较严重，对元件准确度要求也更高，即切比雪夫逼近滤波器的参数灵敏度最高。但如果测试信号对相位敏感时，则须考虑采用具有线性相位特征的贝塞尔逼近方法。

电路阶数一般根据经验或实践（实验）后来确定。如果对通带增益和阻带衰耗有一定要求时，则由给定的通带截止频率 ω_p、阻带截止频率 ω_r、通带增益变化量 ΔK_P 利用阶数计算的公式来进行阶数的确定。公式（4-87）用于设计巴特沃斯逼近的低通滤波器时确定滤波器的阶数，公式（4-88）用于设计切比雪夫逼近的低通滤波器时确定滤波器的阶数。

$$A(\omega) = \frac{K_P}{\sqrt{1 + (\omega/\omega_c)^{2n}}} \tag{4-87}$$

式中：K_P 为滤波器通带增益；ω_c 为滤波器转折频率。

$$A(\omega) = \frac{K_P}{\sqrt{1 + \varepsilon^2 c_n^2 (\omega/\omega_p)}} \tag{4-88}$$

式中：n 为电路阶数；ε 为通带增益波纹系数，$\varepsilon = \sqrt{10^{\Delta K_P/10} - 1}$，$\Delta K_P$ 是通带内允许的波动幅度（以 dB 为单位）；ω_p 为通带截频，对于切比雪夫逼近就是波纹区终止频率；$c_n(\omega/\omega_p)$ 为 n 阶切比雪夫多项式

$$c_n(\omega/\omega_p) = \begin{cases} \cos[n \arccos(\omega/\omega_p)] & |\omega/\omega_p| \leqslant 1 \\ \cosh[n \arccos h(\omega/\omega_p)] & |\omega/\omega_p| > 1 \end{cases}$$

对于巴特沃斯和切比雪夫逼近的高通滤波器，上两式相应地变为

$$A(\omega) = \frac{K_P}{\sqrt{1 + (\omega_c/\omega)^{2n}}} \tag{4-89}$$

$$A(\omega) = \frac{K_P}{\sqrt{1 + \varepsilon^2 c_n^2 (\omega_P/\omega)}} \tag{4-90}$$

实际采用的 n 值应该比用上述公式确定滤波器的阶数 n 大为宜。在确定电路阶数后，可根据下列两式之一确定滤波器的传递函数。

$$H(s) = \begin{cases} K_P \displaystyle\prod_{k=1}^{N} \frac{\omega_c^2}{s^2 + 2\omega_c \sin\theta_k s + \omega_c^2} & n = 2N \\ \dfrac{K_P \omega_c}{s + \omega_c} \displaystyle\prod_{k=1}^{N} \frac{\omega_c^2}{s^2 + 2\omega_c \sin\theta_k s + \omega_c^2} & n = 2N+1 \end{cases} \tag{4-91}$$

$$H(s) = \begin{cases} K_P \displaystyle\prod_{k=1}^{N} \frac{\omega_P^2 (\sinh^2\beta + \cos^2\theta_k)}{s^2 + 2\omega_P \sinh\beta\sin\theta_k s + \omega_P^2 (\sinh^2\beta + \cos^2\theta_k)} & n = 2N \\ \dfrac{K_P \omega_P \sinh\beta}{s + \omega_P \sinh\beta} \displaystyle\prod_{k=1}^{N} \frac{\omega_P^2 (\sinh^2\beta + \cos^2\theta_k)}{s^2 + 2\omega_P \sinh\beta\sin\theta_k s + \omega_P^2 (\sinh^2\beta + \cos^2\theta_k)} & n = 2N+1 \end{cases} \tag{4-92}$$

式中：$\theta_k = (2k-1)\pi/2n, \beta = [\arcsin h(1/\varepsilon)]/n$。

为了构成品质因子较高的具有窄带的带通或带阻滤波器，也可利用 n 阶具有相同品质因子 Q 的电路级联，级联后总的品质因子 Q_{2n} 为

$$Q_{2n} = \frac{Q}{\sqrt{\sqrt[n]{2} - 1}} \tag{4-93}$$

（2）电路结构选择。

在滤波器传递函数确定以后，就要在上述三种常用的滤波器电路结构中选择最适当的一种来进行滤波器的结构设计。下面介绍三种滤波器电路结构的优缺点。

压控电压源型滤波电路使用元件数目较少，结构简单，调整方便，对于有源器件特性理想程度要求较低，性能比较优良，应用十分普遍。但是它利用正反馈来补偿 RC 网络总能量损耗，使电路的稳定性降低。另外电路的灵敏度较高，且均与 Q 值成正比，如果电路 Q 值较高，外条件变化将会使电路性能发生较大变化。

无限增益反馈型滤波电路与压控电压源滤波电路使用元件数目相似，由于没有采用正反馈，所以电路稳定性高。但是这种电路对有源器件特性理想程度要求较高，而且不如压控电压源滤波电路调整方便。对于低通与高通滤波电路，二者灵敏度相近，但对于图 4-59(c) 所示的带通滤波电路，其 Q 值相对 R、C 变化的灵敏度小于 1，因而可实现更高的 Q 值。但考虑到实际运放开环增益并非无限大，特别是当信号频率较高时，受单位增益带宽的限制，其开环增益会明显降低。因此这种滤波电路也不允许 Q 值过高，一般不应超过 10。

双二阶环电路使用元件数目较多，结果较复杂，但电路性能稳定，调整方便，灵敏度低，电路允许的 Q 值可达数百，而且可以实现多种功能的滤波器。高性能有源滤波器及许多集成的有源

滤波器,多以双二阶环电路为原型。

电路结构类型的选择与特性要求密切相关。特性要求较高的电路应选择灵敏度较低的电路结构。设计电路时应注意电路的品质因子,因为许多电路当 Q 值较高时灵敏度也比较高。即使低灵敏度的电路结构,如果 Q 值过高,也难以保证电路稳定。一般,低阶的低通和高通滤波电路 Q 值较低,灵敏度也较低。高阶的低通和高通滤波电路某些基本环节 Q 值较高。如果特性要求较高,必须选择灵敏度较低的电路结构。窄带的带通和带阻滤波电路 Q 值较高,也应该选择灵敏度较低的电路结构。多级滤波器电路级联时应将高 Q 值的电路安排在前组。

（3）有源器件的选择。

有源器件是有源滤波电路的核心,其性能对滤波器特性有很大影响。前面所述有源滤波电路都采用运算放大器作为有源器件。实际应用的运放都是非理想的,从而改变滤波器的传递函数,另外运放的使用也会引入新的噪声,降低信噪比。有时还要考虑运放的输入/输出阻抗。虽然,目前的有源滤波器由于运放的带宽受限只能应用于较低的频率范围,但已能基本满足多数实用的测控系统的使用要求。

（4）无源元件参数计算。

无源元件参数计算也就是确定滤波电路中 R、C 元件值。由传递函数可知,电路元件数目总是大于滤波器特性参数的数目,因而无源元件参数的选择具有较大灵活度,可以先选定一个或若干个无源元件的参数,然后再根据公式计算其余元件的参数。在实际设计计算时工作量很大,这也是公式法设计滤波器的最大缺点。这里介绍更为简单实用的图表法设计方法,由图决定电路具体结构,由表来确定各元件的参数。下面以无限增益多路反馈二阶巴特沃斯低通滤波器为例进行该设计方法的说明。

由于电容的系列值较少,即商品电容器的容量值的数量较少,可选择范围受到限制,因而设计滤波器时尽可能先选定电容值。选定电容时,可在给定的 f_c 下,参考表 4-2 进行选择。

表 4-2　二阶有源滤波器设计电容选择用表

f_c/Hz	< 100	$100 - 1000$	$(1 - 10) \times 10^3$	$(10 - 100) \times 10^3$	100×10^3
$C_1/\mu\mathrm{F}$	$10 - 0.1$	$0.1 - 0.01$	$0.01 - 0.001$	$(1000 - 100) \times 10^{-6}$	$(100 - 10) \times 10^{-6}$

由于 $0.01\ \mu\mathrm{F}$ 以上容量的电容器的体积和价格与容量成正比,而且 $0.1\ \mu\mathrm{F}$ 到几微法的电容不易购买,一般几微法以上的电容器均为电解电容,漏电大、容值误差大,尽量不要在滤波器设计中选用。选用小于 $100\ \mathrm{pF}$ 的电容时要考虑到电路的分布电容的影响较大,设计时要避免选用小于 $100\ \mathrm{pF}$ 的电容,或者在电路工艺上要考虑分布电容的影响。而电阻器阻值的范围为 $1\ \Omega \sim 10\ \mathrm{M}\Omega$,体积和价格均与阻值无关。但电阻的阻值不宜过小或过大:过小会增加运放或前级电路的负载,严重时电路不能正常工作,一般应取几千欧以上;过大时阻值误差较大和运放输入阻抗有限等都将影响滤波器的精度。

在选定好一个或若干个电容器的容值之后,下一步就可以根据下列公式计算电阻换标系数 K,即

$$K = \frac{100}{f_c C_1} \tag{4-94}$$

然后再按表 4-2 确定电容 C_2 和归一化电阻值 $r_1 \sim r_3$,最后将归一化电阻乘以换标系数 K,$R_i = K r_i (i = 1, 2, 3)$,即可得到各电阻实际值。

需注意的是，由公式计算得出的电阻、电容设计值很可能与标称系列值不一致，这时需取与设计值最接近的标称值，同时，电阻标称值与电阻实际值之间也会存在差异，因此会存在元件参数的设计误差。灵敏度较低的低阶电路，元件参数相对设计值误差不超过 5%，一般可以满足设计要求；对 5 阶或 6 阶电路，元件误差应不超过 2%；对于 7 阶或 8 阶电路，元件误差应不超过 1%。如果对滤波器特性或滤波器灵敏度要求较高，对元件参数精度要求还应进一步提高。

例 4.3.1 试设计一无限增益多路反馈二阶巴特沃斯低通滤波器，要求通带截止频率 $f_c = 800\ \text{Hz}$，通带内增益 $K_P = 1$。

解 通过表 4-2 选择 $C_1 = 0.01\ \mu\text{F}$，由式（4-94）计算出电阻换标系数 $K = 12.5$，查表 4-3 可得归一化电阻值：$r_1 = 3.111\ \text{k}\Omega, r_2 = 4.072\ \text{k}\Omega, r_3 = 3.111\ \text{k}\Omega$。将归一化电阻值分别乘以电阻换标系数 $K(K = 12.5)$，得到实际设计电阻值：$R_1 = 38.89\ \text{k}\Omega, R_2 = 50.9\ \text{k}\Omega, R_3 = 38.89\ \text{k}\Omega$。电容 $C_2 = 2000\ \text{pF}$。在实际电路中，R_1、R_2、R_3 可选用容差为 5% 的金属膜电阻，标称值分别为 39 kΩ、51 kΩ、39 kΩ。C_1、C_2 分别选用标称值为 $0.01\ \mu\text{F}$、$2000\ \text{pF}$，容差为 5% 的电容。

表 4-3　无限增益多路反馈二阶巴特沃斯低通滤波器设计用表

K_P	1	2	6	10
$r_1/\text{k}\Omega$	3.111	2.565	1.697	1.625
$r_2/\text{k}\Omega$	4.072	3.292	4.977	4.723
$r_3/\text{k}\Omega$	3.111	5.130	10.180	16.252
C_2/C_1	0.2	0.15	0.05	0.003

6. 开关电容滤波器和集成滤波器芯片

以上讨论的有源 RC 滤波器都要求较大的电容和精确的时间常数，难以实现芯片上的集成。随着 MOS 工艺的迅速发展，由 MOS 开关电容和运放组成的开关电容滤波器可实现单片集成化。这种滤波器对模拟量的离散值直接进行处理，省略了数字滤波器中的量化过程，因而处理速度快，整体结构简单。

1) 基本原理

开关电容电路是基于电容的电荷存储和转移原理而构成的电路。它由受时钟控制的 MOS 开关、MOS 电容和 MOS 放大器（或比较器）组成，可实现信号的产生、放大、调制、相乘及模拟与数字信号相互转换等功能。

开关电容电路的基本电路元件是 MOS 电容开关。MOS 电容主要有接地和不接地（浮地）两种。接地电容是以 SiO$_2$ 为介质的极板电容；浮地电容是以金属为上极板、SiO$_2$ 为介质、N$^+$ 硅为下极板形成的电容。MOS 电容量为 $1 \sim 40\ \text{pF}$，其绝对精度约为 5%，相对精度可高达 0.01%，温度系数非常小，达到 $20 \sim 50\ \text{ppm/}^\circ\text{C}$，电压系数可低至 $10 \sim 100\ \text{ppm/V}$。

开关电容可以用来模拟电阻。如图 4-61 所示，S_1 和 S_2 是两个 MOS 开关，ϕ_1 和 ϕ_2 是不重叠的两相时钟脉冲，该时钟脉冲的频率 f_c 通常是输入信号 $v_i(t)$ 最高频率的 $50 \sim 150$ 倍。由于 S_1 和 S_2 的通断是由 ϕ_1 和 ϕ_2 控制的，因此 S_1、S_2 开关是交替通断的。

在 $t = (n-1)T_c$ 时刻，S_1 接通而 S_2 截止，输入信号 $v_1(t)$ 经 S_1 向电容 C 充电，其充电量为

$$q_C(t) = Cv_1[(n-1)T_c] \tag{4-95}$$

在 $t = (n-1)T_c$ 到 $(n-1/2)T_c$ 期间，两个 MOS 管开关均断开，所以电容器上的电压 $v_C(t)$ 和电荷 $q_C(t)$ 保持不变。

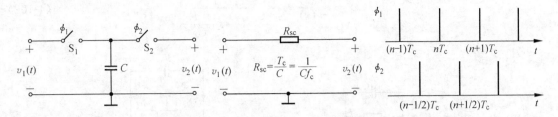

图 4-61　开关电阻单元及其等效电阻

在 $(n-1/2)T_c$ 时刻，S_2 接通而 S_1 截止，电容 C 上的电压和电荷量分别为

$$v_C(t) = v_C[(n-1/2)T_c] = v_2[(n-1/2)T_c] \tag{4-96}$$

$$q_C(t) = q_C[(n-1/2)T_c] = Cv_2[(n-1/2)T_c] \tag{4-97}$$

由上面的分析可知，在每一个时钟周期 T_c 内，$v_C(t)$ 和 $q_C(t)$ 仅变化一次，电荷量的变化量为

$$\Delta q_C(t) = C\{v_1[(n-1)T_c] - v_2[(n-1/2)T_c]\} \tag{4-98}$$

上式说明，在从 $(n-1/2)T_c$ 到 $(n-1)T_c$ 期间，开关电容从 $v_1(t)$ 端向 $v_2(t)$ 端转移的电荷量与 C 的大小、$(n-1)T_c$ 时刻的 $v_1(t)$ 值、$(n-1/2)T_c$ 时刻的 $v_2(t)$ 值有关。分析指出，在开关电容两端口之间流动的是电荷而不是电流；开关电容转移的电荷量取决于两端口不同时刻的电压值，而不是两端口在同一时刻的电压值。因此，开关电容电路能传输信号的本质是在时钟脉冲驱动下，由开关电容对电荷的存储和释放。

因为时钟脉冲周期 T_c 远远小于 $v_1(t)$ 和 $v_2(t)$ 的周期，故在 T_c 内可认为 $v_1(t)$ 和 $v_2(t)$ 是恒定不变的值，从近似平均的角度看，可以把一个 T_c 内由 $v_1(t)$ 送往 $v_2(t)$ 的 $\Delta q_C(t)$ 等效为一个平均电流 $i_C(t)$，它从 $v_1(t)$ 流向 $v_2(t)$，即

$$i_C(t) = \frac{\Delta q_C(t)}{T_c} = \frac{C}{T_c}\{v_1[(n-1)T_c] - v_2[(n-1/2)T_c]\}$$

$$= \frac{C}{T_c}\{v_1[(t)] - v_2[(t)]\} = \frac{1}{R_{sc}}\{v_1[(t)] - v_2[(t)]\} \tag{4-99}$$

其中

$$R_{sc} = \frac{T_c}{C} = \frac{1}{Cf_c} \tag{4-100}$$

R_{sc} 即为开关电容模拟电阻（或开关电容等效电阻）。

开关电容模拟电阻，就可以将各种模拟电路演变成 SC（开关电容）电路。采用开关电容模拟电阻可以大大节省衬底面积。例如，制造一个 $10\ \text{M}\Omega$ 的集成电阻所占衬底面积约为 $1\ \text{mm}^2$，而制造一个 $10\ \text{M}\Omega$ 的开关模拟电阻，在 $f_c = 100\ \text{kHz}$ 时，只要制造 $1\ \text{pF}$ 的 MOS 电容，该电容所占硅片的衬底面积只有 $0.01\ \text{mm}^2$。

图 4-62(a) 所示为一阶 RC 有源低通滤波器，图 4-62(b) 所示为使用开关电容模拟电阻取代后得到的相应的一阶 SCF（开关电容滤波器）电路。

由图 4-62(a) 可知，该电路的传输函数为

$$H(s) = \frac{v_o(s)}{v_i(s)} = -\frac{R_f}{R_1} \frac{1}{1+sR_fC} \tag{4-101}$$

用开关电容模拟电阻 T_c/C_1 和 T_c/C_2 分别取代 R_1 和 R_f 后，得到图 4-64(b) 所示的 SCF 电路的传输函数为

$$H(s) = \frac{v_o(s)}{v_i(s)} = -\frac{C_1}{C_2} \frac{1}{1 + s\dfrac{C_1 T_c}{C_2}} \tag{4-102}$$

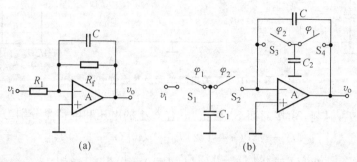

图 4-62　一阶有源滤波器及其对应的 SCF

2）集成滤波器及其应用

集成滤波器的发展为使用者提供了极大方便，开关电容滤波器设计简单，所用元件少，调试方便，价格低，所以开关电容滤波器集成芯片是优选。

目前市面上开关电容集成滤波器芯片有很多，单片集成 SCF 较具代表性的产品有美国 Linear Technology 公司生产的通用型（可组合为低通、高通、带通等）和低通 SCF 两类。通用型 SCF 主要有 LTC1059（2 阶）、LTC1060（4 阶）、LTC1061（6 阶）、LTC1064（8 阶）等。低通 SCF 主要有 LTC1062/ LTC1063（5 阶）、LTC1064（8 阶）。另外，美国美信集成产品公司（MAXIM）生产的系列集成芯片也占不少市场份额，其主要品种有低通滤波器 MAX280/281（20 kHz，5 阶）、MAX291/292/293/294（50 kHz，8 阶）、MAX295/296/297（50 kHz，8 阶）、MAX7400-7407（10 kHz，8 阶），低通 / 带通可编程 MAX274/275；带通滤波器主要有 MAX267/268；通用滤波器主要有 μP 控制 MAX260/261/262、引脚控制 MAX263/264、电阻编程控制 MAX265/266/MF10 等。

下面以低通滤波器 MAX281 为例，来说明单片集成滤波器的应用。MAX281 是一个 5 阶贝赛尔低通滤波器。它的主要特点是：贝赛尔低通滤波器没有直流误差；通带噪声低；0 ～ 20 kHz 的截止频率；内部或外部时钟；可以缓冲输出；由 8 脚 DIP 或 16 脚 SO 封装。图 4-63 所示为 MAX281 的管脚排列图。

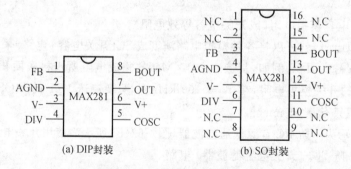

图 4-63　MAX281 的管脚排列图

各引脚信号含义如下（以 8 脚 DIP 封装为例）。

FB：由外部电容通过该引脚将信号耦合到芯片。

AGND：模拟地，在双电源或半电源供电时连到系统地。这个管脚在专门的供电方式下应当旁路一个大电容。

V−:负电源输入。

V+:正电源输入。

DIV:分频器比例输入,用于选择时钟与截止频率比(外部时钟)或内部分频比(内部振荡器),具体如表 4-4 所示。

表 4-4　时钟的选择

引脚 4 的电压	外部(f_{osc}/f_c)	内部分频系数
V+	101	1
GND	202	2
V−	404	3

COSC:外部时钟输入脚。在采用内部时钟方式时,该管脚和 V− 之间应连接一个外部电容。

OUT:输入到片内缓冲放大脚。

BOUT:缓冲放大输出脚。

图 4-64 所示为 MAX281 的内部电路框图。它由开关电容网络、内部分频器和缓冲器组成。图 4-65 所示为它的典型应用电路。从该电路的"OUT"脚输出精密的直流信号,而从"BOUT"脚输出缓冲信号。该电路使用内部时钟,当在 COSC 引脚接 100 pF 电容时,内部振荡频率的典型值是 35 kHz。最大时钟频率可达到 4 MHz。该电路的上限截止频率 f_c 和电路参数满足以下关系,即

$$\frac{1}{2\pi RC} = \frac{f_c}{1.1579} \tag{4-103}$$

而 C_{osc} 则可由下式确定

$$C_{osc} = \left(\frac{140\ kHz}{f_{osc}} - 1\right) \times 33\ pF \tag{4-104}$$

式中:f_{osc} 为待确定的内部时钟频率。

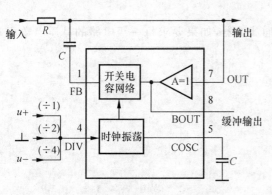

图 4-64　MAX281 的内部电路框图

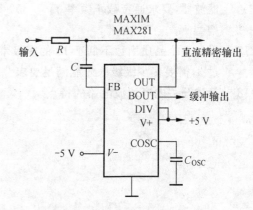

图 4-65　MAX281 的典型应用电路

思考题与习题

4-1　电压比较器的作用是什么?请举一个实际应用的例子。

4-2　电压比较器分为哪几种类型?

4-3　设计一个窗口比较器,要求获得题图 4-1 所示的输入/输出特性。

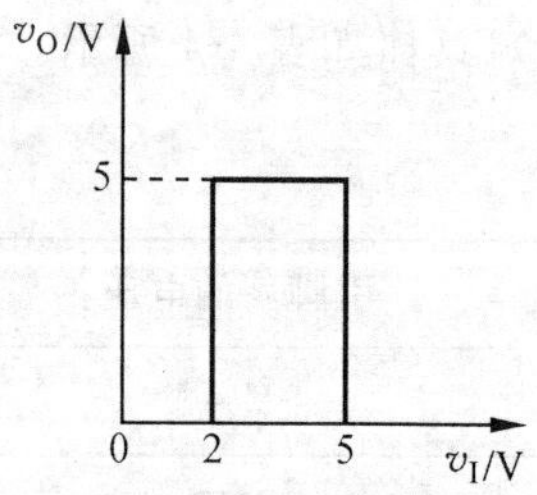

4-4　什么是信号调制?在测控电路中为何要采用信号调制?什么是解调?在测控系统中常用的调制方法有哪些?

4-5　调制为什么不需采用非线性元件?调制与放大有什么区别?

4-6　在电路中进行幅值、频率、相位调制的基本原理是什么?

4-7　试述相敏检波电路和包络检波电路在功能、性能、电路构成上的主要区别。

4-8　试述图 4-26 所示的开关式全波相敏检波电路的工作原理,电路中哪些电阻的阻值必须满足一定的匹配关系?并说明其阻值关系。

4-9　比例鉴频电路与相位鉴频电路的主要区别在哪里?

4-10　在本章介绍的鉴相电路中,哪种方法的精度最高?主要影响鉴相误差的因素有哪些?它们的鉴相范围各是多少?

4-11　理想滤波器的幅频特性特点是什么?实际滤波器的幅频特性特点又是什么?为何不能用电路实现理想滤波器幅频特性?

4-12　常用滤波器的逼近方法有哪些?各有什么特点?

4-13　常用的滤波器设计方法有哪些?各有什么优缺点?

4-14　题图 4-2 所示的一阶有源低通滤波器电路中,如果要求 $K_P = 10$、$f_p = 100$ Hz,试确定其电路参数。

4-15　一个二阶带通滤波器能否有一个低通滤波器和一个高通滤波器串联而成?为什么?

4-16　试设计一无限增益多路反馈二阶巴特沃斯低通滤波器,要求通带截止频率 $f_c = 300$ Hz,通带内增益 $K_P = 2$。

4-17　设计一个品质因数不低于 10 的多级带通滤波器,如果要求每一级电路的品质因数不超过 3,需要多少级级联才能满足要求?

4-18　简述开关电容滤波电路的特点。

题图 4-1　输入/输出特性

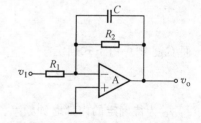

题图 4-2　一阶有源低通滤波器电路

第 5 章　信号细分与辨向电路

在计量测试和工业测控领域经常需要对长度、位移、角度等进行测量。信息的获取主要采用激光、计量光栅、磁栅和感应同步器等技术。这些传感器输出的信号具有共同的特点,即都为周期信号,信号变化的周期数与直线位移、角位移成比例,通过对周期信号的周期进行计数,即可实现对直线位移或角位移的测量。测量的最小分辨力就是信号一个周期代表的位移量。例如,迈克尔逊激光干涉仪中测量臂移动 $\lambda/2$,光电传感器输出信号就变化一个周期,则仪器的最小分辨力为 $\lambda/2$。光栅测量装置中光栅移动一个光栅栅距,光电传感器输出信号就变化一个周期,仪器的最小分辨力为光栅栅距 W。

随着科学技术的发展,对仪器的测量精度提出更高的要求,分辨力需要相应提高,但光栅栅距和激光波长 λ 等受制造工艺和其他因素的限制,不可能减小太多,因此,需要采用插补技术对周期性的增量码信号进行插值,提高仪器分辨力,也就是对信号进行细分。细分的基本原理是:根据周期性测量信号的波形、幅值或相位的变化规律,在一个周期内进行插补,从而获得优于一个信号周期的更高的分辨力。

由于位移传感器一般允许在正、反两个方向移动或顺时针、逆时针旋转,在对周期进行计数和细分时需要考虑辨向的问题。

细分的方法有机械细分、光学细分、电子细分和微机细分等。在设计仪器时,要根据实际情况,合理选择和分配各种细分数的比例,提高仪器总的技术和经济指标。

根据电路结构可以将细分电路分为直传式细分电路和平衡补偿式细分电路。细分电路的主要技术指标有细分的速度、细分的倍数及细分的精度。

5.1　直传式细分电路

直传式细分电路由若干细分环节串联而成,如图 5-1 所示。这些环节依次向末端方向传递信息,属于开环系统。系统总的灵敏度 K_S 为各个环节灵敏度 $K_j (j=1\sim m)$ 之积,如果某环节灵敏度 K_j 发生变化,则会引起系统总的灵敏度发生变化。细分电路的输入信号 x_i 可能为正弦信号、余弦信号或方波信号。中间环节中有波形变换、比较器、AD、数字电路等。输出信号可能为脉冲信号、模拟信号或数字信号。

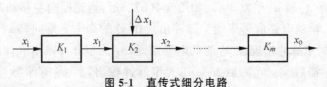

图 5-1　直传式细分电路

直传式细分电路中每个环节灵敏度 K_j 的变化及输入信号的变化 Δx_i 都会在后面的环节得到放大,影响细分电路细分点的变化,从而影响测量精度。因此,直传式细分电路的细分倍数不高,精度也较低,但由于直传式细分电路没有反馈环节,响应速度较快。

1. 位置直接四倍频细分

位置直接细分是一种直接利用传感器空间分布位置的细分方法。以光栅测量仪器为例,在主光栅与指示光栅发生相对移动时形成如图 5-2(a)所示的莫尔条纹,在一个莫尔条纹宽度周期 R 内放置 4 个光电传感器,空间位置相差 90°(见图 5-2(b)),其输出的电信号相位也同样相差 90°。如图 5-3 所示,4 路相位相差 90°的近似正弦信号通过整形电路转换为方波信号,方波信号通过上升沿触发的单稳电路(或微分电路)后变成窄脉冲信号,再经过或门电路后,在原来一个信号周期内输出信号 u_o 可以输出 4 个脉冲信号(见图 5-4(a)),实现 4 倍的细分。

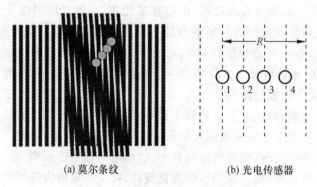

(a) 莫尔条纹   (b) 光电传感器

图 5-2   光栅莫尔条纹与光电传感器

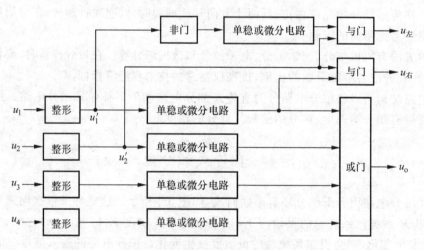

图 5-3   位置直接细分与辨向电路

第 1 个光电传感器的输出信号 u_1 和第 2 个光电传感器的输出信号 u_2 相差 90°,经过整形电路形成的方波信号 u_1' 和 u_2' 相差 90°。如图 5-4(b)所示,当光栅向左移动时,u_1 超前 u_2,u_1' 超前 u_2',u_1' 经过非门、单稳电路后形成的窄脉冲出现在 u_2' 的高电平期间,$u_左$ 有窄脉冲输出。u_1' 经过单稳电路后形成的窄脉冲出现在 u_2' 的低电平期间,$u_右$ 无窄脉冲输出。如图 5-4(c)所示,在当光栅向右移动时,u_1 滞后 u_2,u_1' 滞后 u_2',$u_左$ 无窄脉冲输出,而 $u_右$ 有窄脉冲输出。因此,$u_左$ 和 $u_右$ 为辨向输出信号,可以作为对细分脉冲信号计数的加减控制信号。

由于受空间位置的限制,光电传感器的数目不能太多,位置直接细分的细分倍数较小。通过位置直接细分可以得到 4 路相差 90°的方波信号,可以进一步用于其他细分电路或辨向电路。

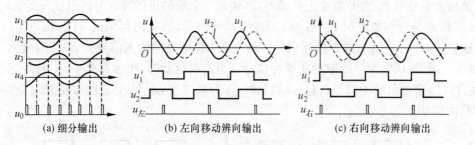

(a) 细分输出　　　　　(b) 左向移动辨向输出　　　　(c) 右向移动辨向输出

图 5-4　位置直接细分与辨向输出信号

2. 单稳四细分辨向电路

图 5-5 所示为单稳四细分辨向电路,利用两路相位差为 $90°$ 的方波信号的 4 个跳变沿和 R、C 组成的单稳态触发电路在一个周期内输出 4 个脉冲,实现 4 倍细分。在正向运动时,U_{O1} 输出脉冲信号,U_{O2} 保持高电平(见图 5-6(a));在反向运动时,U_{O2} 输出脉冲信号,U_{O1} 保持高电平(见图 5-6(b))。因此,电路具有细分和辨向功能。

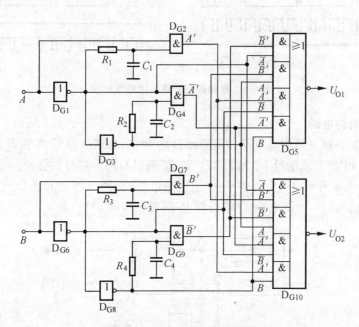

图 5-5　单稳四细分辨向电路

电路工作原理是:与门 D_{G1}、D_{G2} 和 R_1、C_1 充放电电路组成第 1 个单稳电路,与门 D_{G3}、D_{G4} 和 R_2、C_2 充放电电路组成第 2 个单稳电路,与门 D_{G6}、D_{G7} 和 R_3、C_3 充放电电路组成第 3 个单稳电路,与门 D_{G8}、D_{G9} 和 R_4、C_4 充放电电路组成第 4 个单稳电路。第 1 个单稳电路的输入信号为 A,当 A 发生上跳沿时,由于 R_1、C_1 的滞后作用,C_1 上原来的高电平会保持一小段时间,A' 输出一个窄的正脉冲信号。当正向运动时,B 为低电平,$\overline{B}$ 为高电平,A' 和 $\overline{B}$ 通过与或非门 D_{G5} 后 U_{O1} 形成负脉冲信号;当反向运动时,B 为高电平,A' 和 B 通过与或非门 D_{G10} 后 U_{O2} 形成负脉冲信号。同理,第 2 个单稳电路的输入信号为 $\overline{A}$,当 A 发生下跳沿时,$\overline{A}$ 发生上跳沿,$\overline{A}'$ 输出一个窄的正脉冲信号。当正向运动时,B 为高电平,$\overline{A}'$ 和 B 通过与或非门 D_{G5} 后 U_{O1} 形成负脉冲信号;当反向运动时,$\overline{B}$ 为高电平,$\overline{A}'$ 和 $\overline{B}$ 通过与或非门 D_{G10} 后 U_{O2} 形成负脉冲信号。第 3 个单稳电路的输入信号为 B，当 B 发生上跳沿时，B' 输出一个窄的正脉冲信号。当正向运动时，A 为高电平，B' 和 A 通过与或非门 D_{G5} 后 U_{O1} 形成负脉冲信号；当反向运动时，$\overline{A}$ 为高电平，B' 和 $\overline{A}$ 通过与或非门 D_{G10} 后 U_{O2} 形成负脉冲信号。第 4 个单稳电路的输入信号为 $\overline{B}$，当 B 发生下跳沿时，$\overline{B}$ 发生上跳沿，$\overline{B}'$ 输出一个窄的正脉冲信号。当正向运动时，$\overline{A}$ 为高电平，$\overline{B}'$ 和 $\overline{A}$ 通过与或非门 D_{G5} 后 U_{O1} 形成负脉冲信号；当反向运动时，A 为高电平，$\overline{B}'$ 和 A 通过与或非门 D_{G10} 后 U_{O2} 形成负脉冲信号。

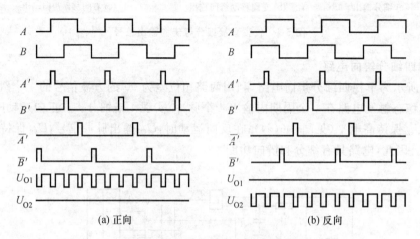

(a) 正向   (b) 反向

图 5-6　单稳四细分辨向电路波形图

3. D 触发器辨向电路

图 5-7 所示为 D 触发器辨向电路。两路相位差为 90° 的正弦信号 A 和 B 通过放大整形电路形成相位差为 90° 的方波信号 P_1 和 P_2，P_1 和 P_2 通过与门形成计数脉冲。在正向运动时，P_1 超前 P_2，P_2 发生上跳沿时，P_1 为高电平，Q 输出高电平（见图 5-8(a)）；在反向运动时，P_1 滞后 P_2，P_2 发生上跳沿时，P_1 为低电平，Q 输出低电平（见图 5-8(b)）。

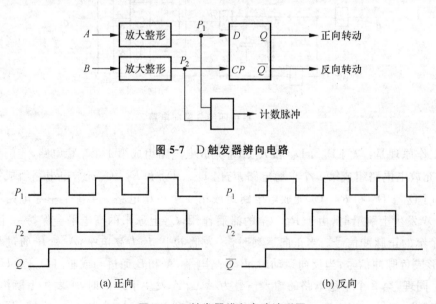

图 5-7　D 触发器辨向电路

(a) 正向   (b) 反向

图 5-8　D 触发器辨向电路波形图

4. 集成细分辨向电路

QA740210 是奎克半导体(北京)有限公司生产的微分型四倍频专用集成电路。QA740210
可将两路正交的方波信号进行四倍频后产生两路
加、减计数信号,可送加减可逆计数器进行加、减计
数。典型应用电路如图 5-9 所示。工作频率与 R、C
的关系如表 5-1 所示。QA740210 更详细的应用请
参考厂家的技术手册。

奎克半导体公司的另外一个专用细分集成电路
是五细分电路 QA740204,通过电阻链对正弦波进
行相移,产生十路正弦波,经十路比较器比较整形
后,通过组合电路,组合成两路正交信号。

HP 公司生产的 HCTL-20 系列集成电路不仅
具有四细分和辨向功能,而且集成了可逆计数器,可
大大简化外围电路设计。

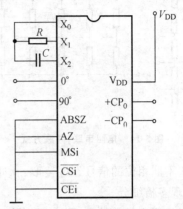

图 5-9 四倍频专用集成电路
QA740210 **典型应用电路**

表 5-1 工作频率与 R、C 的关系

C 值	R 值			
—	5 kΩ	13 kΩ	75 kΩ	150 kΩ
20 pF	1.2 MHz	830 kHz	220 kHz	120 kHz
100 pF	450 kHz	240 kHz	62.5 kHz	30 kHz
200 pF	250 kHz	120 kHz	30 kHz	15 kHz
1500 pF	38 kHz	19 kHz	4.5 kHz	2.3 kHz
10 nF	6.6 kHz	3.3 kHz	625 Hz	400 Hz

随着 CPLD 和 FPGA 数字可编程技术的发展和广泛应用,更多的人喜欢通过软件编程用
CPLD 和 FPGA 实现细分和辨向功能,提高仪器集成度。

5. 电阻链分相细分

电阻链分相细分的基本原理是:将正余弦信号分别加在电阻链两端,通过线性叠加作用,在
电阻链的各个节点上可得到幅值和相位都不同的电信号,将这些信号经整形电路、脉冲形成电
路后,就能在正余弦信号的一个周期内获得若干计数脉冲,从而实现较大倍数的细分。

1) 电阻链分相细分原理

如图 5-10 所示,在电阻 R_1 和 R_2 的两端加电压 u_1 和 u_2。

$$u_1 = E\sin \omega t, \quad u_2 = E\cos \omega t \tag{5-1}$$

通过 u_1 和 u_2 线性叠加作用,中间节点输出电压
u_0 为

$$u_0 = \frac{R_2 E\sin\omega t}{R_1 + R_2} + \frac{R_1 E\cos\omega t}{R_1 + R_2} \tag{5-2}$$

其中,u_0 的幅值和相位分别为

$$u_0 = U_{0m}\sin(\omega t + \varphi) \tag{5-3}$$

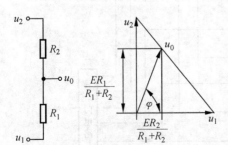

图 5-10 电阻链分相细分原理

$$U_{0m} = \frac{E\sqrt{R_1^2 + R_2^2}}{R_1 + R_2}, \quad \varphi = \arctan\left(\frac{R_1}{R_2}\right) \tag{5-4}$$

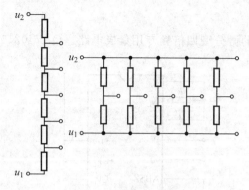

图 5-11 电阻串联、并联方式

通过改变电阻 R_1 和 R_2 的大小，就可以得到不同相位的输出信号。如图 5-11 所示，可采用串联或并联方式得到不同相位的信号，但并联方式需要提供较大的电流。

采用图 5-11 所示电路，只能得到第一个象限内（0°～90°）的相位；若电阻链两端加电压 $-u_1$ 和 u_2，可得到第二个象限内（90°～180°）的相位；若电阻链两端加电压 $-u_1$ 和 $-u_2$，可得到第三个象限内（180°～270°）的相位；若电阻链两端加电压 u_1 和 $-u_2$，可得到第四个象限内（270°～360°）的相位。

将这些不同相位的信号经过整形、脉冲形成等可以在一个原始正弦信号周期内得到多个细分脉冲，实现多倍细分。

为保证测量的精度，要求细分脉冲在一个周期内均匀分配，但并不意味着要通过电阻链分相得到一个周期内均匀分布的不同相位的正弦信号，一般只需得到 180°范围内不同相位的正弦信号，然后提供处理电路产生一个周期内均匀分布的细分脉冲。

2）电阻链分相五细分原理

电阻链分相五细分电路原理如图 5-12 所示，波形如图 5-13 所示。在电阻链上施加 $E\sin \omega t$、$E\cos \omega t$ 和 $-E\sin \omega t$，通过电阻链分相产生相对于 $E\sin \omega t$ 相移分别为 18°、36°、54°、72°、108°、126°、144°和 162°的 8 路正弦信号，加上 $E\sin \omega t$（0°）和 $E\cos \omega t$（90°），一共有 10 路相位相差 18°的正弦信号。经过过零滞回比较器，形成 10 路相位相差 18°的方波信号。将 0°、36°、72°、108°和 144°共 5 路相位相差 36°的方波信号相异或，形成输出信号 u_{o1}，将 18°、54°、90°、126°和 162°共 5 路相位相差 36°的方波信号相异或，形成输出信号 u_{o2}。由图 5-13 可见，u_{o1} 和 u_{o2} 在 $E\sin \omega t$ 一个周期内分别产生 5 个均匀分布的细分脉冲，而且 u_{o1} 和 u_{o2} 的细分脉冲的相位差为 90°。电阻链分相五细分电路输出的两路正交信号可以送到其他细分电路，实现更大的细分倍数。

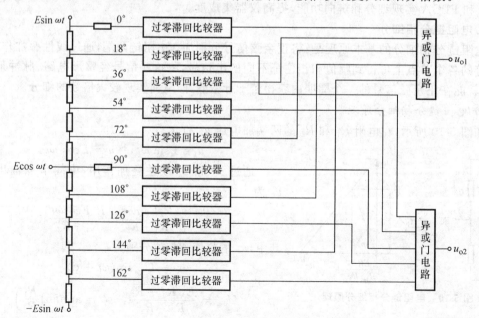

图 5-12 电阻链分相五细分电路原理图

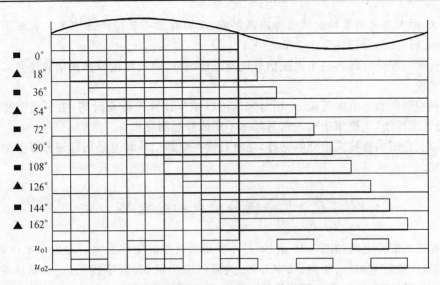

图 5-13　电阻链分相五细分波形图

电阻链分相细分具有良好的动态特性,应用广泛,但细分数增加时,电路也更加复杂。目前,市场上已有基于电阻链分相细分的集成电路。

6. 计算机细分

计算机细分的基本原理是通过模数转换将相互正交的正弦信号和余弦信号转化为数字量,并根据两路信号的极性和幅值大小,判断在一个正弦或余弦信号周期内细分的位置。如图 5-14 所示,根据正弦信号和余弦信号的极性和幅值大小,可以将正弦或余弦信号的一个周期分成 8 个卦限,每个卦限的特性如表 5-2 所示。

表 5-2　卦限特性

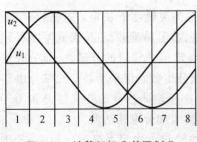

图 5-14　计算机细分卦限划分

卦限	u_1 的极性	u_2 的极性	$\lvert u_1 \rvert$、$\lvert u_2 \rvert$ 的大小
1	+	+	$\lvert u_1 \rvert < \lvert u_2 \rvert$
2	+	+	$\lvert u_1 \rvert > \lvert u_2 \rvert$
3	+	−	$\lvert u_1 \rvert > \lvert u_2 \rvert$
4	+	−	$\lvert u_1 \rvert < \lvert u_2 \rvert$
5	−	−	$\lvert u_1 \rvert < \lvert u_2 \rvert$
6	−	−	$\lvert u_1 \rvert > \lvert u_2 \rvert$
7	−	+	$\lvert u_1 \rvert > \lvert u_2 \rvert$
8	−	+	$\lvert u_1 \rvert < \lvert u_2 \rvert$

在计算机内首先根据两路信号的极性将一个周期分成 8 个卦限,然后求两路信号的比值,考虑到分母不能为 0,在 1、4、5、8 卦限用

$$\lvert \tan\omega t \rvert = \frac{\lvert A\sin \omega t \rvert}{\lvert A\cos \omega t \rvert} = \frac{\lvert u_1 \rvert}{\lvert u_2 \rvert} \tag{5-5}$$

在 2、3、6、7 卦限用

$$\lvert \cot\omega t \rvert = \frac{\lvert A\cos \omega t \rvert}{\lvert A\sin \omega t \rvert} = \frac{\lvert u_2 \rvert}{\lvert u_1 \rvert} \tag{5-6}$$

若预先建立电压比值与角度的对应关系,通过查表方式就可以根据电压比值得到在某个卦限内的角度,从而得到在一个周期内的细分位置。电压比值与角度的对应关系建立得越密,细

分数就越大,但考虑到模数转换精度等因素影响,正切或余切表格不能太密。若将正切或余切表格分为 50 份,则细分倍数为 $50 \times 8 = 400$。

利用计算机细分可以将一个正弦信号周期进行细分,而正弦信号整周期的计数可以通过硬件或软件实现。

利用判别卦限和查表实现细分,相对来说可以减少计算机运算时间,由于还需要进行软件查表,细分速度较慢,主要用于输入信号频率不高或静态测量中。

除了以上介绍的直传式细分电路外,还有只读存储器细分和电平切割细分等类型。这里不再详细叙述。

5.2　平衡补偿式细分电路

平衡补偿式细分电路如图 5-15 所示,是一种带负反馈的闭环系统。x_i 为系统模拟输入量,可为长度、角度或信号幅值、相位、频率等,x_o 为系统输出量,为数字代码,一般是脉冲个数,K_S 为前馈环节的灵敏度,F 为反馈环节的灵敏度。反馈环节的输出 x_F 和输入 x_i 在比较器中进行比较,误差信号 $x_i - x_F$ 通过前向放大后,输入积分器进行积分。由于在前向通道中有积分器,因此负反馈系统平衡时,误差信号 $x_i - x_F = 0$。平衡补偿式细分电路的灵敏度为

$$K_F = \frac{x_o}{x_i} = \frac{x_o}{x_F} = \frac{1}{F} \tag{5-7}$$

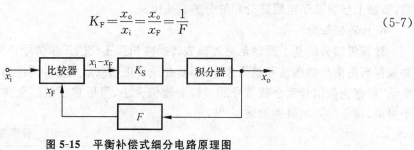

图 5-15　平衡补偿式细分电路原理图

由式(5-7)可见,平衡补偿式细分电路的灵敏度由反馈环节的灵敏度 F 决定,与前馈环节的灵敏度 K_S 无关。由于反馈环节通常是数字分频器等数字电路,容易精确和稳定,因此平衡补偿式细分电路具有较高的细分精度。此外,闭环系统的细分数决定于分频器的分频数,而分频器的分频数可以制作得很高,故平衡补偿式细分电路有很大的细分倍数。但平衡补偿式细分电路需要跟踪输入信号的变化,是否能跟踪上输入信号的变化,取决于输入信号的变化快慢和闭环系统的跟踪速度。平衡补偿式细分电路的响应速度一般比直传式细分电路的低。

反馈系统是否达到平衡状态可通过比较器判定,比较器的分辨力决定系统的分辨力,若比较器的门槛太低,系统在平衡点附近来回跳动,处于不稳定状态;若比较器的门槛太高,系统分辨力就太小。

平衡补偿式细分电路主要用于感应同步器、光栅、磁栅等仪器中。下面以感应同步器为例,介绍相位跟踪细分、幅值跟踪细分和脉冲调宽幅值跟踪细分的原理,最后介绍锁相倍频细分。

1. 感应同步器原理

感应同步器基本原理是利用电磁耦合效应,将位移或转角转化成电信号的位置检测装置。感应同步器按其运动形式和结构的不同,可分为旋转式感应同步器(圆感应同步器)和直线式感应同步器。圆感应同步器用来检测转角位移,用于精密转台、各种回转伺服系统;直线式感应同步器用来检测直线位移,用于大型和精密机床的自动定位、位移数字显示和数控系统等。感应同步器具有精度与分辨力较高、抗干扰能力强、寿命长、维护简单、测量范围大、成本较低等优

点,广泛地应用于三坐标测量机、机床、仪器转台及测量装置等。

下面以直线式感应同步器为例介绍感应同步器的工作原理。

直线式感应同步器的结构如图 5-16 所示。感应同步器由定尺和滑尺两部分组成,定尺与滑尺平行安装,且保持一定间隙(0.25±0.05 mm)。如图 5-17 所示,定尺表面制有连续平面绕组,在滑尺上制有两组分段绕组,分别称为正弦绕组和余弦绕组,这两段绕组和定尺上绕组的节距相等,且在空间错开 1/4 的节距(90°相角)。如果在定尺和滑尺中的一种绕组上通以交流激励电压,由于电磁耦合效应,在另一种绕组上就会产生相同频率的感应电动势,且随定尺与滑尺的相对位置不同而变化。通过对感应电动势检测处理,便可测量出直线位移量。目前,感应同步器多数采用滑尺励磁,由定尺取感应电动势信号的方式。下面介绍滑尺上正弦绕组和余弦绕组加不同励磁信号时,定尺绕组感应电动势的情况。

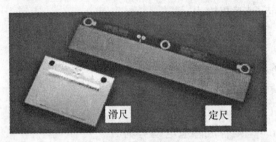

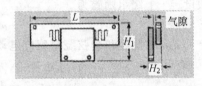

(a) 定尺和滑尺　　　　　　　　　　　　　　　(b) 结构

图 5-16　直线式感应同步器结构

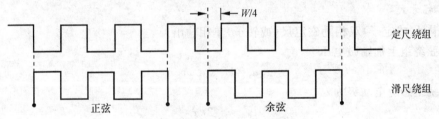

图 5-17　直线式感应同步器绕组

直线式感应同步器定尺和滑尺与圆感应同步器转子和定子上的绕组分布是不相同的。在定尺和转子上的是连续绕组,在滑尺和定子上的则是分段绕组。

1) 鉴相方式

(1) 滑尺(或定子)双相励磁定尺(或转子)单相输出。

在正弦绕组上加励磁电压

$$u_s = U_m \sin \omega t \tag{5-8}$$

式中:U_m 为励磁电压幅值;ω 为励磁电压角频率。

定尺绕组感应电动势为

$$e_s = kU_m \sin \frac{2\pi x}{W} \cos \omega t \tag{5-9}$$

式中:W 为绕组节距;x 为励磁绕组与感应绕组的相对位移;k 为电磁耦合系数。

在余弦绕组上加励磁电压

$$u_c = -U_m \cos \omega t \tag{5-10}$$

定尺绕组感应电动势为

$$e_c = kU_m \cos \frac{2\pi x}{W} \sin \omega t \tag{5-11}$$

根据叠加原理,定尺绕组总感应电动势为

$$e = e_s + e_c = kU_m \sin \frac{2\pi x}{W} \cos \omega t + kU_m \cos \frac{2\pi x}{W} \sin \omega t = kU_m \sin(\omega t + \theta_j) \tag{5-12}$$

其中,$\theta_j = 2\pi x/W$ 为感应电动势的相位角,定尺和滑尺的相对位移 x 每经过一个节距 W,θ_j 就变化一个周期 2π。

由此可见,通过鉴别感应电动势相对于励磁电压的相位变化,即可测出定尺和滑尺之间的相对位移 x,且相位角的正负(超前或落后)反映了相对运动的方向。

在实际使用过程中,正弦绕组和余弦绕组励磁电压幅值不一定相等,相位不一定相差 $90°$,因此,存在测量误差。采用相位相差 $90°$ 的方波励磁,通过滤波电路可以得到式(5-12)的结果。

(2) 定尺(或转子)单相励磁滑尺(或定子)双相输出。

假设转子上绕组励磁为

$$u = U_m \cos \omega t$$

定子上正弦绕组和余弦绕组感应电动势分别为

$$\left.\begin{aligned} e_s &= kU_m \sin \omega t \cos \theta_j \\ e_c &= kU_m \sin \omega t \sin \theta_j \end{aligned}\right\}$$

若使 e_c 移相 $90°$,$e_c = kU_m \cos \omega t \sin \theta_j$,则合成感应电动势为

$$e = kU_m \sin(\omega t + \theta_j)$$

与滑尺(或定子)双相励磁时的感应电动势一致。

2) 鉴幅方式

(1) 滑尺(或定子)双相励磁定尺(或转子)单相输出。

在正弦绕组上加励磁电压

$$u_s = U_s \sin \omega t \tag{5-13}$$

定尺绕组感应电动势为

$$e_s = kU_s \sin \frac{2\pi x}{W} \cos \omega t \tag{5-14}$$

在余弦绕组上加励磁电压

$$u_c = -U_c \sin \omega t \tag{5-15}$$

定尺绕组感应电动势为

$$e_c = -kU_c \cos \frac{2\pi x}{W} \cos \omega t \tag{5-16}$$

根据叠加原理,定尺绕组总感应电动势为

$$e = e_s + e_c = k \cos \omega t \left(U_s \sin \frac{2\pi x}{W} - U_c \cos \frac{2\pi x}{W} \right) \tag{5-17}$$

若采用函数变压器,则励磁电压幅值为

$$u_s = U_m \cos\theta_d, \quad u_c = U_m \sin\theta_d \tag{5-18}$$

式(5-18)中的 θ_d 为励磁电压的电相角,则感应电动势为

$$e = kU_m \cos \omega t \left(\cos \theta_d \sin \frac{2\pi x}{W} - \sin\theta_d \cos \frac{2\pi x}{W} \right) = kU_m \cos \omega t \sin(\theta_x - \theta_d) \tag{5-19}$$

其中,$\theta_x = 2\pi x/W$ 为定尺和滑尺间的相对位移角,由式(5-19)可见,通过鉴别感应电动势 e,即可测出定尺和滑尺之间的相对位移 x。

(2) 定尺(或转子)单相励磁滑尺(或定子)双相输出。

假设转子上绕组励磁为

$$u = U_\mathrm{m} \cos \omega t \tag{5-20}$$

定子上正弦绕组和余弦绕组感应电动势分别为

$$\left.\begin{array}{l} e_\mathrm{s} = k U_\mathrm{m} \sin \omega t \, \cos\alpha_\mathrm{d} + \dfrac{\omega_\mathrm{d}}{\omega} \cos \omega t \, \sin\alpha_\mathrm{d} \\[3mm] e_\mathrm{c} = k U_\mathrm{m} \sin \omega t \, \sin\alpha_\mathrm{d} - \dfrac{\omega_\mathrm{d}}{\omega} \cos \omega t \, \cos\alpha_\mathrm{d} \end{array}\right\} \tag{5-21}$$

式中：$\alpha_\mathrm{d} = Nx/2$（x 为机械角度，N 为圆感应同步器的极数）为电角度；ω_d 为角速度。

3）脉冲调宽鉴幅方式

励磁电压除了用正弦波之外，也可以用图 5-18 所示的调宽脉冲波波形。图 5-18(a)中正弦绕组和余弦绕组励磁电压波形的表达式为

$$u_\mathrm{s} = \frac{U_\mathrm{m}}{\pi}\theta_\mathrm{d} + \sum_{n=1}^{SymboleB@} \frac{2U_\mathrm{m}}{n\pi}\sin n\theta_\mathrm{d} \cos n\omega t \tag{5-22}$$

$$u_\mathrm{c} = \frac{U_\mathrm{m}}{\pi}\left(\frac{\pi}{2} - \theta_\mathrm{d}\right) + \sum_{n=1}^{SymboleB@} \frac{2U_\mathrm{m}}{n\pi}\sin n\left(\frac{\pi}{2} - \theta_\mathrm{d}\right)\cos n\omega t \tag{5-23}$$

基波分量为

$$u_\mathrm{s1} = (2U_\mathrm{m}/\pi)\sin\theta_\mathrm{d} \cos \omega t \tag{5-24}$$

$$u_\mathrm{c1} = (2U_\mathrm{m}/\pi)\cos\theta_\mathrm{d} \cos \omega t \tag{5-25}$$

基波分量在定尺上感应的电动势为

$$e = k\frac{2U_\mathrm{m}}{\pi}\sin(\theta_\mathrm{x} - \theta_\mathrm{d})\sin \omega t \tag{5-26}$$

由式(5-24)可见，用调宽脉冲波励磁同样可以得到调幅信号。

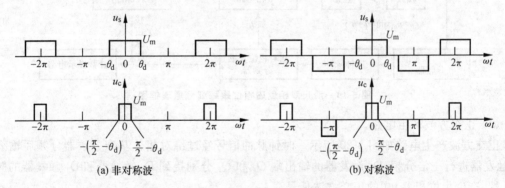

图 5-18　调宽脉冲波波形图

若用图 5-18(b)所示的调宽脉冲波励磁，则基波分量在定尺上感应的电动势为

$$e = k\frac{4U_\mathrm{m}}{\pi}\sin(\theta_\mathrm{x} - \theta_\mathrm{d})\sin \omega t \tag{5-27}$$

对称波励磁，感应的电动势增大，减小了偶次谐波分量，容易通过滤波器得到基波分量。

除了调宽脉冲波励磁外，也可以采用 SPWM 等波形励磁，但励磁与电动势检测电路有所不同。

2. 相位跟踪细分

鉴相型感应同步器可以采用开环直接相位细分和相位跟踪细分两种方式。

由鉴相型两种励磁方式可知，感应电动势都可以转换为 $e = kU_\mathrm{m}\sin(\omega t + \theta_\mathrm{j})$，通过鉴别感

应电动势相对于励磁电压的相位变化,将与相位有关的定尺和滑尺之间的相对位移 x 转换为计数脉冲,实现开环直接相位细分。

1) 滑尺双相励磁相位跟踪细分

滑尺双相励磁相位跟踪细分原理如图 5-19 所示。时钟脉冲通过绝对相位基准分频器和正交方波产生电路后输出相位相差 90°的方波信号,并经过功率放大电路分别加在正弦绕组和余弦绕组上,当定尺和滑尺之间有相对位移 x 时,定尺绕组感应电动势中除了基波外还有高次谐波,通过高通滤波器可以滤掉高次谐波,产生电压 $e = kU_\mathrm{m}\sin(\omega t + \theta_\mathrm{j})$,通过放大和整形电路后变为方波。其位移角 $\theta_\mathrm{j} = 2\pi x/W$ 和相对相位基准分频器产生的数字相角 θ_d 在鉴相器中进行相位比较,当误差信号 $\theta_\mathrm{j} - \theta_\mathrm{d}$ 超过鉴相器门槛时,与时钟脉冲一起输入移位脉冲门产生移相脉冲。在移相脉冲作用下,相对相位基准分频器产生的数字相角 θ_d 发生改变,使 θ_d 跟踪 θ_j 变化,当系统达到平衡时,$\theta_\mathrm{j} = \theta_\mathrm{d}$。移相脉冲同时输入计数显示电路,显示被测量的大小。相位跟踪细分电路中的相对相位基准分频器是相位反馈回路的反馈环节,同时又是细分环节,其分频数为细分数。由图 5-19 可见,感应同步器本身在相位跟踪闭环系统的外面,其非线性等误差无法通过相位跟踪闭环系统消除。

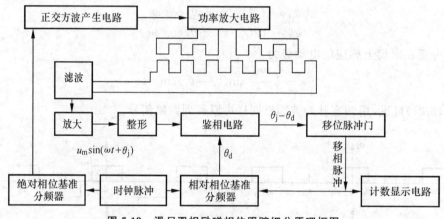

图 5-19　滑尺双相励磁相位跟踪细分原理框图

(1) 正交方波产生电路。

正交方波产生电路如图 5-20 所示。时钟脉冲信号经过绝对相位基准分频器分频后输入到 D_1 触发器进行二倍分频,D_1 触发器的输出端 Q_1 和 $\overline{Q_1}$ 分别接到 D_2 触发器和 D_3 触发器的脉冲输入端,产生相位相差 90°的正交方波信号。

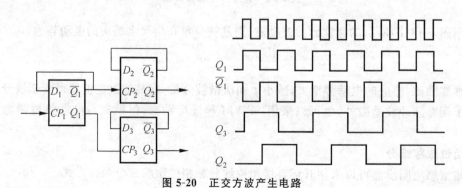

图 5-20　正交方波产生电路

（2）鉴相电路。

鉴相电路的主要功能是鉴别感应同步器输出信号 u_j 的位移角 θ_j 与相对相位基准分频器输出信号 u_d 的电相角 θ_d 之间的相位差及它们的超前滞后关系,输出反映相位差的脉宽信号和运动方向信号。鉴相电路如图 5-21 所示。图 5-22(a)和图 5-22(b)所示分别为感应同步器滑尺相对于定尺正向运动和反向运动时的鉴相电路波形。其中 u_c 为脉冲移相电路输出的信号,为 u_d 的二倍频。当正向运动时,θ_j 超前 θ_d,当 u_c、$\overline{u}_d$、u_j 和 u_j' 为高电平时,与非门 FF$_1$ 输出端 A 为低电平,其他情况下,A 为高电平,因此 A 端输出与 θ_j 和 θ_d 相位差等宽的负脉冲信号;与非门 FF$_2$ 输入信号不满足同时为高电平情况,非门 FF$_2$ 输出端 B 一直为高电平。A 和 B 经过与非门 FF$_3$ 后输出与 θ_j 和 θ_d 相位差等宽的正脉冲信号。与非门 FF$_4$ 和与非门 FF$_5$ 构成基本 RS 触发器,与非门 FF$_4$ 输出端 F 为高电平。当反向运动时,θ_d 超前 θ_j,当 u_d、u_d'、u_c 和 $\overline{u}_j$ 为高电平时,与非门 FF$_2$ 输出端 B 为低电平,其他情况下,B 为高电平,因此 B 端输出与 θ_j 和 θ_d 相位差等宽的负脉冲信号;与非门 FF$_1$ 输入信号不满足同时为高电平情况,非门 FF$_1$ 输出端 A 一直为高电平。A 和 B 经过与非门 FF$_3$ 后输出与 θ_j 和 θ_d 相位差等宽的正脉冲信号。与非门 FF$_4$ 和与非门 FF$_5$ 构成基本 RS 触发器,与非门 FF$_4$ 输出端 F 为低电平。

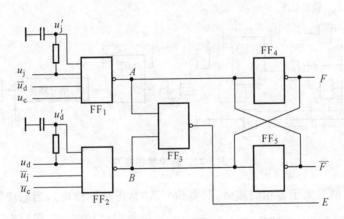

图 5-21　鉴相电路

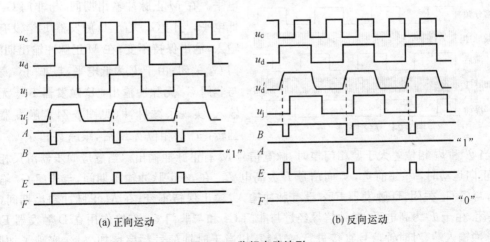

(a) 正向运动　　　　　　　　　　　(b) 反向运动

图 5-22　鉴相电路波形

鉴相电路的输入信号 u_j 和 u_d 通过 RC 延时电路产生 u_j' 和 u_d',上升沿延后发生,因此,当 θ_j 和 θ_d 相位差较小时,由于上升沿延后,与非门 FF$_1$ 和 FF$_2$ 不会出现输入全为高电平的情况,输

出端 M 为低电平,没有反映 θ_j 和 θ_d 相位差的脉宽信号输出。只有当 θ_j 和 θ_d 相位差大到一定程度时,即使 u'_j 和 u'_d 有上升沿延后作用,与非门 FF_1 或 FF_2 输入也会出现同时为高电平的情况,输出端 M 有反映 θ_j 和 θ_d 相位差的脉宽信号输出。此电路为有门槛的鉴相电路,避免了计数脉冲不断跳变、显示不稳定情况。但门槛设得太高,分辨力降低,应根据测量要求合理选择鉴相电路的门槛大小。

(3) 脉冲移相电路。

脉冲移相电路如图 5-23 所示。当 θ_j 和 θ_d 相位差小于鉴相门槛时,脉宽信号 M 一直为低电平,与非门 G_2 输出高电平,与门 G_3 打开,时钟信号作用在 D 触发器 FF_1 的 CP 脉冲输入端,D 触发器 FF_1 对时钟信号进行二分频。由于 M 一直为低电平,或门 G_5 打开;与非门 G_4 输出高电平,与非门 G_6 打开,时钟信号作用在 D 触发器 FF_2 的 CP 脉冲输入端,实现二分频。D 触发器 FF_2 分频后的信号,经过 N_1 倍分频器分频后产生鉴相电路需要的参考信号 u_c, u_c 再经过二分频后输出相对相位基准分频器输出信号 u_d。u_d 的频率等于感应同步器励磁信号和输出信号的频率。

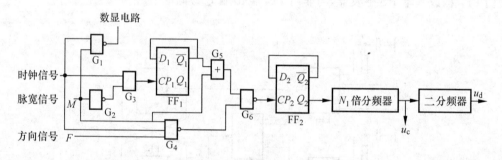

图 5-23　脉冲移相电路

当 θ_j 和 θ_d 相位差大于鉴相门槛时,脉宽信号 M 有正脉冲输出。当感应同步器滑尺相对于定尺反向运动时,θ_j 滞后 θ_d,方向信号 F 为低电平。在 M 正脉冲输出期间,与非门 G_2 输出低电平,与门 G_3 关闭,D 触发器 FF_1 没有脉冲输入,输出保持不变;在 M 正脉冲输出期间,或门 G_5 关闭;由于 F 为低电平,与非门 G_4 关闭,与非门 G_6 无脉冲输出,D 触发器 FF_2 无脉冲输入,实现了减脉冲(见图 5-24),触发器滞后翻转,u_d 的相位 θ_d 滞后,跟踪 θ_j。

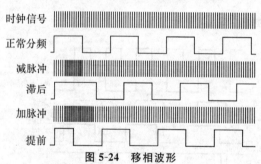

图 5-24　移相波形

当 θ_j 和 θ_d 相位差大于鉴相门槛时,脉宽信号 M 有正脉冲输出。当感应同步器滑尺相对于定尺正向运动时,θ_j 超前 θ_d,方向信号 F 为高电平。在 M 正脉冲输出期间,与非门 G_2 输出低电平,与门 G_3 关闭,D 触发器 FF_1 没有脉冲输入,输出保持不变;在 M 正脉冲输出期间,或门 G_5 关闭,由于 F 为高电平,时钟信号经过与非门 G_4 和与非门 G_6 直接作用在 D 触发器 FF_2 的 CP 脉冲输入端,对时钟信号直接进行二分频,相当于时钟信号频率增加一倍,实现了加脉冲,触发器提前翻转。D 触发器 FF_2 分频后的信号,经过 N_1 倍分频器分频和二分频后输出相对相位基准分频器输出信号 u_d。u_d 的相位 θ_d 前移,跟踪 θ_j。

时钟信号和脉宽信号 M 相与产生加或减的脉冲数,送显示电路进行加或减计数并显示。

（4）跟踪速度。

感应同步器滑尺相对于定尺运动速度不能太快，否则会产生测量误差。

① 静态测量速度。

当感应同步器滑尺相对于定尺反向运动时，θ_j 滞后 θ_d，通过相对相位基准分频器形成 θ_d 时，就可以使 θ_d 跟踪上 θ_j；当感应同步器滑尺相对于定尺正向运动时，θ_j 超前 θ_d，通过相对相位基准分频器形成 θ_d 时，使进入的脉冲频率提高，就可以使 θ_d 相位提前，向 θ_j 靠近，但每次只能跟踪一半的相位差，因此，当移动速度太快时可能使累计相位差超过鉴相器的鉴相范围（$\pi/2$），丢失整个节距，产生失步现象。

假设第 1 个周期产生相位差 $\Delta\theta$，跟踪后剩 $\Delta\theta/2$，第 2 个周期产生相位差 $\Delta\theta$，跟踪后剩（$\Delta\theta + \Delta\theta/2$）/2，最后相位差扩大为

$$\Delta\theta_{\sum} = \Delta\theta + \frac{1}{2}\Delta\theta + \cdots + \frac{1}{2^{k-1}}\Delta\theta \approx 2\Delta\theta \tag{5-28}$$

经过载波信号一个周期，两路信号因为速度 v 产生的相位差为

$$\Delta\theta = 2\pi vT/W = \frac{2\pi v}{(f + v/W)W} = \frac{2\pi v}{fW + v} \tag{5-29}$$

因此

$$v < fW/7 \tag{5-30}$$

若 $f = 5000$，$W = 2$ mm，则 $v < 86$ m/min。

② 动态测量速度。

为使测量速度引起动态误差不超过一个细分脉冲当量，要求在一个载波周期内相位角的变化不超过一个细分脉冲当量，即

$$\frac{v}{f} < \frac{W}{n} \tag{5-31}$$

若 $f = 5000$，$W = 2$ mm，$n = 200$，则 $v < 3$ m/min。

由以上结果可知，当滑尺移动速度较快时，会产生动态测量误差，当滑尺移动速度太快时，会丢失整个节距，产生失步现象，造成静态测量误差。

2）定尺（或转子）单相励磁鉴相细分

下面介绍由旋转变压器/数字转换器（RDC）芯片 AD2S90 和专为 RDC 提供励磁信号源 AD2S99 芯片组成的单相励磁鉴相细分电路。图 5-25 所示为单相励磁鉴相细分原理框图，图 5-26 所示为励磁和细分电路。

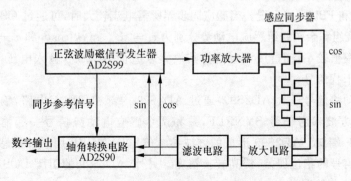

图 5-25　单相励磁鉴相细分原理框图

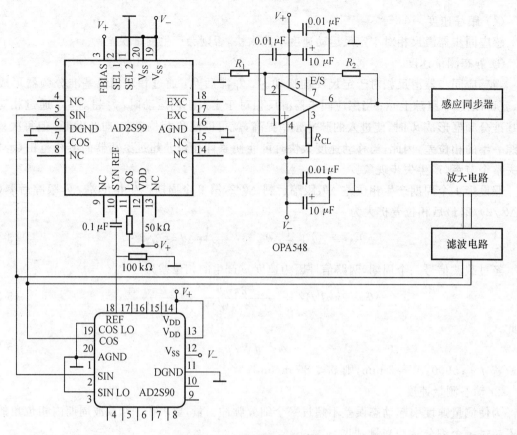

图 5-26　励磁和细分电路

AD2S90 是 AD 公司生产的能以鉴相的方式对感应同步器的输出信号进行数字变换的专用集成电路。以 AD2S90 芯片为核心的感应同步器数字转换电路具有体积小、功耗小、结构简单、可靠性高等优点，同时具有串行数据和增量编码器数据两种输出模式。AD2S99 是程控励磁信号源，信号频率有 2 kHz、5 kHz、10 kHz 和 20 kHz 共 4 种选择。它不仅为感应同步器提供正弦波励磁信号，而且为 AD2S90 提供同步基准电压信号，具有信号相位补偿和信号丢失检测等优点，省去了移相电路。

AD2S99 通过输出端 EXC 和 /$\overline{\text{EXC}}$（EXC 和 $\overline{\text{EXC}}$ 为两路 ±2 Vrms、8 mA 的正弦信号，且相位相差 180°）为感应同步器的励磁绕组提供励磁信号，励磁信号的工作频率可以通过 AD2S99 的引脚 SEL1、SEL2 和 FBIAS 来设置。当感应同步器所需电流较大时，可通过 OPA548 等功率放大器来驱动。正弦绕组和余弦绕组感应电动势分别为 $e_s = kU_m \sin \omega t \cos \theta_i$ 和 $e_c = kU_m \sin \omega t \sin \theta_i$，感应电动势信号幅值较小，通过放大电路将其放大以适合 AD2S90 输入电压范围要求，并通过带通滤波器滤掉干扰信号。

两个感应电动势信号送入 AD2S99，通过 AD2S99 内部相位跟踪电路，输出与感应电动势相位保持一致的方波参考信号 SYNREF，并和两个感应电动势信号一起输入到 AD2S90 的 SIN、CON 和 REF 端口。AD2S99 形成的方波参考信号 SYNREF 用于补偿感应同步器励磁信号到感应电动势信号的相位偏差，提高转换精度。另外，AD2S99 的引脚 LOS 用于指示 SIN 和 COS 信号缺失的检测情况。

如图 5-27 所示，AD2S90 内部功能模块主要是由乘法器、鉴相器、压控振荡器和加减计数器形成的闭环反馈系统。当感应同步器两个绕组的感应电动势输出信号分别送到 AD2S90 的 SIN 和 CON 输入引脚后,经过其内部运放再送至乘法器中,内部加减计数器输出的数字角度 ϕ 也被送入乘法器,则经乘法运算和减法运算便得到误差输出信号 $E\sin \omega t \, \sin(\theta_j - \phi)$,加减计数器形成的 ϕ 跟踪位移角 θ_j 的变化,当闭环反馈系统达到稳定状态时,$\theta_j = \phi$,此时增减计数器输出的数字角度 ϕ 就是转子(或滑尺)的位移角度 θ_j。AD2S90 芯片将 θ_j 转换成数字信号,具有串行数字输出方式和增量编码器输出方式,芯片还可提供滑尺位移速度的脉冲信号、直流电压信号和位移的方向信号,并分别由 CLKOUT、VEL 和 DIR 端口输出。

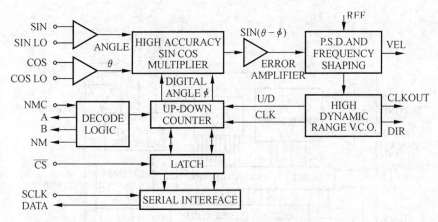

图 5-27　AD2S90 内部功能模块

3. 幅值跟踪细分

1）滑尺双相励磁幅值跟踪细分

滑尺双相励磁幅值跟踪细分典型原理如图 5-28 所示。正弦波振荡器输出的正弦波信号经过函数变压器转换为正弦绕组和余弦组励磁信号分别为 $u_c = U_m \cos\theta_d \sin \omega t$ 和 $u_c = U_m \sin\theta_d \sin \omega t$,通过阻抗匹配电路分别加到正弦绕组和余弦绕组上,定尺绕组感应电动势为 $e = k_u u_m \sin(\theta_j - \theta_d)\cos \omega t$,为调幅信号,其中,$\theta_j = 2\pi x/W$ 为定尺和滑尺之间的相对位移角,θ_d 为函数变压器的电相角。通过鉴别感应电动势 e,即可测出定尺和滑尺之间的相对位移 x。

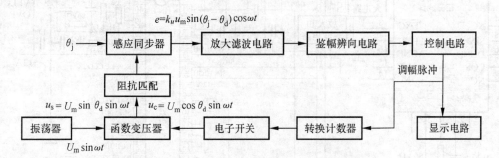

图 5-28　滑尺双相励磁幅值跟踪细分典型原理

当滑尺与定尺间有相对运动时,$\theta_j = 2\pi x/W$ 发生变化,引起感应电动势 e 的改变,当 e 放大以后的信号超过鉴幅电路门槛时,控制电路产生调幅脉冲,转换计数器进行加减计数,并通过电子开关改变函数变压器的电相角 θ_d,使 θ_d 跟踪 θ_j 的变化,当闭环系统达到稳态时,误差电压 $e = 0$,$\theta_d = \theta_d$。控制电路产生调幅脉冲同时进入显示电路,改变显示值。

图 5-28 所示电路中,需要用到笨重的函数变压器,而且其他电路也比较复杂,实际使用不太方便。

2) 定尺(或转子)单相励磁滑尺(或定子)双相输出

下面介绍由旋转变压器/数字转换器(RDC)芯片 AD2S80A 和专为 RDC 提供励磁信号源 AD2S99 芯片组成的单相励磁鉴幅细分电路。图 5-29 所示为 AD2S80A 内部功能模块,图 5-30 所示为单相励磁鉴幅细分电路。

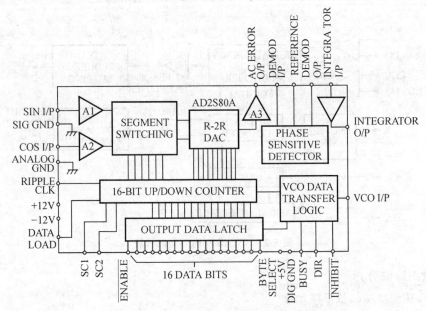

图 5-29 AD2S80A 内部功能模块

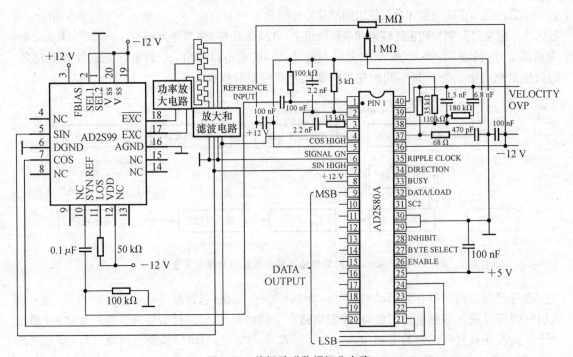

图 5-30 单相励磁鉴幅细分电路

AD2S80A 是美国 AD 公司生产的输出分辨力可变(10,12,14,16)、跟踪速度快的幅值跟踪型轴角转换器。用户可以根据需要通过改变外围元件选择分辨力和动态性能。AD2S80A 将感应同步器两个绕组的感应电动势输出信号转化为并行二进制数字。芯片还可提供与速度成比例的模拟输出信号。

AD2S99 通过输出端 EXC 和 $\overline{\text{EXC}}$ 为感应同步器的励磁绕组提供励磁信号,励磁信号的工作频率可以通过 AD2S99 的引脚 SEL1、SEL2 和 FBIAS 来设置。当感应同步器所需电流较大时,需要采用功率放大器来驱动。正弦绕组和余弦绕组感应电动势分别为 $e_s = kU_m \sin \omega t \cos \theta_j$ 和 $e_c = kU_m \sin \omega t \sin \theta_j$,感应电动势信号幅值较小,通过放大电路将其放大以适合 AD2S80A 输入电压范围要求,并通过带通滤波器滤掉干扰信号。

两个感应电动势信号送入 AD2S99,通过 AD2S99 内部相位跟踪电路,输出与感应电动势相位保持一致的方波参考信号 SYNREF,并和两个感应电动势信号一起输入到 AD2S80A 的 SIN、CON 和 REFRENCE 端口。AD2S99 形成的方波参考信号 SYNREF 用于补偿感应同步器励磁信号到感应电动势信号的相位偏差,提高转换精度。另外,AD2S99 的引脚 LOS 用于指示 SIN 和 COS 信号缺失的检测情况。

AD2S80A 内部功能模块主要是由比例乘法器、鉴敏检波器、压控振荡器、积分器和加减计数器等形成的幅值跟踪反馈系统。当感应同步器两个绕组的感应电动势输出信号分别送到 AD2S80A 的 SIN 和 CON 输入引脚后,送至比例乘法器中,内部加减计数器输出的数字角度 ϕ 也被送入比例乘法器,则经乘法运算和减法运算便得到误差输出信号 $E \sin \omega t \sin(\theta_j - \phi)$。比例乘法器的作用相当于函数变压器的作用。当闭环系统达到稳态时,误差输出信号等于 0,$\theta_j = \phi$。误差电压门槛的大小与 AD2S80A 设置的分辨力有关。AD2S80A 芯片将 θ_j 转换成并行数字信号输出。

感应同步器移动速度取决于器件多长时间作一次补偿及每一次补偿量大小,补偿量大,分辨力低,但允许速度快,补偿量小,分辨力高,但允许速度慢。

4. 频率跟踪细分(锁相倍频细分)

图 5-31 所示为频率跟踪细分(锁相倍频细分)原理框图。在基本锁相环路基础上,在反馈回路上增加了 n 分频器。当锁相环路处于锁定状态时,鉴相器两个输入信号的频率相等,即 $f_i = f_o/n$,因此输出信号频率为输入信号频率的 n 倍,实现了 n 倍细分。

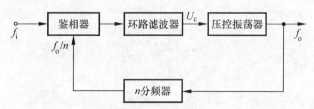

图 5-31　频率跟踪细分(锁相倍频细分)原理框图

频率跟踪细分电路结构简单、细分倍数高、对信号失真度无严格要求,但要求输入信号频率稳定,而且不能辨向,主要用于电气信号倍频和回转部件的角度、传动比等的测量。

思考题与习题

5-1　细分电路的作用和主要指标是什么?

5-2　直传式细分电路和跟踪细分电路的优缺点各是什么?

5-3　设计图 5-3 所示位置的直接细分与辨向电路,画出电路接线图。

5-4　设计电阻链二倍频细分电路,要求:计算出电阻值,画出电路接线图。

5-5　简述感应同步器的类型与工作方式,并比较各种方式的优缺点。

5-6　图 5-21 中鉴相电路的作用是什么? 应如何选取 R、C 的大小。

5-7　查阅芯片 AD2S90 使用手册,说明图 5-25 所示单相励磁鉴相细分原理和细分速度。

5-8　查阅芯片 AD2S80A 使用手册,说明其外围器件选取原理。

第 6 章 控制输出电路

随着微电子技术和数字控制技术的发展,数字式微处理器作为控制系统的核心应用越来越广,但其控制引脚输出大多为 TTL 或 CMOS 电平,电压低,电流小,一般情况下不能直接驱动大功率外设和高压或超高压执行部件,必须经过专门的接口电路转换后才能用于驱动这些设备的开启或关闭。另一方面,许多大功率设备,如交流电机等感性负载在开关过程中会产生很强的电磁干扰,若不采用必要的接口处理,极易造成微处理器产生误动作或损毁。为了驱动功率管、电磁阀和继电器、接触器、电动机等被控制设备的执行元件,控制输出驱动电路必不可少。

对被控设备的驱动一般有两种方式:模拟量输出驱动和数字量(开关量)输出驱动。

模拟量输出驱动电路结构复杂,输出因控制对象的不同而千差万别,通用性很差,而且由于受模拟器件的漂移等影响,很难达到较高的控制精度。数字量输出驱动方式由于采用数字电路和计算机技术,对时间的控制可以达到很高精度,已逐步取代了传统的模拟量输出驱动方式,成为测控系统驱动的主流方式。本章将针对数字量驱动应用,讨论一些常用的数字量控制输出电路。

6.1 功率开关驱动电路

在测控系统中,经常要对开关量进行控制,如电动机的"转"与"停",电灯的"亮"与"灭",阀门的"开"与"关"等,这类控制电路称为开关量控制电路。开关元件一般都是由各种功率器件组成的。常用的功率开关有晶体管、场效应管、晶闸管及一些新型电力电子器件,如电力晶体管(GTR)、可关断晶闸管(GTO)和电力场效应管(MOSFET)等。其中晶体管、场效应管主要用于直流负载驱动电路中,而晶闸管主要用于交流负载驱动电路中。

功率开关驱动电路通常有以下几种分类方法。

(1) 按照电路中采用的功率器件类型可分为晶体管驱动电路、场效应管驱动电路和晶闸管驱动电路等。

(2) 按照电路所驱动的负载类型可分为电阻性负载驱动电路和电感性负载驱动电路。

(3) 按照电路控制的负载电源类型可分为直流电源负载驱动电路和交流电源负载驱动电路。

1.直流电源负载功率驱动电路

1) 晶体管直流负载功率驱动电路

晶体管属于电流控制型器件。它有三种工作状态,即截止、放大和饱和状态。当电压 U_{be} 小于导通电压时,晶体管处于截止状态,此时 I_b 很小,$I_c \approx 0$;当电压 U_{be} 超过导通电压时,晶体管处于饱和状态,此时 I_b 较大,并有 $I_c \approx \beta I_b$(β 为晶体管的电流放大系数);当电压 U_{be} 处于两者之间时,晶体管处于放大状态。从 c、e 两端看,当晶体管交替工作于截止状态和饱和状态时,晶体管类似于一个开关,但与普通的开关不同之处在于:它可以通过控制 b、e 间的电压和电流来实现开与关。所以,晶体管是一个可控的电子开关。它作为电子开关要求其交替工作在截止状态和饱和状态,因此,要求 U_{be} 或 I_b 的幅值变化大,而且变化快。

如果负载所需的电流不太大,可采用晶体管作为功率开关。图 6-1 所示为晶体管直流负载驱动电路。这里的负载用 Z_L 而非 R_L 表示,是强调该负载既可以是阻性负载,也可以是电抗性负载。当控制信号 U_i 为低电平时,I_b 较小,晶体管 VT 截止,负载 Z_L 中电流 $I_L=0$;当控制信号 U_i 为高电平时,I_b 较大,晶体管 VT 导通(工作于饱和区),负载 Z_L 中电流 $I_L=(E_c-U_{cc})/Z_L$,U_{cc} 为晶体管 VT 集电极与发射极间的饱和电压降。

图 6-1 中 VD 是续流二极管,对晶体管起保护作用。当驱动感性负载时,在晶体管关断瞬间,感性负载所存储的能量可通过 VD 的续流作用而泄放,使晶体管避免被反向击穿。

这种电路的设计要点是合理确定 U_i、R 与 VD 的电流放大系数 β 之间的数值关系,充分满足 $I_b>I_L/\beta$,可确保 VD 导通时工作于饱和区,以降低 VD 的导通电阻及减小功耗。这种由一支晶体管组成的功率驱动电路可满足负载电流 $I_L<500$ mA 电器的需要,通常情况下可采用 3DG102 或 T8050 等晶体管组成这种电路。

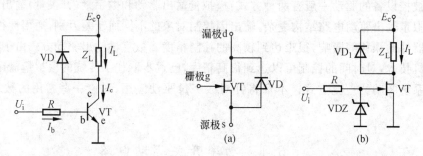

图 6-1　晶体管直流负载驱动电路　　　图 6-2　场效应晶体管功率驱动电路

2) 场效应晶体管直流负载功率驱动电路

用于功率驱动电路的场效应管称为功率场效应晶体管。由于功率场效应管是电压控制器件,具有很高的输入阻抗。所以,所需的驱动功率很小,对驱动电路要求较低。此外,功率场效应晶体管具有较高的开启阀值电压,有较高的噪声容限和抗干扰能力。

实际应用的场效应管大多数为绝缘栅型场效应晶体管,亦称 MOS 场效应管。功率场效应管在制造中多采用 V 沟槽工艺,简称 VMOS 场效应管。其改进型则称为 TMOS 场效应管。

图 6-2(a)所示为 VMOS 场效应晶体管引出电极的内部关系简图,其中二极管 VD 是在制造过程中形成的。与普通场效应晶体管不同,如果在使用过程中将漏极 d 与源极 s 接反,会导致性能丧失或损坏。

图 6-2(b)所示为典型的功率场效应管直流负载功率驱动电路。当控制信号 U_i 小于开启电压 U_{gs} 时,VT 截止,直流负载 Z_L 中的电流 $I_L=0$;当控制信号 U_i 大于开启电压 U_{gs} 时,VT 导通,直流负载 Z_L 中的电流 $I_L=E_c/(Z_L+R_{ds})$,式中 R_{ds} 为 VT 的漏极 d 与源极 s 间的导通电阻。电路中稳压二极管 VDZ 用来对输入控制电压箝位,对功率场效应管实施保护。VD 仍是起续流作用的二极管。

常用的功率场效应晶体管有 IRF250、IRF350 和 IRF640 等。

3) 复合管直流负载功率驱动电路

复合管直流负载功率驱动电路可采用类似于晶体管直流负载功率驱动或场效应管直流负载功率驱动电路,如图 6-3 所示。其工作原理与晶体管直流负载功率驱动电路类似,在此不再重复。

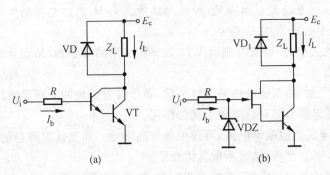

图 6-3 复合管直流负载功率驱动电路

当所需的负载电流 I_L 较大时,由于单个晶体管的 β 有限,输入控制信号电流 I_b 必须很大,以确保 VT 导通时工作于饱和区。为了减小对控制信号电流强度的要求,可采用达林顿器件(也称复合管)构成功率驱动电路。

采用达林顿器件可对 0.5～15 A 负载进行功率驱动。常用的器件有 2S6039、BD651 和 S15001 等。

2. 交流电源负载功率驱动电路

1) 晶闸管交流负载功率驱动电路

各种交流负载功率驱动电路通常采用晶闸管构成。图 6-4 所示为交流半波导通功率驱动电路。其中 VT_2 是单结晶体管,负载 Z_L 与晶闸管 VT_3 串联后接于交流电源 $\tilde{u}$ 上。当控制信号 U_i 为高电平时,晶闸管 VT_3 导通,负载 Z_L 中有半波交流电流 I_L 通过;当控制信号 U_i 为低电平时,晶闸管 VT_3 截止,负载 Z_L 中电流 $I_L=0$。

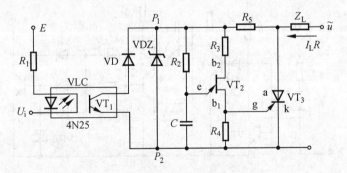

图 6-4 交流半波导通功率驱动电路

当控制信号 U_i 为高电平时,光电耦合器 VLC 中的二极管不发光,光敏三极管 VT_1 截止,P_1 与 P_2 间电位差取决于稳压管 VDZ 的稳定电压,而与 VD 回路无关。在 $\tilde{u}$ 的正半周,P_1 与 P_2 间的电压使电容 C 上的电位逐渐增加到足够高,导致单结晶体管 VT_2 的射极 e 与第一基极 b_1 间突然导通。e 与 b_1 的导通一方面提供正向触发脉冲使晶闸管 VT_3 导通,另一方面使电容 C 上的电位迅速降低为 0。此后晶闸管的导通状态一直延续到 $\tilde{u}$ 的正半周基本结束。这时因 $\tilde{u}$ 接近零而使晶闸管 VT_3 中的电流由于其维持电流即 $I_L>I_H$,晶闸管 VT_3 进入截止状态。在 $\tilde{u}$ 的负半周,因晶闸管的 a、k 电极间为反向电压,不满足导通条件,使晶闸管 VT_3 仍处于截止状态,直至 $\tilde{u}$ 的下一个正半周,晶闸管 VT_3 再触发导通。

如果控制信号 U_i 为低电平,光电耦合器 VLC 中发光二极管导通发光,使得光敏三极管

VT$_1$ 导通，P_1 与 P_2 间电位差显著降低，单结晶体管 VT$_2$ 无法建立使晶闸管 VT$_3$ 导通的触发电平，因而负载 Z_L 中电流 I_L 始终为 0。

调整 C 和 R_2 的大小，可改变晶闸管 VT$_3$ 在 $\bar{u}$ 正半周的导通角，从而达到改变负载 Z_L 中平均电流大小的目的。

实际应用中应注意，如果驱动的是感性负载，必须设置合理的关断泄流回路，一方面可保护开关器件，另外也可起到消除对外电磁干扰的作用。

对于交流全波导通负载驱动电路，可采用双向晶闸管。其工作原理与前述半波导通驱动电路基本类似，但结构要复杂些，这里不做具体介绍。

常用的单向晶闸管有 3CT1、3CT5 和 3CT20 等，双向晶闸管有 BTA 06、BTA 08 和 BTA 12 等。

2）自关断器件交流负载功率驱动电路

继晶闸管之后出现了电力晶体管、可关断晶闸管、电力场效应晶体管等电力电子器件。这些器件通过对基极（门极、栅极）的控制，既可使其导通，又可使其关断，属于全控型器件。因为这些器件具有自关断能力，通常称为自关断器件。与晶闸管电路相比，采用自关断器件的电路结构简单，控制灵活方便。下面对 GTR、GTO 和 MOSFET 晶闸管驱动电路分别进行介绍。

（1）电力晶体管交流负载功率驱动电路。

电力晶体管（GTR）是由电子和空穴两种载流子的运动形成电流的，故又称为双极型电力晶体管。在各种自关断器件中，电力晶体管的应用最为广泛。在数百千瓦以下的低压交流负载功率驱动电路中，使用最多的就是电力晶体管。

电力晶体管的驱动电路种类繁多，复杂程度各异，性能也有所不同。图 6-5 所示的例子说明了驱动电路如何实现所要求的性能。

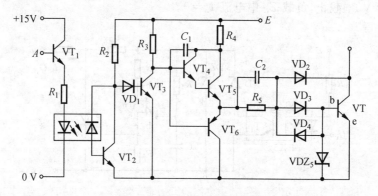

图 6-5　基极（恒流）驱动电路

先分析该驱动电路的基本工作原理。当控制电路信号输入端 A 为高电平时，VT$_1$ 导通。光耦合器的发光二极管流过电流，使光敏二极管反向电流流过 VT$_2$ 基极，使 VT$_2$ 导通，VT$_3$ 截止，VT$_4$ 和 VT$_5$ 导通，VT$_6$ 截止。VT$_5$ 的发射极电流流过 R_5、VD$_3$、驱动电力晶体管 VT，使其导通，同时给电容 C_2 充上电压。当 A 点由高电平变为低电平时，VT$_1$ 截止，光电耦合器中发光二极管和光敏晶体管电流均为零，VT$_2$ 截止，VT$_3$ 导通，VT$_4$ 和 VT$_5$ 截止，VT$_6$ 导通。C_2 上所充电压通过 VT$_6$ 和 VT 的 e、b，VD$_4$ 放电，使 VT 截止。

下面对该驱动电路的一些细节再作进一步的分析。

① 加速电容电路。

当 VT$_5$ 刚导通时，电源 E 通过 R_4、VT$_5$、C_2、VD$_3$ 驱动 VT，使 R_5 被 C_2 短路。这样就可实

现驱动电流的过冲,并增加前沿陡度,加快开通。过冲电流幅值可达到额定基极电流的 2 倍以上。C_2 称为加速电容。驱动电流的稳态值由电源电压 E 及 R_4、R_5 决定,(R_4+R_5) 的阻值应保证提供足够大的基极电流,使得负载电流最大时电力晶体管仍能饱和导通。

② 抗饱和电路。

图 6-5 中的钳位二极管 VD_2 和电位补偿二极管 VD_3 构成抗饱和电路,使电力晶体管导通时处于临界饱和状态。当负载较轻时,若 VT_5 的发射极电流全部注入 VT,会使 VT 过饱和,关断时退饱和时间延长。有了抗饱和电路后,当 VT 过饱和使得集电极电位低于基极电位时,VD_2 就会自动导通,使多余的驱动电流注入集电极,维持 $U_{bc} \approx 0$。这样,就使得 VT 导通时始终处于临界饱和。二极管 VD_2 也称为贝克钳位二极管。

由于流过钳位二极管的电流是没有意义的损耗,为了减小这一损耗,图 6-6 中对上面的抗饱和电路进行了改进,把 VD_2 加到前级驱动管 VT_5 的基极,同时省去电位补偿二极管 VD_3,而用 VT_5 的发射结代替 VD_3。

不管是上述哪一种抗饱和电路,钳位二极管的一端都接在主电路电力晶体管的集电极,因而可能承受高电压,所以其耐压等级应与电力晶体管相当。除光耦合器外,驱动电路都可选用耐压等级较低的其他元件。

③ 截止反偏驱动电路。

截止反偏驱动电路由图 6-5 中的 C_2、VT_6、VDZ、VD_4 和 R_5 构成。VT 导通时 C_2 所充电压由 E 和 R_4、R_5 决定。VT_5 截止、VT_6 导通时,C_2 先通过 VT_6、VT 的发射结和 VD_4 放电,使 VT 截止后,稳压管 VDZ 取代 VT 的发射结使 C_2 连续放电,VDZ 上的电压使 VT 基极反偏。另外,C_2 还通过 R_5 放电。可以看出,C_2 除起到前面所说的加速电容的作用外,还在截止反偏驱动电路中起到储能的作用。

上述截止反偏电路应用电容储能而未用专门的负电源。有不少驱动电路采用正、负两组电源 E_1 和 E_2,其示意如图 6-7 所示。正电源提供正向驱动电流,负电源提供关断时的负驱动电流和反偏电压。

图 6-5 所示的驱动电路所能提供的最大驱动电流是恒定的,不随集电极电流变化而发生变化,被称为恒流驱动电路。功率较大的装置采用如图 6-8 所示的比例驱动电路。与负载电流(即集电极电流)成正比例的驱动电流由驱动变压器 B 反馈给基极,B 的绕组 W_1 和 W_2 成为电流互感器工作状态。如 $W_1/W_2 = \beta$,则可使电力晶体管工作在临界饱和状态。但实际上 β 不是固定值,应使 W_1/W_2 的比值与 β 的最小值相等。这样,当 β 增大时,略呈过饱和状态。

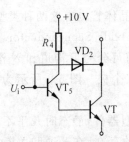

图 6-6　改进的抗饱和电路

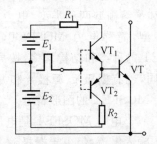

图 6-7　采用两组电源的驱动电路

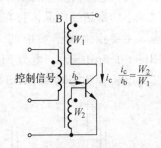

图 6-8　比例驱动电路

驱动电路直接与主电路电力晶体管的基极和发射极相连,它们的电位也随主电路各电力晶体管通断的变化而浮动。因此,对于图 6-5 和图 6-7 所示的驱动电路,每个电力晶体管都应有一套单独的直流电源供电。这些直流电源中除对光敏三极管采取简单的稳压措施外,其他晶体管的直流电源由整流桥滤波后即可。

前面讲述的驱动电路都是由分立元件组成的,使用元件多,稳定性较差。为此,国外已经推出了功能很强的大规模集成驱动电路。如法国汤姆逊(THOMSON)半导体公司推出的UAA4002、UAA4003 和 UAA4004 等几种最优基极驱动电路。其特点是:集成度高,保护功能多,稳定性好和使用方便。

(2)可关断晶闸管交流负载功率驱动电路。

可关断晶闸管是门极可关断晶闸管的简称,常写作 GTO(Gate Turn Off Thyristor)。GTO 是晶闸管的派生器件,是晶闸管家族中的一员,但 GTO 可以通过在门极施加负的电流脉冲使其关断,因而属于全控型器件。GTO 的电压、电流容量比电力晶体管大得多,与晶闸管接近。

GTO 与普通晶闸管一样,是 PNPN 4 层半导体结构,外部也引出阳极、阴极和门极。但与普通晶闸管不同的是,GTO 是一种多元的功率集成器件,虽然外部同样引出三个极,但内部则包含数十个以至数百个共阳极的小 GTO 元,这些小 GTO 元的阴极和门极都在器件内部并联在一起。这种特殊的结构是为了便于实现门极控制关断而设计的。

GTO 对驱动电路要求较严。门极控制不当,会使 GTO 在远不及额定电压、电流的情况下损坏。GTO 门极驱动电路的类型较多,从是否通过脉冲变压器输出来看,可分为间接驱动和直接驱动,两者各有利弊。

间接驱动是驱动电路通过脉冲变压器与 GTO 门极相连,这样,脉冲变压器可起到主电路与控制电路的隔离作用。另外,GTO 门极驱动电流很大而电压很小时,利用脉冲变压器匝数比的配合可使驱动电路脉冲输出功率器件的电流大幅度减小。但是,因为脉冲变压器有一定漏感,使输出脉冲陡度受到限制。另外,其寄生电感和电容容易使门极脉冲前、后出现振荡,对GTO 的导通和关断不利。

直接驱动不用输出脉冲变压器,门极驱动电路直接与 GTO 相连。因为没有脉冲变压器的漏感,其脉冲前沿陡度好,也可以避免脉冲变压器引起的寄生振荡。但由于门极驱动电路直接与 GTO 相连,控制电路、门极驱动电路及各门极驱动电路间都要采取电气隔离措施,如采用变压器或光耦合器进行隔离。同时,各门极驱动电路所用的直流电源也要隔离。直接驱动的另一个缺点是脉冲功率放大器电流较大,而且由于其负载是低阻抗的 GTO 门极 PN 结,故脉冲功率放大器很难饱和,功耗大,效率低。

具体的 GTO 门极驱动电路与晶闸管驱动电路类似,但需加门极关断环节。

(3)电力场效应晶体管(MOSFET)交流负载功率驱动电路。

小功率场效应晶体管有结型和绝缘栅型两种类型,电力场效应晶体管也有这两种类型,但通常主要指绝缘栅型中的 MOS 型,简称电力 MOSFET(Metal Oxide Semiconductor Field Effect Transistor)。电力 MOSFET 的种类和结构繁多,按导电沟道可分为 P 沟道和 N 沟道,其导电机理和小功率 MOS 管相同,也有栅极 g、源极 s 和漏极 d 三个极。图 6-9 所示为电力MOSFET 的图形符号。

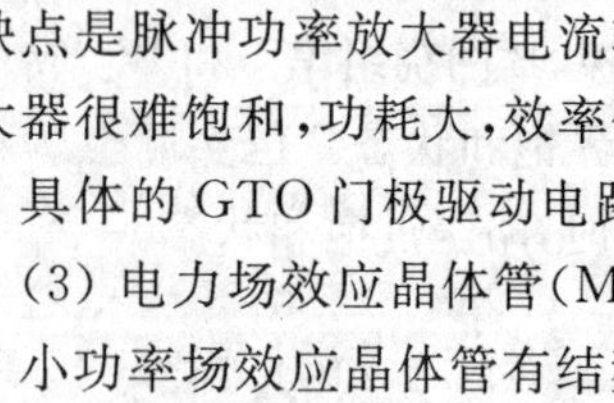

电力 MOSFET 是电压控制型器件,静态时几乎不需要输入电流,但由于栅极输入电容的存在,在开通和关断瞬间仍需要一定的驱动电流来给输入电容充放电。功率较大的电力 MOSFET 一般输入电容较大,因而需要的驱动功率也较大。

(a) N沟道　　(b) P沟道

图 6-9　电力 MOSFET 的符号表示

　　TTL 电路可以直接驱动电力 MOSFET,但其输出电平较低,输出阻抗较大,故经常需加一级互补射极跟随电路,以提高驱动电压,减小信号源内阻,如图 6-10 所示。这种电路可以驱动功率较大的电力 MOSFET。

　　图 6-10(a)所示为用晶体管作为互补输出电路。虽然晶体管流过的电流平均值不大,但为保证在脉冲电流峰值下仍有足够大的 β 值,应选用集电极电流较大的晶体管。图中 MOSFET 栅极和源极之间所接的电阻是为了给输入电容提供放电回路,避免静电干扰使栅极电压过高而误导通或损坏。

　　图 6-10(b)所示为 N 沟道和 P 沟道场效应管组成的互补输出电路。因其跨导不随漏极电流的增大而减小,故可以选用漏极电流较小的场效应管。

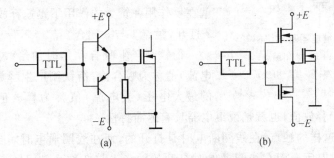

图 6-10 电力 MOSFET 栅极驱动电路

　　CMOS 电路也可以直接驱动功率较小的电力 MOSFET,但其输出电流较小,通常也增加一级互补射极跟随电路来使用。

　　与 GTR、GTO 的驱动电路一样,电力 MOSFET 驱动电路也有电气隔离问题,通常所用的器件仍是光耦合器或变压器。

6.2　继　电　器

　　在电气控制领域,凡是需要逻辑控制的场合几乎都需要使用继电器。继电器是一种在输入物理量(如电流、电压、转速、时间、温度等)变化作用下,将电量或非电量信号转化为电磁力(有触头式)或使输出状态发生阶跃变化(无触头式),从而通过触头或突变量促使在同一电路或另一电路中的其他器件或装置动作的一种控制元件。根据输入物理量的不同,可以构造不同功能的继电器,以用于各种控制电路中进行信号传递、转换、连锁等,从而控制电路中的器件或设备按预定的动作程序进行工作,实现自动控制与保护的目的。

　　继电器按动作原理可分为电磁式继电器、磁电式继电器、电动式继电器、感应式继电器、光电式继电器、压电式继电器、热(温度)继电器、时间继电器等,其中时间继电器又可以分为电磁式、机械阻尼式、电子式和电动机式等;按照激励量的不同,可分为直流继电器、交流继电器、电流继电器、电压继电器、中间继电器、时间继电器、温度继电器、压力继电器、脉冲继电器等;按照结构特点分,有舌簧继电器、电子式继电器、接触器式继电器、固体继电器、智能化继电器、可编程序控制继电器等;按输出触头容量分,有大、中、小和微功率继电器;按动作功率分,可分为通用、灵敏和高灵敏继电器。其中以电磁式继电器种类最多,应用也最广。

　　随着科学技术的快速发展,继电器的应用也越来越广,新结构、新用途、高性能和高可靠性的新型继电器不断出现。限于篇幅,本节简要介绍几种常用继电器的基本结构和原理。

1. 电流继电器和电压继电器

电流继电器和电压继电器属于常用的电磁继电器之一。其基本结构和工作原理如图 6-11

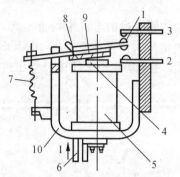

图 6-11　电磁继电器基本结构
1、2—常开触点；1、3—常闭触点；
4—铁芯；5—线圈；6—线圈引线；
7—弹簧；8—非磁性垫片；9—衔铁；10—铁轭

所示,继电器由触点、线圈、磁路系统(包括铁芯、衔铁、铁轭、非磁性垫片)及反作用弹簧等组成。当在线圈中通入一定数值的电流或施加一定电压时,根据电磁铁的作用原理,可使装在铁轭上的可动衔铁吸合,进而带动附属机构使活动触点 1 与固定触点 2 接通,与固定触点 3 断开。利用触点的这种闭合或打开,就可以对电路进行通断控制。当线圈断电时,由于电磁力消失,衔铁就在反作用弹簧力的作用下迅速释放,因而使触点 1 与 2 打开,触点 1 与 3 闭合。

衔铁刚产生吸合动作时加给线圈的最小电压(或电流)值称为吸合值;衔铁刚产生释放动作时加给线圈的最大电压(或电流)值称为释放值。欲使继电器动作,吸合值总是大于释放值,也就是说继电器具有迟滞特性。

上述像 1 与 2 这样的触点,在线圈断电时是打开的,而在线圈通电时闭合,称为常开触点;相反地,在线圈断电时闭合而在线圈通电时打开的触点 1 与 3 称为常闭触点。图 6-11 所示的继电器是具有一对使常开(1 与 2)、常闭(1 与 3)同时进行切换的触点,通常称为切换式触点。根据不同需要,继电器的触点可有不同的数目和形式(常开、常闭、切换式)。

为了确保这种继电器能够快速动作,继电器的磁路系统是由剩磁很小的软磁性材料制成的。即便如此,当线圈断电后,很小的剩磁也可能将衔铁维持在吸合状态。为了克服这种现象,可在铁芯与衔铁之间加装非磁性垫片,借此保留必要的气隙,以进一步削弱剩磁。

电流继电器和电压继电器是按作用子线圈的激励电流的性质来区分的。如果继电器是按照通入线圈电流的大小而动作的,就是电流继电器。由于电流继电器是串联在负载中使用的,因此其线圈匝数较少,内阻很低。电流继电器又可分为过电流继电器和欠电流继电器两种。过电流继电器通常用来保护设备,使之不因线路中电流过大而遭受损坏。因为在电流相当大时,过电流继电器的线圈就产生足够的磁力,吸引衔铁动作,利用其触点去控制电路切断电源,欠电流继电器是在电流小到某一限度时动作的,可用来保护负载电路中电流不低于某一最小值,以达到保护的目的。

如果继电器是按照施加到线圈上的电压大小来动作的,就是电压继电器。电压继电器是与负载电路并联工作的,所以线圈匝数较多,阻抗较高。如同上述,根据作用不同,电压继电器也可分为过电压继电器和欠电压继电器两种。

此外,根据线圈工作电流或电压的种类不同,不论是电流继电器还是电压继电器均有直流与交流之分。交流继电器与直流继电器的区别是在铁芯上加装了一个短路环以避免交变电流通过继电器线圈而引起衔铁振动,但电流或过电压继电器不必安装短路环。

2. 中间继电器和时间继电器

中间继电器是电磁式继电器的一种,本质上仍属于电压继电器,但它具有触点多、触点电流大和动作灵敏等特点,所以常用于某一电器与被控电路之间,以扩大电器的控制触点数量和容量。

时间继电器是在电路中对动作时间起控制作用的继电器。它得到输入信号后,须经过一定的时间,其执行机构才会动作并输出信号对其他电路进行控制。

时间继电器按延时方式可分为通电延时型和断电延时型两种。通电延时型时间继电器在获得输入信号后,立即开始延时,需待延时时间 t 完毕后,其执行部分输出信号以操纵控制电路;而在输入信号消失后,继电器立即恢复到动作前的状态。断电延时型时间继电器在获得输入信号后,执行部分立即输出信号,而在输入信号消失后,继电器却需要延时时间 t 才能恢复到动作前的状态。时间继电器的种类较多,常用的时间继电器有电磁式、空气阻尼式、机械阻尼式、电动机式和晶体管式等。

一般电磁式时间继电器的延时范围在十几秒以下,多为断电延时,其延时整定精度和稳定性不是很高,但继电器本身适应能力较强,在要求不太高、工作条件较为恶劣的场合多采用这种时间继电器。

空气阻尼式时间继电器具有延时范围大,结构简单,寿命长和价格低廉的优点,但其延时误差较大($\pm 10\% \sim \pm 20\%$),无调节刻度指示,只能用在对延时精度要求不高的场合。

机械阻尼式(气囊式)时间继电器的延时范围可以扩大到数分钟,但整体精度往往较差,只用于一般场合。

同步电机式时间继电器的主要特点是延时范围宽,可长达数十小时,重复精度也较高。电子式时间继电器在时间继电器中已成为主流产品。它采用晶体管或集成电路和电子元件等构成,目前已有采用单片机控制的时间继电器。电子式时间继电器具有延时范围广、精度高、体积小、耐冲击和耐振动、调节方便及寿命长等优点。晶体管式时间继电器以 RC 电路电容器充电时电容器上电压逐渐上升的原理作为延时基础。因此,改变充电电路的时间常数即可确定延时时间。

3. 热(温度)继电器

热继电器是一种通过电流间接反映被控电器发热状态的防护器件,广泛应用于电动机绕组、大功率晶体管等的过热过载保护,以及对三相电动机和其他三相负载进行断相保护。

热继电器的简单工作原理如图 6-12 所示。两种线膨胀系数不同的金属片用机械碾压方式使之形成一体,线膨胀系数大的金属片在上层,称为主动层;线膨胀系数小的在下层,称为被动层。双金属片安装在加热元件附近,加热元件则串联在电路中。当被保护电路中的负载电流超过允许值时,加热元件对双金属片的加热也就超过一定的温区,使双金属片向下弯曲,触压到压动螺钉,锁扣机构随之脱开,热继电器的常闭触点也就断开,切断控制电路使主电路停止工作。热继电器动作后一般不能自动复位,要等双金属片冷却后,按下复位按钮才能复位。继电器的动作电流设定值可以通过压动螺钉调节。

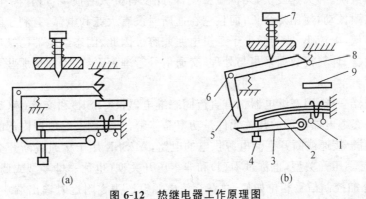

(a)   (b)

图 6-12　热继电器工作原理图

1—加热元件;2—双金属片;3—扣板;4—压动螺钉;

5—锁扣机构;6—支点;7—复位按钮;8—动触点;9—静触点

热继电器中双金属片的加热方式有三种：间接加热、直接加热和复合加热。间接加热时，电流不流经双金属片，而靠加热元件产生的热量加热金属片。直接加热时，电流流过双金属片，由于双金属片本身具有一定的电阻，电流流过时产生热效应使之被加热。复合加热则是间接加热和直接加热两种方式的结合。

4. 干簧继电器

干式舌簧继电器简称干簧继电器，是近年来迅速发展起来的一种新型密封触点的继电器。普通的电磁继电器由于动作部分惯量较大，动作速度不快；同时因线圈的电感较大，其时间常数也较大，因而对信号的反应不够灵敏。而且普通继电器的触点又暴露在外，易受污染，使触点接触不可靠。干簧继电器克服了上述缺点，具备快速动作、高度灵敏、稳定可靠和功率消耗低等优点，广泛应用于自动控制装置和通信设备。

干簧继电器的主要部件是由铁镍合金制成的干簧片，它既能导磁又能导电，兼有普通电磁继电器的触点和磁路系统的双重作用。干簧片装在密封的玻璃管内，管中充有纯净干燥的惰性气体，以防触点表面氧化。为了提高触点的可靠性并减小接触电阻，通常在干簧片的触点表面镀有导电性能良好且又耐磨的贵金属（如金、铂、铑及合金）。

在干簧管外面套上一个励磁线圈就构成一只完整的干簧继电器。当线圈通以电流时，在线圈的轴向产生磁场，该磁场使密封管内的两干簧片磁化，于是两干簧片触点产生极性相反的两种磁极，它们互相吸引而闭合。当线圈切断电流时，磁场消失，两干簧片也失去磁性，依靠自身的弹性恢复原位，使触点断开。

除了可以用通电线圈作为干簧片的励磁之外，还可直接用一块永久磁铁靠近干簧片来励磁。当永久磁铁靠近干簧片时，触点同样也被磁化而闭合，当永久磁铁离开干簧片时，触点则断开。

干簧片的触点有两种：一种是常开触点；另一种是切换式触点。后者当给予励磁时（例如，用条形永久磁铁靠近），干簧管中的三根簧片均被磁化，其中簧片 1 与 2 的触点被磁化后产生相同的磁极因而互相排斥，使常闭触点断开。而簧片 1 与 3 的触点则因被磁化后产生的磁性相反而吸合。

5. 固态继电器

固态继电器（SSR）是一种全部由固态电子元件（如光电耦合器、晶体管、可控硅、电阻、电容等）组成的无触头开关器件。与普通继电器一样，固态继电器的输入侧与输出侧是电绝缘的，但固态继电器结构紧凑、开关速度快、无机械触点，因此没有机械磨损，不怕有害气体腐蚀，没有机械噪声，耐冲击、耐振动，使用寿命长；而且它在通断时没有火花和电弧，有利于防爆；此外，固态继电器驱动电压低，电流小，能与微电子逻辑电路兼容。因此，固态继电器已被广泛应用于各种自动控制仪器设备、计算机数据采集与处理、交通信号管理等系统，特别是那些要求防爆、防震、防腐蚀的环境下。

与电磁继电器一样，固态继电器也有直流固态继电器（DCSSR）和交流（ACSSR）固态继电器之分。直流固态继电器内部的开关元件是功率晶体管，交流固态继电器内部的开关元件是可控硅。DCSSR 用于接通或断开直流电源供电的电路，ACSSR 用于接通或断开交流电源供电电路。ACSSR 又有零压开关型（也称过零型）和非零压开关型（也称非过零型或调相型）两种。过零型 SSR 不论外加控制信号相位如何，总在交流电源电压为零附近时输出端才导通，导通时产生的射频干扰很小。非过零型是在交流电源的任意相位上开启或关闭。

图 6-13 所示为固态继电器的结构框图，它由耦合电路、触发电路、开关电路、过零控制电路

和吸收电路五部分组成。这五部分被密封在一个六面体外壳内成为一个整体,外面只有 A、B、C、D 四个引脚(对于交流 SSR)或五个引脚(对于部分直流 SSR)。如果是过零型 SSR 就包括"过零控制电路"部分,对于非过零型 SSR 就没有这部分电路。"吸收电路"部分有的产品被封装在外壳内,有的需要外接,选用时应注意,现在大部分产品在封装内都有吸收电路。吸收电路用来防止从电源传来的尖峰和浪涌电压对开关器件产生冲击或干扰,造成开关器件的误动作。吸收电路一般由"R-C"串联电路和压敏电阻组成。

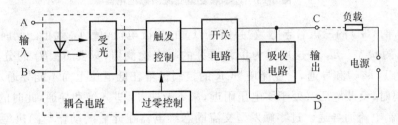

图 6-13　固态继电器 SSR 内部结构图

ACSSR 为四端器件,即两个输入端和两个输出端,DCSSR 为五端器件,即两个输入端、两个输出端和一个负载端。输入、输出间采用光电隔离,没有电气联系。输入端仅要求很小的控制电流,输出回路采用双向可控硅或大功率晶体管接通或分断负载电源。

1) 随机导通型交流固态继电器

如图 6-14 所示,GD 为光电耦合器,T_1 为开关三极管,用来控制单向可控硅 SCR 的工作。当输入端加上信号时,GD 的三极管饱和导通,T_1 截止,SCR 的控制极经 R_3 获得触发电流,SCR 导通,双向可控硅 TRIAC 的控制极通过 R_5→整流桥→SCR→整流桥,得到触发电流,故 TRIAC 导通,将负载与电源接通。

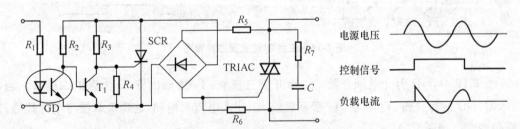

图 6-14　随机导通型交流固态继电器

当输入信号撤除后,GD 截止,T_1 进入饱和状态,它旁路了 SCR 的控制极电流。因此,在 SCR 电流过零的瞬间,SCR 将截止。一旦 SCR 截止后,TRIAC 也在其电流减小到小于维持电流的瞬间自动关断,切断负载与电源间的电流通路。

图 6-14 中的 R_1 和 R_5 分别是 GD 和 SCR 的限流电阻。R_4 和 R_6 为分流电阻,用来保护 SCR 和 TRIAC 的控制极。R_7 和 C 组成浪涌吸收网络,用来保护双向可控硅管 TRIAC。

2) 过零触发型交流固态继电器

如图 6-15 所示,该电路具有电压过零时开启而电流过零时关断的特性,因此线路可以使射频及传导干扰的发射减到最低程度。无信号输入时,T_1 饱和导通,旁略了 SCR 的控制电流,SCR 处于关断状态,因此,固态继电器也呈断开状态。

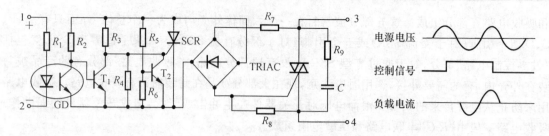

图 6-15　过零触发型交流固态继电器

信号输入时,GD 的三极管导电,它旁路了 T₁ 的基极电流,使 T₁ 截止。此时 SCR 的工作还取决于 T₂ 的状态。T₂ 在这里成为负载电源的零点检测器,只要 R_5、R_6 的分压超过 T₂ 的基、射极压降,T₂ 将饱和导通,它也能使 SCR 的控制极箝在低电位上而不能导通。只有当输入信号加入的同时,负载电压又处于零电压附近,来不及使 T₂ 进入饱和导通,此时的 SCR 才能通过 R_3 注入控制电流而导通。过零触发型交流固态继电器在此后的动作与随机型的相同,这里不再重述。

综上所述,过零触发型交流固态继电器并非真在电压为 0 V 处导通,而有一定电压,一般在 ±10~±20 V 范围内。

3) 直流固态继电器

直流固态继电器有两种形式:一种是输出端为 3 根引线的(见图 6-16);另一种是输出端为 2 根引线的(见图 6-17)。

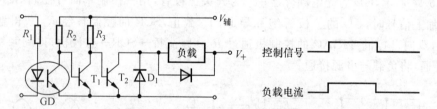

图 6-16　三线制直流固态继电器

在图 6-16 中,GD 为光电耦合器,T₁ 为开关三极管,T₂ 为输出管,D 为保护二极管。当信号输入时,GD 饱和导通,T₁ 截止,T₂ 管基极经 R_2 注入电流而饱和,这样负载便与电源接通;反之,则负载与电源断开。

三线制的主要优点是 T₂ 管的饱和深度可以做得较大。如果辅助电源用 +10~15 V 时,T₂ 可改用 VMOS 管。三线制的主要缺点是多用了一组辅助电源,如果负载的电压不高时,辅助电源与负载电源可以合用,省去一组电源。

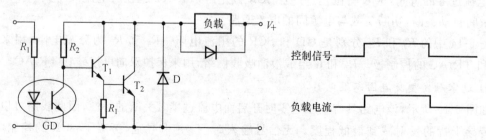

图 6-17　二线制直流固态继电器

在图 6-17 中,当控制信号未加入时,GD 不导电,T_1 亦无电流流过,所以,T_2 截止不导通,负载与电源断开。

加入控制信号后,GD 导电,T_1 有基极电流流过,T_1 导电使 T_2 的基极有电流流过,T_2 饱和导通。T_2 要用达林顿管,以便在较小的基极电流注入下,T_2 管也能进入饱和导通状态。

二线制的突出优点是使用方便(几乎与使用交流固态继电器一样方便)。但是线路结构决定了 T_2 的饱和深度不可能太深,即 T_2 的饱和压降不可能太低。同时,受光电耦合器和 T_1 管耐压所限,二线制直流固态继电器切换的负载电压不能太高。

4)SSR 使用时应注意的问题

(1)DCSSR 与 ACSSR 的用途不同,不能用错;直流 SSR 使用时原边和次边都有方向性。

(2)ACSSR 有零压和非零压开关型两种,在要求射频干扰小的场合选用零压开关型。

(3)使用 ACSSR 应有吸收电路,以防电压浪涌对电路的危害。

(4)SSR 输入端均为发光二极管,可直接由 TTL 驱动,也可以用 CMOS 电路再加一级跟随器驱动。驱动电流为 5~10 mA 时输出端导通,1 mA 以下输出端断开。

(5)ACSSR 均按工频正弦波设计的,$f=40~60$ Hz。若实际条件与此不符,应区别对待。

(6)选用 SSR 时,电压和电流是两个最重要的参数,使用时应低于额定值。在开关频繁或重电感负载的情况下,可按额定值的 0.3~0.5 倍使用。温度越高允许工作电流越小,一般电流大于 15 A 时应把 SSR 安装在散热器上。一般 SSR 和可控硅允许额定电流 10 倍的浪涌值,可选用保险或快速熔断器进行保护。

(7)为了减少 SSR 的射频干扰,可在电源变压器原边处,与电源引线并联约 0.047 μF 的电容。切忌负载短路,否则将造成 SSR 永久损坏。

6. 接触器

接触器是用来接通和断开具有大电流负载电路(如电动机的主回路)的一种自动控制电器,它有直流接触器和交流接触器之分。

接触器在工作原理上与前述电压继电器相似,都是依靠线圈通电,衔铁吸合使触点动作。其不同点是接触器用于控制大电流回路的,而且工作次数比较频繁,因此在结构上具有以下特点。

(1)触点系统可分为主触点和辅助触点两种。前者用于控制主回路,后者用于操纵控制电路。交流接触器一般有三个主触点,辅助触点的数目有多有少,最高的可以有三个常开触点和三个常闭触点。

(2)由于主触点在断开大电流负载电路时将会在活动触点与固定触点之间产生电弧,不仅使通电状态继续维持,而且还会烧坏触点。为了解决这个问题,通常采取灭弧栅等灭弧措施。

7. 继电器驱动接口电路

作为执行元件的继电器通常由单片机 I/O 口进行控制,由于单片机 I/O 口的驱动能力一般都在 10 mA 以下,而继电器的控制电流有时需要几十甚至上百毫安,因此不能直接利用单片机 I/O 口连接继电器的控制管脚。由于一般元件的正向驱动能力都在 10 mA 以下,但有些器件的反向驱动能力可达几百毫安。因此,继电器通常采用反向驱动技术。MC1413/16 是常用的达林顿管式反向驱动器。MC1413 的电流吸收能力可达 100 mA/路,MC1416 的吸收能力为200 mA/路。

MC1413 是高耐压、大电流达林顿阵列反相驱动器,由七个硅 NPN 达林顿管组成 MC1413 的每一对达林顿都串联一个 2.7 kΩ 的基极电阻,在 5 V 的工作电压下它能与 TTL 和 CMOS

电路直接相连,可以直接处理原先需要标准逻辑缓冲器来处理的数据,其等效原理如图 6-18(a)所示。MC1413 工作电压高,工作电流大,灌电流可达 500 mA,并且能够在关态时承受 50 V 的电压,输出还可以在高负载电流并行运行。其管脚如图 6-18(b)所示。

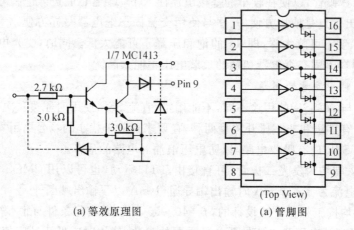

(a) 等效原理图　　　　　　　　　　(a) 管脚图

图 6-18　MC1413 内部结构图

图 6-19 所示为利用 8051 单片机 P1.0 和 P1.1 控制两路单刀单置继电器的实际电路图。当单片机 P1.0 和 P1.1 输出高电平时,MC1413 输出端 P10 和 P11 为低电平,吸入电流控制继电器常开触点吸合,从而使被控强电流导通。图中的 D_1 和 D_2 为续流二极管,防止继电器断开时产生的反电势对电路造成损害。

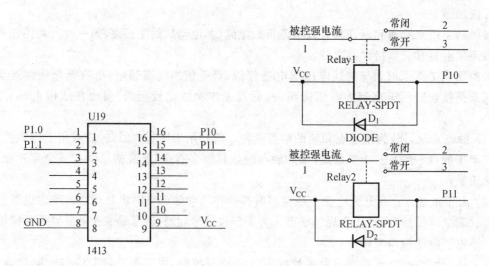

图 6-19　MC1413 实际应用电路

6.3　直流电机驱动电路

1. 直流电机概述

直流电机是人类最早发明和使用的一种电机,包括直流发电机和直流电动机两大类。发电机将机械能转换为电能,电动机将电能转换为机械能带动负载。发电机和电动机实际上是直流电机的两种工作状态。因此,发电机和电动机的基本工作原理、结构和内在关系有许多共同之处。由于直流电动机具有良好的启动和调速特性,因此被广泛应用于各种自动控制系统中。

直流电机按结构形式可分为开启式、封闭式和防爆式几种;按容量大小可分为小型、中型和大型直流电机;按励磁方式可分为他励、并励、串励和复励等。

1) 直流发电机的工作原理

图 6-20 所示为最简单的直流发电机模型。有两个在空间固定的永久磁铁,分别为 N 极和 S 极,abcd 是装在可以转动的铁磁圆柱体上的一个线圈,把线圈的两端分别接到两个圆弧形的铜片上(称换向片),两者相互绝缘,铁芯和线圈合称电枢,通过在空间静止不动的电刷 A、B 与换向片接触,即可对外电路供电。

当原动机拖动电枢以恒速 n 逆时针方向旋转时,在线圈中有感应电动势。根据右手定则,图中线圈的电动势方向是由 d 到 c,由 b 到 a,即线圈中 a 点为高电位,d 点为低电位。此时,电刷 A、B 分别通过换向片与 a、d 端相连,所以电动势的方向 A 为正,B 为负。当电枢转过 $180°$ 后,d 点为高电位,a 点为低电位,这时电刷 A、B 分别与 d、a 相连,所以电动势方向仍然是 A 为正,B 为负。若在

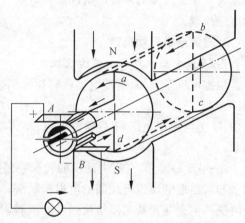

图 6-20　直流电机工作原理示意图

电刷 A、B 之间接上负载,就有电流 I 从电刷 A 经外电路负载流向电刷 B,此电流经换向片及线圈 abcd 形成闭合回路,线圈中,电流方向从 d 到 a。

由此可见,虽然线圈中电动势是交变的,但经过电刷和换向片的整流作用后,产生了 A、B 极性恒定的直流电压。实际上发电机的电枢铁芯上有许多个线圈,按照一定的规律连接起来,构成电枢绕组。这就是直流发电机的工作原理。同时也说明直流发电机实质上是带有换向器的交流发电机。

当原动机拖动电枢以恒速 n 逆时针旋转时,线圈 ab 和 cd 分别切割不同磁极(N 和 S)下的磁力线而产生感应电动势。每根导体中感应电动势的瞬时值为

$$e = Blv \tag{6-1}$$

式中:B 为导体所处位置的磁通密度,单位为 Wb/m^2;l 为导体的有效长度,单位为 m;v 为导体切割磁力线的线速度,单位为 m/s。

对已制成的电机,l 为定值,若 n 恒定,则 v 亦常值,则有

$$v = \frac{\pi Dn}{60} \tag{6-2}$$

式中:D 为电枢直径,单位为 m;n 为电枢每分钟旋转的周数,单位为 r/min。

2) 直流电动机的工作原理

直流电动机的结构与直流发电机的一样。当在电刷 A、B 间外接直流电源,极性为 A 正 B 负时,ab 中电流方向为由 a 到 b,cd 中电流为由 c 到 d,根据左手定则,电磁力矩为逆时针。转过 $180°$ 后,cd 转到 N 极之下,但电刷 A、B 经换向片分别与 d、a 相连,此时电磁力矩仍为逆时针方向,电机在直流电源作用下产生恒定转矩,拖动负载沿恒定方向转动。

由此可见,直流电动机中,线圈中的电流是交变的,但产生的电磁转矩的方向是恒定的。与直流发电机一样,直流电动机的电枢也是由多个线圈构成的,多个线圈所产生的电磁转矩方向都是一致的。

3) 电机的可逆原理

一台直流电机原则上既可以作为电动机运行,也可以作为发电机运行,只是外界条件不同而已。如果用原动机拖动电枢恒速旋转,就可以从电刷端引出直流电动势而作为直流电源对负载供电;如果在电刷端外加直流电压,则电动机就可以带动轴上的机械负载旋转,从而把电能转变成机械能。这种同一台电机既能作电动机运行,也能作发电机运行的原理,在电机理论中称为可逆原理。

2. 直流电机驱动电路

1) 直流电动机电枢的调速原理

根据电机学可知,直流电动机转速 n 的表达式为

$$n = (U - IR)/(k\Phi) \tag{6-3}$$

式中:U 为电枢端电压;I 为电枢电流;R 为电枢电路总电阻;Φ 为每极磁通量;k 为电动机结构参数。

由式(6-3)可知,直流电动机的转速控制方法可分为两大类:对励磁磁通进行控制的励磁控制法和对电枢电压进行控制的电枢控制法。其中励磁控制法在低速时受磁极饱和的限制,在高速时受换向火花和换向器结构强度的限制,并且励磁线圈电感较大,动态响应较差,所以这种控制方法较少使用,现在大多数应用场合都使用电枢电压控制法。下面介绍的是在保证励磁恒定不变的情况下,采用脉宽调制(PWM)来实现直流电动机调速的方法。

在对直流电动机电枢电压的控制和驱动中,半导体功率器件在使用上可以分为两种方式:线性放大驱动方式和开关驱动方式。在线性放大驱动方式下,半导体功率器件工作在线性区,优点是控制原理简单,输出波动小,线性好,对邻近电路干扰小,但是功率器件工作在线性区,效率低和散热问题严重。开关驱动方式是使半导体功率器件工作在开关状态,通过 PWM 来控制电动机的电枢电压,从而实现电动机转速的控制。

直流电动机 PWM 调速控制原理和输入输出电压波形如图 6-21 所示。在图 6-21(a)中,当开关管的驱动信号为高电平时,开关管 VT_1 导通,直流电动机电枢绕组两端有电压 U_S。t_1 后,驱动信号变为低电平,开关管 VT_1 截止,电动机电枢两端电压为 0。t_2 后,驱动信号重新变为高电平,开关管的动作重复前面的过程。对应输入电平的高低,直流电动机电枢绕组两端的电压波形如图 6-21(b)所示。电动机电枢绕组两端电压的平均值 U_0 为

$$U_0 = (t_1 U_S + 0)/(t_1 + t_2) = (t_1 U_S)/T = D U_S \tag{6-4}$$

式中:D 为占空比,$D = t_1/T$。

占空比 D 表示了在一个周期 T 里开关管导通的时间与周期的比值。D 的变化范围为:$0 < D < 1$。由式(6-4)可知,当电源电压 U_S 不变的情况下,电枢两端电压的平均值 U_0 取决于占空比 D 的大小,改变 D 值也就改变了电枢两端电压的平均值,从而达到控制电动机转速的目的,即实现 PWM 调速。

在 PWM 调速时,占空比 D 是一个重要参数。改变占空比的方法有定宽调频法、调宽调频法和定频调宽法等。利用定频调宽法时,同时改变 t_1 和 t_2,但周期 T(或频率)保持不变。

2) 直流电动机电枢调速的电路设计

直流电动机驱动电路主要用来控制直流电动机的转动方向和转动速度。改变直流电动机

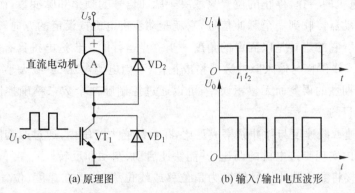

(a) 原理图　　　　　　　　　(b) 输入/输出电压波形

图 6-21　PWM 调速控制原理和电压波形

两端的电压可以控制电动机的转动方向。控制直流电动机的转速,有许多不同的方案,可以采用由小功率三极管 8050 和 8550 组成的 H 型 PWM 电路。

直流电动机 PWM 驱动电路如图 6-22 所示,电路采用功率三极管 8050 和 8550 以满足电动机启动瞬间的大电流要求。

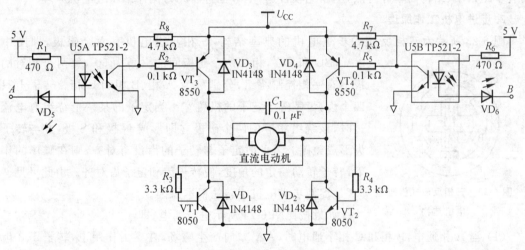

图 6-22　直流电动机 PWM 驱动电路

当 A 输入为低电平,B 输入为高电平时,晶体管功率放大器 VT_3、VT_2 导通,VT_1、VT_4 截止。VT_3、VT_2 与直流电动机一起形成一个回路,驱动电动机正转。当 A 输入为高电平,B 输入为低电平时,晶体管功率放大器 VT_3、VT_2 截止,VT_1、VT_4 导通,VT_1、VT_4 与直流电机形成回路,驱动电动机反转。4 个二极管起到保护晶体管的作用。

功率晶体管采用 TP521 光耦器驱动,将控制部分与电动机驱动部分隔离。光耦器的电源为 +5 V,H 型驱动电路中晶体管功率放大器 VT_3、VT_1 的发射极所加的电源为 12 V。

6.4　步进电机驱动电路

1. 步进电机概述

步进电机是一种将输入的电脉冲转化为输出轴角位移或直线位移的一种执行机构。在非超载的情况下,电机的转速、停止的位置只取决于脉冲信号的频率和脉冲数,而不受负载变化的影响。当步进驱动器接收到一个脉冲信号,它就驱动步进电机按设定的方向转动一个固定的角度,称为"步距角",它的旋转是以固定的角度一步一步运行的。步进电机具有如下特点。

(1) 角位移或线位移与输入脉冲数严格成正比,不因电源电压、负载大小、环境条件的波动而变化。只有周期性的误差而无累积误差,可以通过控制脉冲个数来精确控制角位移量,从而达到准确定位的目的。

(2) 由于转速或线速度与脉冲频率成正比,在负载能力范围内,通过改变脉冲频率的高低,可以在很大范围内实现步进电机的调速,并能快速启动、制动和反转。

(3) 可以直接将数字脉冲信号转换为角位移或线位移,使得在速度、位置等控制领域用步进电机来控制变得非常简单,非常适用于数字控制系统。

(4) 由于其位置精度很高,适用于开环控制,控制系统结构大大简化,可靠性高,易于维护。同时,它还可以与角度反馈环节组成高性能的闭环数字控制系统。

步进电机的定子绕组可以是任意相数,最常用的是三相、四相和五相,根据转子结构特点步进电机可分为反应式(磁阻式)、永磁式和混合式(永磁感应子式)三大类。由于反应式步进电机具有步距角小、结构简单等特点,应用比较普遍,本节也将以此为例介绍步进电机原理。

2. 步进电机工作原理

图 6-23 所示为三相反应式步进电机的典型结构,三相步进电机有六个磁极,即图中的

图 6-23 三相反应式步进电机结构

AA′,BB′和 CC′,相邻两个磁极间的夹角为 60°,每两个相对的磁极上有一相控制绕组,分别称为 A 相、B 相和 C 相。转子上只有四个齿,齿宽等于定子的极靴宽。当定子的某一个绕组有电流通过时,该绕组相应的两个磁极立即形成 N 极和 S 极,并与转子小齿形成磁路。若此时定子与转子的齿没有对齐,则在磁场的作用下,转子转动一定的角度,使转子齿和定子齿对齐。由此可见,"错齿"是促使步进电机旋转的根本原因。

如果按照图 6-24 所示进行通电,即

(1) 当 A 相通电,B 相和 C 相不通电时,AA′方向产生磁场,在磁力作用下,转子 1、3 齿与 A 相磁极对齐,2、4 齿与 B、C 两磁极相对错开 30°;

(2) 当 B 相通电、C 相和 A 相断电时,BB′方向产生磁场,在磁力作用下,转子沿逆时针方向旋转 30°,2、4 齿与 B 相磁极对齐,1、3 齿与 C、A 两磁极相对错开 30°;

(3) 当 C 相通电,A 相和 B 相断电时,CC′方向产生磁场,在磁力作用下,转子沿逆时针方向又旋转 30°,1、3 齿与 C 相磁极对齐,2、4 齿与 A、B 两磁极相对错开 30°。

若按 A→B→C…通电相序连续通电,则步进电机就连续地沿逆时针方向旋动,每换接一次通电相序,步进电机沿逆时针方向转过 30°,即步距角为 30°。如果步进电机定子磁极通电相序按 A→C→B…进行,则转子沿顺时针方向旋转。上述通电方式称为三相单三拍通电方式。"单"是指每次只有一相绕组通电。从一相通电换接到另一相通电称为一拍,每一拍转子转动一个步距角。因此,"三拍"是指通电换接三次后完成一个通电周期。

除了上述的三相单三拍通电方式以外,三相步进电机还有另外两种通电方式。

(1) 三相双三拍,通电顺序为 AB→BC→CA→AB,每拍都由两相导通。这种通电方式由于总有一相持续导通,具有一定阻尼作用,因此工作比较平稳。

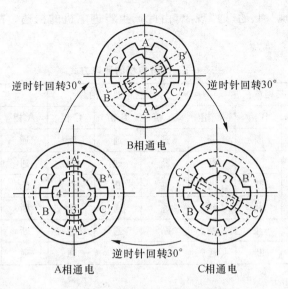

图 6-24 三相单三拍通电方式

(2) 三相六拍,通电顺序为 A→AB→B→BC→C→CA→A,工作原理如图 6-25 所示。A 相通电时,1、3 齿与 A 相磁极对齐。当 A、B 两相同时通电,由于 A 相吸引 1、3 齿,B 相吸引 2、4 齿,转子逆时旋转 15°。随后 A 相断电,只有 B 相通电,转子又逆时旋转 15°,2、4 齿与 B 相磁极对齐。如果继续按 BC→C→CA→A…的相序通电,步进电机就沿逆时针方向,以 15°的步距角一步一步移动。与这种单、双相轮流通电方式在通电换接时总有一相通电,因此工作也比较平稳。

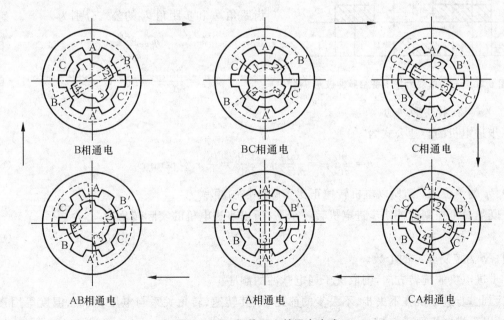

图 6-25 三相单双六拍通电方式

表 6-1 所示为三相单三拍、三相双三拍、三相六拍通电方式切换表,由于硬件驱动电路存在电路的竞争与冒险,比如三相单三拍从序号 1 切换到 2,易出现"断、断、断"现象;三相双三拍从

序号 1 切换到 2,易出现"通、通、通"现象,由此产生步进电机的振荡。故实际使用当中多采用三相单双六拍通电方式。

表 6-1 步进电机的通电方式

切换序号	三相单三拍			三相双三拍			三相单双六拍		
	A相	B相	C相	A相	B相	C相	A相	B相	C相
1	通	断	断	通	通	断	通	断	断
2	断	通	断	断	通	通	通·	通	断
3	断	断	通	通	断	通	断	通	断
4	通	断	断	通	通	断	断	通	通
5	断	通	断	断	通	通	断	断	通
6	断	断	通	通	断	通	通	断	通

3. 步进电机的特点

从前面介绍的步进电机原理可以归纳出步进电机具有以下一些特点。

1) 定子相绕组的供电脉冲频率 f

以三相单双六拍为例,控制脉冲和各相供电脉冲波形如图 6-26 所示。控制脉冲 u_k 的频率为 f。显然,在每一个通电循环内控制脉冲的个数为 N(拍数),而每相绕组的供电脉冲个数却恒为 1,因而 $f = f/N$。

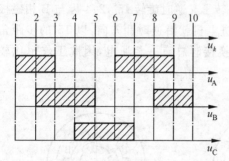

图 6-26 三相单双六拍下各相脉冲波形

2) 齿距角和步距角

齿距角 θ_t 和步距角 θ_b 的公式分别为

$$\theta_t = \frac{360°}{Z_k} \tag{6-5}$$

$$\theta_b = \frac{360°}{mCZ_k} \quad 或 \quad \theta_b = \frac{360°}{Z_k N} \tag{6-6}$$

3) 转速、转角和转向

步进电机的转速公式为

$$n = \frac{60f}{mCZ_k} = \frac{60f}{mCZ_k} \cdot \frac{360°}{360°} = \frac{\theta_b}{6} \cdot f(\text{r/min}) \tag{6-7}$$

式中:θ_b 的单位为(°),所以电机转速正比于脉冲控制频率 f。

既然每个控制脉冲使步进电机转一个 θ_b,所以步进电机的实际转角为

$$\theta = \theta_b \cdot N' \tag{6-8}$$

式中:N' 为控制脉冲的个数。

步进电机的旋转方向,则取决于通电脉冲的顺序。

因此,步进电机在不失步、不丢步的前提下,其转速、转角关系与电压、负载、温度等因素无关,所以步进电机便于控制。

4) 自锁能力

当控制脉冲停止输入,且让最后一个控制脉冲的绕组继续通电,则电机就可以保持在固定的位置上,即停在最后一个控制脉冲所控制的角位移的终点位置上,所以步进电机具有带电自

锁能力。

正因为步进电机具有如上特点,因而控制方便、调速范围宽、运行不受环境变化的影响,所以在数字控制系统中获得广泛应用。

4. 步进电机的驱动

步进电机需要采用按顺序的脉冲或正余弦电压信号进行控制。在构造位置或速度控制系统时,基本的系统结构包括开环和闭环两种类型。

直接涉及步进电机控制的环节包括环形分配器和脉冲功率放大电路。环形分配器负责输出对应于步进电机工作方式的脉冲序列,功率放大器则主要将环形分配器输出的信号进行功率放大,使输出脉冲能够直接驱动电机工作,图 6-27 所示为步进电机控制系统。不同的驱动器还会结合实际需要而增加相应的保护、调节或改善电动机运行性能的环节,其控制步进电机的方式也各有不同。

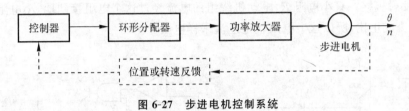

图 6-27 步进电机控制系统

步进电机的驱动方式很多,下面分别介绍。

1）单电压驱动

如图 6-28 所示,来自脉冲分配器的信号电压经过电流放大后加到三极管 VT 的基极,控制 VT 的导通和截止,从而控制相绕组的通电和关断。R 和 VD 构成了相绕组断电时的续流回路。

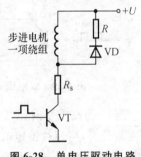

图 6-28 单电压驱动电路

由于存在电感,绕组的通电和断电不能瞬间完成。由于电流上升缓慢会导致电机的动态转矩下降,因此应缩短电流上升的时间常数,使电流前沿变陡。通常在绕组回路中串入电阻 R_s,使绕组回路的时间常数减小。为了达到同样的稳态电流值,电源电压要作相应的提高。R_s 增大可使绕组的电流波形接近矩形,这样可以增大动态转矩,使启动和运行矩频特性下降缓慢。但是增大 R_s 会使消耗在 R_s 的功率增大,从而降低整个电路的效率。

单电压驱动电路结构简单,功放元件数量少,成本低,但是效率较低,只适合于驱动小功率步进电机或用于性能要求不高的场合。

2）双电压驱动

用提高电压的方法就可以使绕组中的电流上升变陡,这样就产生了双电压驱动。双电压驱动的基本思路是在低频段使用较低的电压驱动,而在高频段使用较高的电压驱动。其电路原理如图 6-29 所示。

当步进电机工作在低频时,给 VT_1 基极加低电平,使 VT_1 关断,这时电动机的绕组由低电压 U_L 供电,控制脉冲通过 VT_2 使绕组得到低压脉冲。当电机工作在高频段时,给 VT_1 加高电平,使 VT_1 导通,这时二极管 VD_2 反向截止,切断低电压电源 U_L,电动机绕组由高电压 U_H 供电,控制脉冲通过 VT_1 使绕组得到高压脉冲。

这种驱动电路在低频段与单电压驱动相同,通过转换电源电压提高高频响应,但需要在绕组回路中串联电阻,没有摆脱单电压驱动的弱点,在限流电阻 R_s 上仍然会产生损耗和发热。同时,将频率划分为高、低两段,使特性不连续,有突变。

3)高低压驱动

在电机导通相的脉冲前沿施加高电压,提高脉冲前沿的电流上升率。前沿过后,电压迅速下降为低电压,用以维持绕组中的电流。这种控制方式能够提高步进电机的效率和运行频率。为补偿脉冲后沿的电流下凹,可采用高压断续施加,它能够明显改善电机的机械特性。

4)斩波恒流驱动

斩波恒流驱动是性能较好,目前使用较多的一种驱动方法。其基本思路是:无论电机是在锁定状态还是在低频段或高频段运行,均使导通相绕组的电流保持额定值。

图 6-30 所示为斩波恒流驱动电路的原理图。相绕组的通断由开关管 VT_1 和 VT_2 共同控制,VT_2 的发射极接一只小电阻 R,电动机绕组的电流经过这个电阻接到地,小电阻的压降与电动机绕组电流成正比,所以这个电阻就是电流采样电阻。

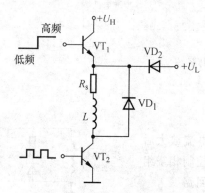

图 6-29　双电压驱动电路

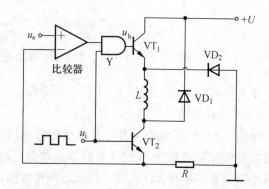

图 6-30　斩波恒流驱动电路的原理图

当 u_i 为高电平时,VT_1 和 VT_2 均导通,电源向绕组供电。由于绕组电感的作用,R 上的电压逐渐升高,当超过给定电压 u_a 时,比较器输出低电平,与门 Y 输出低电平,VT_1 截止,电源被切断,绕组电流经过 VT_2、R、VD_2 续流,采样电阻 R 端电压随之下降。当采样电阻 R 上的电压小于给定电压 u_a 时,比较器输出高电平,与门 Y 也输出高电平,VT_1 重新导通,电源又开始向绕组供电。如此反复,绕组的电流就稳定在由给定电压所决定的数值上。

当控制脉冲 u_i 变为低电平时,VT_1 和 VT_2 均截止,绕组中的电流经过二极管 VD_1、电源和二极管 VD_2 放电,电流迅速下降。

控制脉冲 u_i、VT_1 的基极电位 u_b 及绕组电流 i 的波形如图 6-31 所示。

在 VT_2 导通期间,电源以脉冲方式供电,所以这种驱动电路具有较高的效率。由于在斩波恒流驱动下绕组电流恒定,电机的输出转矩均匀。这种驱动电路的另一个优点是能够有效地抑制共振,因为电机共振的基本原因是能量的过剩,而斩波恒流驱动的输入能量是随着绕组电流的变化自动调节的,

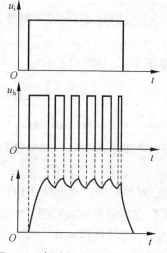

图 6-31　斩波恒流驱动的电流波形

可以有效地防止能量积聚。但是,由于电流波形为锯齿波,这种驱动方式会产生较大的电磁噪声。

　　5)调频调压驱动

　　该驱动方式是根据电机运行时脉冲频率变化自动调节电压值。高频时,采用高电压加快脉冲前沿的电流上升速度,提高驱动系统的高频响应;低频时,低电压绕组电流上升平缓,可以减少转子的震荡幅度,防止过冲。

　　5. 步进电机集成驱动芯片

　　采用分立元件设计步进电机驱动电路相对复杂,而且稳定性不高,为此本节介绍利用集成驱动芯片设计斩波恒流驱动电路以提高步进电机高频性能的方法。

　　本电路采用了专用集成电路 L297 作为脉冲分配器,采用 L298 作为功率驱动电路。L297是由 ST 公司生产的步进电机控制器,可产生 4 路驱动输出用于四相单极性驱动或两相双极性驱动,可实现四相八拍(半步)、四相单四拍和四相双四拍运行,并能实现正反转控制。L297 内部还集成了斩波控制器,可实现两相斩波恒流驱动,驱动电流可根据需要进行调节。使用 L297可以方便地与单片机接口,单片机只需输出脉冲信号和正反转控制信号即可控制电机运行。图6-32 所示为 L297 芯片内部结构图,从中可以看出 L297 内部包括用于脉冲分配的时序逻辑电路、斩波振荡器、输出逻辑电路等。

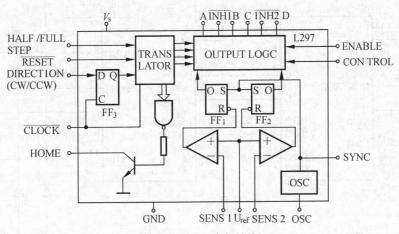

图 6-32　L297 内部结构

　　L297 配合 L298 驱动器就可以组成两相混合式步进电机的驱动电路。L298 的内部结构如图 6-33 所示。其内部是由两个 H 桥式驱动电路和相应的逻辑电路组成,通过在 L298 的输入引脚输入相应的逻辑就可以改变输出端的电压和方向。L298 内部集成了过热保护电路,最大驱动电压为 46 V,每相的最大持续电流为 2 A,最大峰值电流可达 3 A。

　　图 6-34 所示为 L297 与 L298 组成的两相混合式步进电机的驱动电路,图中 CLK 和 DIR引脚连接到单片机的通用 I/O 接口,分别为步进电机控制脉冲和方向信号输入口,图中 XA、$X\overline{A}$、XB、$X\overline{B}$ 分别为两相混合式步进电机 A 相和 B 相的正反输入端。图中 D_6 等 8 个二极管为续流二极管,其作用是在电机绕组突然断电时提供绕组电流释放回路。由于实际应用中步进速度较高,此处二极管必须选用快速恢复二极管。R_{37} 和 R_{38} 为电流取样电阻,电阻的一端连接L298 的电流检测引脚(引脚 1,15),另一端接地,分别用以将 A、B 两相的电流转化为电压,输入L297 的负载电流检测输入引脚(引脚 13,14)作为斩波控制器的电流反馈。电位器 VR2 可以调节输入到 L297 参考电压引脚(引脚 15)的电压。此引脚是连接到斩波控制器电压比较器的参考电压输入端,改变此引脚的输入电压可以控制绕组中的稳态电流。

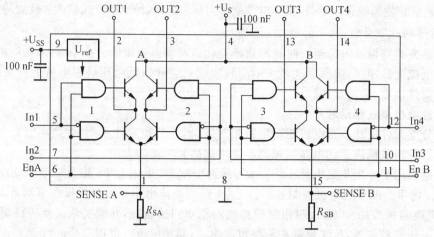

图 6-33　L298 内部结构图

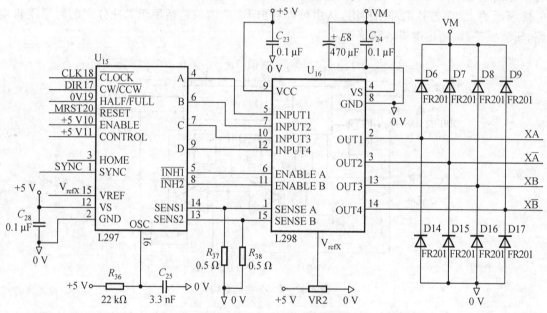

图 6-34　步进电机驱动电路图

　　L297 的 A、B、C、D 四引脚为其输出引脚(引脚 4,6,7,9),它们将在时钟输入引脚(引脚 18)输入的脉冲的推动下按所选择的方式改变其状态。方向输入引脚(引脚 17)及整步/半步选择引脚(引脚 19)可以改变状态变化的方式和顺序。具体控制时序可参见芯片数据手册。L297 的输出引脚被连接至 L298 的输入引脚(引脚 5,7,10,12),不同的时序将驱动 L297 内部晶体管按不同的顺序导通和关断,从而驱动电机按不同状态运行。

　　除了四个输出引脚外,还有 L297 的两个抑制输出引脚(引脚 5,8)被连接至 L298 的使能引脚(引脚 6,11)。抑制引脚 INH1 在 A、B 两相都关断时输出低电平,这将使 L298 的 A 组 H 桥式驱动电路进入禁能状态,从而使步进电机 A 相绕组中的电流迅速下降,从而进一步提高电机的高频性能。

　　此外,在 L297 的复位引脚(引脚 20)输入低电平将使 A、B、C、D 四个输出引脚的状态初始化为"1010"。控制引脚(引脚 11)输入低电平时可以选择斩波在抑制引脚(INH1 和 INH2)有效时使能,高电平可以选择斩波在输出引脚(A、B、C、D)有效时使能。合理选择可以减小在取样电阻上的能源损耗。

6.5 LED 显示驱动电路

1. LED 数码管简介

进入 21 世纪以来,显示技术作为人机联系和信息展示的窗口已广泛应用于娱乐、工业、军事、教育、医疗等各个方面。电子显示器可分为主动发光型和非主动发光型两大类。前者是利用信息来调制像素的发光亮度和颜色,进行直接显示;后者本身不发光,而是利用信息调制外光源而使其达到显示的目的。发光二极管(Light Emitting Diode, LED)是一种典型的主动发光显示器,其应用范围极广,本节主要介绍其原理及应用。

发光二极管(LED)是一种电-光转换型器件,是 PN 结结构。在 PN 结上加正电压,产生少子注入,少子在传输过程中不断扩散,不断复合而发光。改变所采用的半导体材料就能得到不同波长的发光颜色。

LED 数码管是由发光二极管组成的,分为共阴极和共阳极两种,其结构分别如图 6-35(a)、(b)所示。共阴极 LED 数码管将发光二极管的阴极连在一起作为公共端 COM,如果将 COM 端接低电平,当某个发光二极管的阳极为高电平时,对应字段点亮。同样,共阳极 LED 数码将所有发光二极管的阳极连在一起作为公共端 COM。如果 COM 端接高电平,当某个发光二极管的阴极为低电平时,对应字段点亮。图 6-35(c)所示为 LED 数码管外形及每一段与数据线对应关系图,a、b、c、d、e、f、g 为 7 段数码显示,h 为小数点显示。当需要数码管显示字符时,只需要将对应段的 LED 点亮即可。

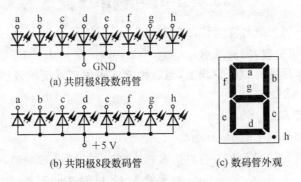

图 6-35 数码管结构图

LED 数码管为电流型器件,有静态和动态两种显示扫描方式。静态驱动电路如图 6-36 所示,每一位 LED 数码管包括由锁存器、译码器、驱动器组成的控制电路和数组总线 DB。当控制电路中包含译码器时,通常只用 4 位数据总线,由译码器实现 BCD 码到七段码的译码,但一般不包括小数点,小数点需要单独的电路;当控制电路中不包含译码器时,通常需要 8 位数据总线,此时写入的数据为对应字符或数字的字模,包括小数点。CS0、CS1、…、CSn 为片选信号。

动态扫描方式下,所有 LED 共用 a~h 段,如图 6-37 所示。图中,CS0 控制段电流驱动器,驱动电流一般为 5~10 mA,对于大尺寸的 LED,段驱动电流会大一些。CS1 控制位驱动器,驱动电流至少是段驱动电流的 8 倍。根据 LED 数码管的共阴或共阳属性需要改变驱动电路。

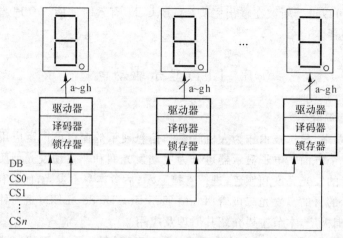

图 6-36　LED 静态驱动电路

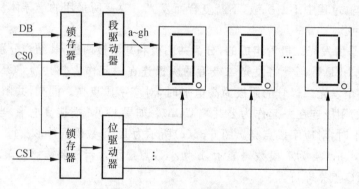

图 6-37　LED 动态扫描电路示意图

　　动态扫描显示是利用人眼的视觉停滞现象，20 ms 内将所有 LED 扫描一遍，在某一时刻，只有一位点亮，位显示切换时，先关显示。

　　可以直接连接到单片机的 I/O 口线上，但这种方式占用口线资源较多，因此本节介绍一种 LED 显示驱动芯片 MAX7219。

2. LED 显示器驱动实例

1）用 Intel 8255 扩展的 LED 接口电路

图 6-38 所示为利用 Intel 公司的并行口扩展芯片 8255 扩展的 LED 接口，其中 PA 口用于各个数码管 a～h 段的共同驱动，PB 口用于 L0、L1、…、L7 的位选。当需要某位 LED 发送显示数据时，先发 PB 口值，对应位为"1"，选中要操作的 LED，然后发送 PA 口的显示值。

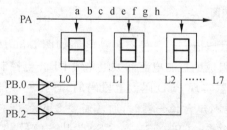

图 6-38　8255 扩展的 LED 接口电路示意图

　　发送过程中，必须对 7 位数码管依次循环动态刷新，并要求循环周期控制在 20 ms 左右，否则就会闪烁。该种方式下需要 CPU 不停地对 8255 的 PA、PB 口进行动态操作，极大地占用了 CPU 的资源。

2）新型数码驱动芯片 MAX7219 及应用

　　MAX7219/7221 是集成的串行输入/输出共阴极显示驱动芯片，可驱动八位七段数字型 LED 或条形图显示器或 64 只独立 LED。MAX7219/7221 内置一个 BCD 码译码器、多路扫描电路、段和数字驱动器和一个存储每一位的 8×8 静态 RAM。对所有的 LED 来说,只需外接一个电阻,即能控制段电流。MAX7221 和 SPI、QSPI、Microwire 是兼容的,并且可限制压摆率,以减少电磁干扰,这点与 MAX7219 不同。

MAX7219/7221 内有一个 150 μA 的低功耗掉电模式,一个允许用户从一位数显示到八位数显示选择的扫描界限寄存器和一个强迫所有 LED 接通的测试模式。还允许用户为每一位选择 BCD 译码或不译码。数字和模拟亮度控制,上电时显示空白。该器件可广泛应用于条形图显示、七段显示、工业控制、仪表控制面板和 LED 模型显示等领域。

MAN7219/7221 采用 24 脚窄 DIP 封装和宽 DIP 封装,其引脚如图 6-39 所示。

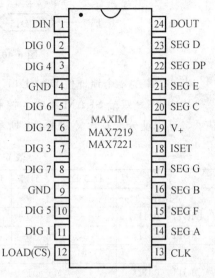

图 6-39 MAX7219/7221 管脚图

(1) 引脚说明如下。

DIN:串行数据输入,在 CLK 的上升沿将数据加载到内部 16 位移位寄存器中。

DIG0—DIG7:八位数字驱动线,它从共阴极显示器吸收电流。

GND:地,两引脚必须连接起来。

LOAD(CS):装载数据输入,在 LOAD 的上升沿,串行数据的最后 16 位被锁定;7221 为片选输入,当 CS 为低电平时,串行数据被锁存到移位寄存器中。

CLK:时钟输入。最高频率为 10 MHz,在 CLK 的上升沿,数据被移入到内部移位寄存器中;在 CLK 的下降沿,数据从 DOUT 移出。对于 7221,CS 为低电平时 CLK 输入才有效。

SEGA-SEGG:七段和小数点驱动器。它给 LED 供电,当一段驱动器被关掉时,它被接地。

V+:电源电压,接+5 V。

ISET:通过一个电阻与 V+ 相连,来调节最大段电流。

DOUT:串行数据输出。输入到 DIN 的数据在 16.5 个时钟周期后,在 DOUT 端有效。此管脚仅用于几个 MAX7219 级联。

(2) 串行数据格式及操作时序。

MAX7219 的数据都是以 16 位的字串行输入给芯片的,串行数据发送格式如表 6-2 所示。数据发送顺序为高位在前,低位在后。

表 6-2 MAX7219 发送的 16 位数据格式

D15、D14、D13、D12	D11、D10、D9、D8	D7、D6、D5、D4、D3、D2、D1、D0
任意值(0 或 1)	地址	数据

对 MAX7219 来说,在 LOAD 为低电平时,在 CLK 的上升沿将 16 位数据通过 DIN 端口移入内部 16 位移位寄存器中,然后在 LOAD 的上升沿将数据锁存在数据或控制寄存器中。LOAD 必须在第 16 个 CLK 的上升沿同时或之后,但在下一个 CLK 的上升沿之前拉高。DIN 的状态在第 16.5 个时钟周期后出现在 DOUT 端。16 位数据串行移入的时序如图 6-40 所示。

(3) 寄存器地址分配及定义。

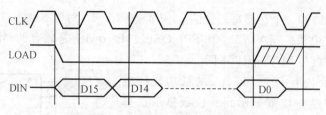

图 6-40　MAX7219 数据发送时序图

表 6-3 中的 4 个地址位 D8～D11 定义了 14 个可寻址的数字和控制寄存器。数字寄存器由一个片内 8×8 双端 SRAM 组成。控制寄存器包括译码方式、显示亮度、扫描界限、停机和测试显示。其地址分配及含义如表 6-3 所示。

表 6-3　寄存器地址分配及定义

定　义	D15-D12	D11	D10	D9	D8	D7-D0
空操作	×	0	0	0	0	
DIGIT0(01H)	×	0	0	0	1	显示的数字(BCD 或 BIN 码)
DIGIT1(02H)	×	0	0	1	0	显示的数字
…	…	…	…	…	…	…
DIGIT7(08H)	×	1	0	0	0	显示的数字
译码模式(09H)	×	1	0	0	1	对应位为 0→不译码 1→BCD 译码
亮度(0AH)	×	1	0	1	0	0～31 级亮度软件可控
扫描界限(0BH)	×	1	0	1	1	0～7 位数字可选(从 0 开始)
掉电(0CH)	×	1	1	0	0	D0:0→SHUTDOWN,1→NORMAL OP
显示测试(0FH)	×	1	1	1	1	D0:0→"N-O",1→"TEST"全亮

译码方式寄存器(地址 09H):对 MAX7219 来说,八位数码管中的每一位可单独设置为 BCD 译码或不译码方式,具体设置由寄存器译码方式寄存器(地址为 09H)决定。该寄存器中的每一位与一个数字相对应。对应位为 1 代表该数码管为 BCD 译码方式,为 0 代表不译码方式。

当采用 BCD 译码方式时,每个数码管可以显示 16 种码型,数据与码型的对应关系如表 6-4 所示。

表 6-4　数据与 BCD 码型对应表

数据(D0～D6)	码　型
0～9(00H～09H)	"0～9"
10(0AH)	"—"
11(0BH)	"E"
12(0CH)	"H"
13(0DH)	"L"
14(0EH)	"P"
15(0FH)	BLACK(全黑)

当不译码时,数码管根据 D0～D7 位的值点亮 a～h 对应的八段 LED 灯,该方式可以显示字符多达 256 种组合状态,显示内容丰富,可控性强,在作发光二极管驱动和自定义显示字符时常用直接译码方式。

无论是 BCD 码还是不译码方式,最高数据位 D7 用来控制各数码管的小数点,此位为 1 则小数点点亮,为 0 则小数点熄灭。

亮度控制寄存器(地址 0AH):MAX7219/7221 允许通过在 V_+ 和 ISET 管脚间外接电阻(RSET)来控制显示亮度。段驱动器的峰值电流刚好是进入 ISET 电流的 100 倍。该电阻既可以是固定值也可以是可变阻值,以通过硬件调节显示亮度。一般外接电阻 RSET 最小值设为 9.53 kΩ,此时,段电流为 40 mA。

显示亮度也可以通过使用亮度寄存器来进行数字控制。数字控制由一个内部的脉宽调制器提供,它通过亮度寄存器的低 4 位将段电流平均值分 16 级,把由 RSET 设置的峰值电流从最大的 31/32 降到 1/32。

扫描界限寄存器(地址 0BH):扫描界线寄存器设置所显示数据的多少,可从 1 到 8。它们一般以扫描速率 800 Hz、8 位数据、多路复用方式显示。如果显示的数据较少,扫描速率为 $8 \times f/N$(其中 N 为扫描数字的数量,f 为扫描频率)。由于扫描数字的数量会影响显示亮度,那么扫描界限寄存器就不应再用来显示空白位(例加,禁止开头的 0 显示)。

如果扫描界限寄存器被设置为 3 个数字或更少,各个数字驱动器将消耗过量的功率。因此 RSET 的电阻值必须调节到与位显示器数目相匹配的值,以限制各个数字驱动器的功率消耗。

掉电模式(地址 0CH):MAX7219 工作在掉电模式时,扫描振荡器挂起。此时所有段电流被接地,所有数字驱动器被拉到 V_+,显示器不显示。除了驱动器处于高阻状态外,MAX7221 与 MAX7219 相同。掉电模式下数字与控制寄存器中数据保持不变,该模式用来节电或通过进入与退出掉电模式显示闪烁的报警信息。典型情况下,MAX7219 需要 250 μs 来脱离掉电模式。掉电模式下显示驱动器可以编程,同时掉电模式可以被显示测试功能取消。

初始上电时,所有控制寄存器被复位,显示器不显示,并且 MAX7219 进入掉电方式。在正常显示前,必须先给显示驱动器编程;否则,它将被设置成扫描一个数字,而且它不译码数据寄存器中的数据,并且亮度寄存器的亮度被设置为最小。

显示测试寄存器(0FH):显示测试寄存器有两种工作方式,即正常和显示测试。显示测试方式在不改变所有控制和数字寄存器(包括掉电模式寄存器)的情况下接通所有 LED。在显示测试方式下,8 位数字被扫描,占空比为 31/32。当在 0FH 中送 01H 时,为测试;当送 00H 时,为正常。

非工作寄存器(NO-OPERATION,地址:00H):当 MAX7219 级联时,使用非工作寄存器把所有器件的 LOAD/CS 输入连接在一起,而把 DOUT 连接到相邻 MAX7219/7221 的 DIN 上。DOUT 为 CMOS 逻辑电平输出,易于依次级联 MAX7219/7221 的 DIN。例如,如果 4 片 MAX7219 级联,那么对第 4 片芯片写入时,发送所需的 16 位字,其后跟 3 个非工作代码(十六进制数 XXH),当 LOAD/CS 变高时,数据被锁存在所有器件中。前 3 个芯片接收非工作指令,而第 4 个芯片接收预期数据。

电源旁路及布线注意事项:要使由峰值数字驱动器电流引起的纹波减到最小,需在 V_+ 和 GND 间尽可能靠近芯片处外接一个 10 μF 的电解电容和一个 0.1 μF 的陶瓷电容。MAX7219 应放置在靠近 LED 显示器的地方,保证对外引线尽量短,以减小引线电感和电磁干扰。

(4)应用实例。

图 6-41 所示为应用单片机扩展 MAX7219 显示驱动器的实例,MAX7219 驱动了 6 个 LED 数码管和 9 个独立的发光二极管,6 个 LED 数码管连接到扫描的前 6 段,9 个发光二极管中的 6 支连接到第 7 段,3 支连接到第 8 段,也就相当于 MAX7219 驱动八段数码管。

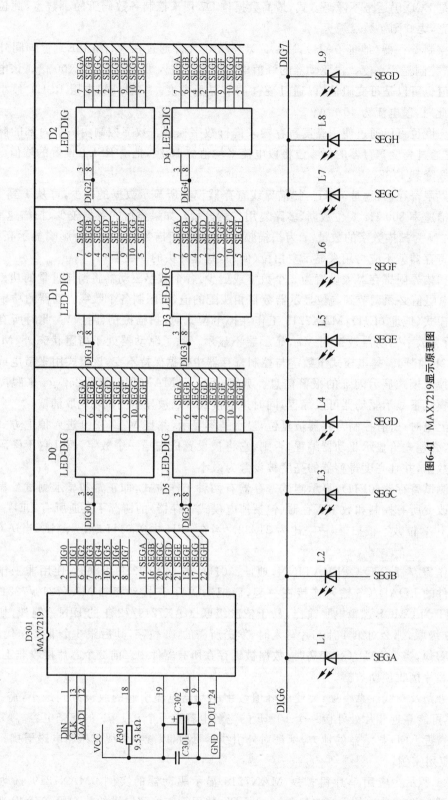

图6-41 MAX7219显示原理图

图中 MAX7219 的 LOAD、DIN 和 CLK 分别接到单片机的 P1.0、P1.1 和 P1.2。基于单片机 C 语言的程序设计如下。

① 预定义。

```
#define    LOAD        P1.0
#define    DIN         P1.1
#define    CLK         P1.2
           byte   disarm[8];            //显示缓冲区数组,用于存储 8 个数码管要显示
                                          的内容
       void Write_word(uint dis_data)   //向 MAX7219 串行发送 16 位数据子程序
       {
         byte i;
         LOAD=1;                        //片选拉高
         CLK=1;                         //时钟拉高
         LOAD=0;                        //片选拉低
         for(i=0;i<16;i++)              //串行发送 16 位数据
         {
           CLK=0;                       //时钟拉低
           if((dis_data&0x8000)==0x8000) //判断最高位是否为 1
             DIN=1;                     //为 1,数据线拉高
           else
             DIN=0;                     //为 0,数据线拉低
           CLK=1;                       //时钟拉高,数据在上升沿移入内部移位寄
                                          存器
           dis_data=dis_data<<1;        //数据左移 1 位,为下一位做准备
         }
         LOAD=1;                        //片选拉高,16 位数据写入完毕
       }
```

② MAX7219 初始化程序。

```
Void init_MAX7219( )                    //初始化 MAX7219 控制寄存器
{
    Write_word(0x093f);                 //设置前 6 段为 BCD 译码方式,第 7、8 段不译码
    Write_word(0x0a09);                 //设置亮度,19/32 亮度
    Write_word(0x0b07);                 //扫描 0~7 共 8 个数码管
    Write_word(0x0c01);                 //设置正常工作方式
    Write_word(0x0f00);                 //设置为非测试状态
}
```

③ MAX7219 显示子程序。

```
Void Display(void)                      //将显示缓冲区 disram[8]内的数据发送到相应数码管
{
    byte j;
```

```
    word dis_byte;
    for(j=1;j<9;j++)
    {
        dis_byte=j<<8;                    //数码管段号
        dis_byte=dis_byte|disram[j-1];    //组合数码管段号和显示内容
            show(dis_byte);               //串行发送 16 位组合数据
    }
}
```

思考题与习题

6-1　功率开关驱动电路包括哪些类型？

6-2　GTR、GTO 和 MOSFET 的驱动电路为什么需要电气隔离，说明具体隔离措施。

6-3　常用的继电器有哪些？请举例说明常用的继电器驱动接口芯片。

6-4　试述直流发电机的工作原理，并说明换向器和电刷各起什么作用？

6-5　直流电机有哪些主要部件？试说明它们的作用和结构。

6-6　什么是直流电机的可逆性？

6-7　三相步进电机的运行方式有哪几种？

6-8　为什么反应式步进电机既能进行角度控制又能进行速度控制？

6-9　LED 显示器的扫描方式有哪两种？ 简述其工作原理。

6-10　常用的 LED 显示驱动芯片是什么？ 试画出其与单片机连接的电路原理图。

第7章 信号传输电路

测控系统一般由测控中心站和各个测控终端或变送器组成,可实现信号的远距离或近距离、有线或无线传输。本章介绍测控系统中常用的电流环电路、RS-232 通信接口、RS-485 通信接口和 USB 通信接口电路。

7.1 电流环电路

1. 电流环电路简介

在工业检测中,电压信号受通信线路产生的电、磁干扰及线路本身的导线电阻和分布电容的影响较大,在传输过程中传输信号容易发生衰减、畸变或失真。因此,模拟电压信号远距离传输会降低系统的检测精度,而数字信号远距离传输的速率和可靠性也会受到影响,如 RS-232 串行接口的理想的最大通信距离仅为 15.25 m。与电压信号传输方式相比,电流环传输具有信号不易衰减、抗干扰能力强和传输距离远等优点。电流环传输方式包括数字电流环和模拟电流环串行通信。

数字电流环串行通信方式用通过环路中电流的有无来表示逻辑值"1"和"0",而不是用电平的高低表示逻辑值,例如,有电流(20 mA、60 mA 等)表示逻辑"1",无电流表示逻辑"0"。在 60 年以前人们使用 60 mA 电流环实现与电传打字机的远距离通信,后来在电传打字机中采用了 20 mA 电流环,并被广泛应用在其他领域。在采用数字电流环为驱动方式的串口通信中,信号不易衰减;采用光电耦合器将设备与设备之间的电气连接隔断,切断了可能形成的传导干扰,提高了电路系统的抗干扰性能;光电耦合器去掉了传输线两端的公共地线,消除了设备中各个电路的电流经公共地线所产生的噪声电压形成的相互串扰。因此,在强干扰和噪声的工业测控现场中,数字电流环可以实现远距离、高速率及强抗干扰能力、强噪声抑制能力的数据通信。在波特率为 19.2 kb/s 时,通信距离可以达到 609.6 m 以上,采用较低波特率时,可以实现更远距离的通信(几千米)。随着采用平衡差动数据通信方式 RS-422 和 RS-485 总线的出现,数字电流环的应用逐渐减少。但在强干扰情况下远距离的点对点通信中,仍然在使用。

数字电流环回路标准是一种非正式 RS-232C 第二个电气标准,虽然 EIA 未正式公布,但已被广泛采用。该标准使用 25 脚连接器中 4 个未定义的引脚构成两个电流环路。这 4 个引脚分别被称为发送+(第 9 脚)、发送−(第 11 脚)、接收+(第 18 脚)和接收−(第 25 脚)。发送方提供电流,接收方提供通路。有 20 mA 电流流过表示 1,无电流流过表示 0。乐器数字化接口 MIDI (Musical Instrument Digital Interface)是由日本和美国几家著名电子乐器厂商于 1983 年共同制定的数字音乐/电子合成器的统一国际标准,它的出现解决了各个不同厂商之间的数字音乐乐器的兼容问题。MIDI 采用了数字电流环异步串行通信方式,传输速率为 31 250 b/s,环路电流为 5 mA,有电流表示逻辑"0",无电流表示逻辑"1"。异步数据格式为 1 个起始位、8 个数据位和 1 个停止位。

模拟电流环中的信号为变化的电流值,典型模拟电流环中的电流变化范围为 4~20 mA,即 4 mA 表示最小信号,20 mA 表示最大信号,0 mA 表示设备工作异常。上限取 20 mA 是因为防爆的要求:20 mA 的电流通断引起的火花能量不足以引燃瓦斯,而低于 4 mA、高于 20 mA 的信号用于各种故障的报警下限。之所以没有取 0 mA 的原因是为了能检测断线:正常工作时不会低于 4 mA,当传输线因故障断路,环路电流降为 0 mA。模拟电流环通常采用两线制(电源线与信号线共用)或三线制(电源正端用一根线,信号输出正端用一根线,电源负端和信号负端共用)两种类型,采集远距离的传感器中的测量数据或对远距离的执行机构进行控制。由于电流信号传输不容易衰减,抗干扰能力强,4～20 mA 模拟电流环广泛应用于过程自动化等领域的远距离模拟信号传输。

HART(Highway Addressable Remote Transducer,可寻址远程传感器高速通道)是美国 Rosement 公司于 1985 年推出的一种用于现场智能仪表和控制室设备之间的开放通信协议。HART 协议采用基于 Bell202 标准的 FSK 频移键控信号,在低频的 4～20 mA 模拟信号上叠加幅度为 0.5 mA 的音频数字信号进行双向半双工的数字通信,是模拟数字混合电流环路。由于 FSK 信号的平均值为 0,不影响传送的模拟信号的大小,保证了与现有模拟系统的兼容性。在 HART 协议通信中,主要的变量和控制信息由 4～20 mA 传送,另外的测量、过程参数、设备组态、校准、诊断信息通过 HART 协议访问。

2. 数字电流环电路基本原理

1) 全双工通信

20 mA 数字电流环电路是目前串行通信广泛使用的一种接口电路,但由于未形成正式标准,没有完全统一的接口。典型全双工通信原理如图 7-1 所示。

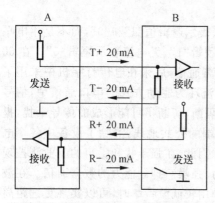

图 7-1　全双工数字电流环通信原理

A 方发送高、低电平信号来控制开关的通断。当 A 方发送低电平时,开关接通,20 mA 的电流从 A 方 T+流出,从 A 方 T-流入,形成 20 mA 电流环路,B 方接收端通过接收电阻接地,经过缓冲电路后输出低电平。当 A 方发送高电平时,开关断开,A 方 T+无 20 mA 电流流出,没有形成 20 mA 电流环路,B 方接收端通过 A 方发送端电阻拉到高电平,并经过缓冲电路后输出。B 方可用同样方法向 A 方发送高、低电平信号。电流环串行通信接口的最大优点是低阻传输线对电气噪声不敏感,而且易实现光电隔离。因此,在长距离传送时要比 RS-232C 优越得多,可用于 2 000 m 以内和 9 600 波特以下的数据通信中。光电隔离器根据所需传送速率来选择,一般可选用 4N25、4N26、TLP521 等。如果要求速率高,可选用高速光电隔离器,如 6N136、6N137 等。

2) 半双工通信

半双工通信原理如图 7-2 所示,包含电流源的设备为主动方,其他设备为被动方,在单工通信环路中可以串接许多发送器和接收器。当一个发送器发送数据时,所有的接收器都接收发送器发送的数据。当环路中不发送数据时,环路中有电流流过。

3) 光电隔离电路

带光电隔离数字电流环电路的原理如图 7-3 所示,光耦 U_1 为发送器、光耦 U_2 为接收器,环路电流由电源电压 U_S、限流电阻 R_S 及 U_1 中光敏三极管的饱和压降(0.2 V 左右)、U_2 中发光二极管的工作电压(1.8 V 左右)决定。

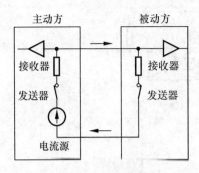

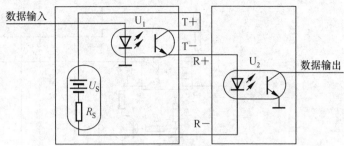

图 7-2　半双工数字电流环通信原理　　　　　图 7-3　带光电隔离数字电流环电路原理

3. 典型数字电流环电路

1) 4 线制电流环电路

典型 4 线制电流环电路如图 7-4 所示,当 A 地要发送的数据为高电平时,在光耦 U_1 中的光敏三极管中产生光电流,B 地光耦 U_3 中的发光管工作,B 地接收端输出低电平;当 A 地要发送的数据为低电平时,在光耦 U_1 中的光敏三极管中无光电流产生,B 地光耦 U_3 中的发光管不工作,B 地接收端输出高电平。

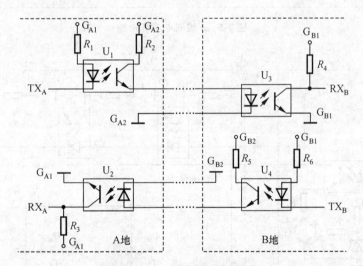

图 7-4　4 线制电流环电路

2) 3 线制电流环电路

典型 3 线制电流环电路如图 7-5 所示,W_1、W_2 为稳压二极管,通过调节电阻 R_4 的大小可以调整 A 地发送环路中电流值,通过调节电阻 R_8 的大小可以调整 A 地接收环路中电流值。两个环路共用 A 地电源线,因此可省一条线,构成 3 线制电流环电路。

3) 主从式电流环电路网络

电流环电路网络如图 7-6 所示,由 A 地主方和 B 地多个从方组成。A 地主方发送的高、低电平转换为环路中电流的有、无,从方采用串联方式,每一个从方都可以接收到环路中主方发送的信号。从方发送电路采用并联方式,每一个从方都可以向主方发送信号。为保证环路的可靠工作,只有在主方允许条件下,从方才能向主方发送信号。

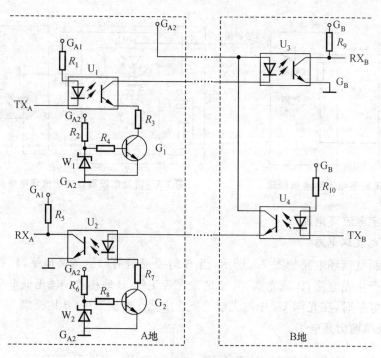

图 7-5　3 线制电流环电路

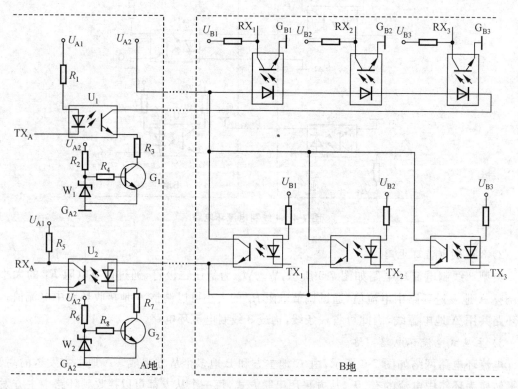

图 7-6　电流环电路网络

4. 模拟电流环电路及其应用

在工业现场,4～20 mA 模拟电流环是优先考虑的信号传输方式,使用这种方式信号传输的距离长,电流对外部噪声不敏感、传输线的分布电阻产生电压降等的影响小(输出驱动电阻大于传输线分布电阻与接收端取样电阻之和,信号传输线的长度对精度无影响)。另外监测或控制仪器也可以向远端的传感器或变送器提供工作电压。4～20 mA 的电流环用 4 mA 表示零信号,用 20 mA 表示信号满刻度,低于 4 mA 或高于 20 mA 的信号用于各种故障的报警。这种不用 0 mA 表示信号的好处是:通过测量环路电流很容易检测远端的传感器或变送器是否工作正常,而且可以向远端的变送器供电。

4～20 mA 电流环常用于温度、湿度、压力、流量等检测或电磁阀门、继电器和电机的远距离控制等场合。4～20 mA 电流环主要有两种类型:2 线制和 3 线制。当监控系统需要驱动现场的阀门、电机等时,一般采用 3 线制变送器,即除了电流环路用两根线外,用第三根线直接向变送器供电。对于 2 线制系统,其工作电源和信号共用一根导线,利用 4～20 mA 的电流环向远端的变送器供电,同时通过 4～20 mA 来反映信号的大小。典型的 4～20 mA 电流环 2 线制和 3 线制结构如图 7-7 所示。

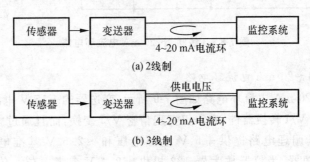

图 7-7　4～20 mA 模拟电流环

在 4～20 mA 电流环中一般只有一个发送器,一个供电设备,但可以串接多个监测设备。考虑到仪器输入端的一根线可能接地,因此为消除相互影响,需要用 4～20 mA 电流环隔离栅将各个仪器隔离。

5. 典型模拟电流环电路

4～20 mA 模拟电流环主要应用于工业现场监测和控制等。在工业现场对温度、湿度、压力、流量等进行监测的多种传感器输出信号可以被转换成 4～20 mA 的电流信号,通过 4～20 mA 电流环传输到远端的监测设备,并可以通过 4～20 mA 电流环将控制信号传输到现场的阀门和电机等执行器。

1) 典型 3 线制 4～20 mA 电流环电路

典型 3 线制 4～20 mA 电流环电路如图 7-8 所示,变送器的+24 V 电压需要单独提供。XTR110 为精密 V/I 转换器件,它不仅实现精密 V/I 变换,而且通过三极管 2N3055 和其内部精密基准电压源为传感器及其调理电路提供+10 V 基准电源。低噪声放大器 OPA27 构成电压跟随器,为仪器放大器 102 提供+6 V 参考电位。传感器(如测量温度、压力等)在测量过程中产生±40 mV 的电压信号,仪器放大器 102 将信号放大 100 倍,在+6 V 参考电位作用下,产生

+2~+10 V 的电压信号,并通过 XTR110 转换为 4~20 mA 的电流,由电流环将信号传送到接收器。场效应管 IRF9513 起驱动作用,用来输出 4~20 mA 的电流。在接收器中,精密 4~20 mA 电流环接收器 RCV420 将信号再转换为 0~5 V 的电压信号。通过 3 线制电流环电路实现传感器信号的远距离传输。

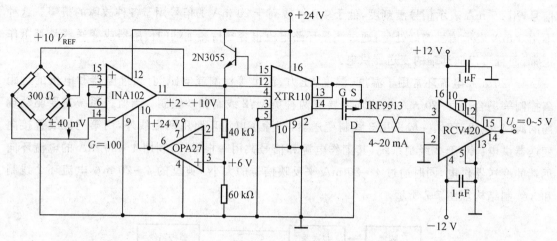

图 7-8　3 线制 4~20 mA 电流环电路

2) 典型 2 线制 4~20 mA 电流环电路

典型 2 线制 4~20 mA 电流环电路如图 7-9 所示,变送器的 +15 V 电源由 2 线制电流环提供。XTR115 为精密 V/I 转换器件,它不仅实现精密 V/I 变换,而且通过内部电压源和电压基准电路为传感器及其调理电路提供 +5 V 电源电压和 +2.5 V 基准电压。单电源放大器 LM358 构成电压跟随器,为仪器放大器 122 提供 +2.4 V 参考电位。传感器电桥电路产生 ±40 mV 的电压信号,通过调节仪器放大器 122 第 1 管脚和第 8 管脚之间电阻 R_G 的大小,将仪器放大器 122 的放大倍数调整为 40,在仪器放大器 122 第 5 管脚的 +2.4 V 参考电位作用下,产生 +0.8~+4 V 的电压信号,并通过 XTR115 转换为 4~20 mA 的电流信号,由电流环将信号传送到接收器。XTR115 输出电流为其输入电流的 100 倍。在接收器中,精密 4~20 mA 电流环接收器 RCV420 将信号再转换为 0~5 V 的电压信号,并进一步通过隔离放大器 ISO122 输出。隔离放大器 ISO122 输入部分的 ±15 V 电源和输出部分的电源 V+ 和 V− 需要由隔离电源提供。

对 4~20 mA 电流环电路隔离可以在变送器端或接收器端进行隔离,也可以采用专门的电流环隔离接口芯片(如 IDC3516 系列)。图 7-9 所示电路在接收器端采用 ISO122 隔离放大器进行隔离。

传统的 4~20 mA 电流环电路的校正,需要多次调节传感器电路和调理电路中的电子器件,比较烦琐。目前,4~20 mA 电流环电路校正可以采用数字化方法或芯片。如 TI 生产的 XTR108 不需要外加可调电阻器提供 RTD 的非线性校正,PGA309 为 TI 专为压力桥路传感器设计的可编程模拟信号调节器,数字式压力信号调理器 MAX1459 可构成 4~20 mA 电流变送器,具有温度补偿和增益补偿功能。

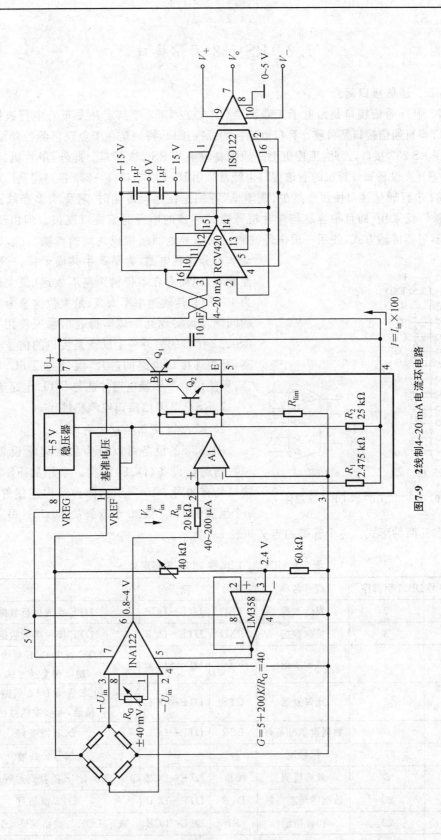

图7-9 2线制4~20 mA电流环电路

7.2 RS-232 通信接口

1. RS-232 通信接口简介

RS-232 串行通信接口是由电子工业协会（EIA）在 1962 年制定并发布的串行数据接口标准。RS-232 串行通信接口是目前计算机上配备的标准接口，特别是在工业现场测控领域，许多外部设备采用 RS-232 接口，因此，工控机上一般配备较多的 RS-232 接口。此外，单片机、可编程器件和 DSP 等开发设备和计算机的通信接口也经常采用 RS-232 接口，RS-232 接口得到广泛应用。

RS-232 串行通信接口使用线路少、成本低，特别是在远程传输时，避免了多条线路特性的不一致而被广泛采用，而且很容易与单片机等微处理器的串行通信接口连接。但由于 RS-232 接口采用不平衡传输方式，使用一根信号线和一根信号返回线构成共地的传输形式，即单端驱动非差分接收电路，容易产生共模干扰，抗噪声干扰性能弱，因而存在着传输距离不太远（最大传输距离为 15 m）和传输速率不太高（最大位速率为 20 kb/s）的问题。为实现远距离串行通信需要使用 Modem。RS-232 接口的另外一个缺点是接口的信号电平值较高，易损坏接口电路的芯片，而且与 TTL 电平不兼容，须使用电平转换电路才能与 TTL 电路连接。

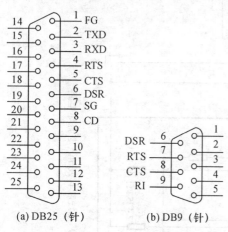

(a) DB25（针） (b) DB9（针）

图 7-10 RS-232 DB9 和 DB25 连接件

2. RS-232 通信接口电气特性

1) RS-232 通信接口管脚定义

RS-232 的设备可以分为数据终端设备（DTE）和数据通信设备（DCE）两类。常用的 RS-232 通信接口具有如图 7-10 所示的两种结构连接件，分别为 9 个管脚的 DB9 和 25 个管脚的 DB25。每一种结构又分为针和孔两种形式。各个管脚的定义如表 7-1 所示。

表 7-1 RS-232 DB9 和 DB25 管脚定义

DB9 引脚序号	DB25 引脚序号	信号名称	符号	流 向	功 能
3	2	发送数据	TXD	DTE→DCE	DTE 发送串行数据
2	3	接收数据	RXD	DTE←DCE	DTE 接收串行数据
7	4	请求发送	RTS	DTE→DCE	DTE 请求 DCE 将线路切换到发送方式
8	5	允许发送	CTS	DTE←DCE	DCE 告诉 DTE 线路已接通，可以发送数据
6	6	数据设备准备好	DSR	DTE←DCE	DCE 准备好
5	7	信号地	—	—	信号公共地
1	8	载波检测	CD	DTE←DCE	表示 DCE 接收到远程载波
4	20	数据终端准备好	DTR	DTE→DCE	DTE 准备好
9	22	振铃指示	RI	DTE←DCE	表示 DCE 与线路接通，出现振铃

2) RS-232 通信接口电气特性

如图 7-11 所示,RS-232 通信接口输出电压范围为 ±5～±15 V,在 RS-232-C 中任何一条信号线的电压均为负逻辑关系,即逻辑"1",－5～－15 V;逻辑"0",＋5～＋15 V。RS-232 通信接口的噪声容限为 2 V。即要求接收器能识别高至＋3 V 的信号作为逻辑"0",低至－3 V 的信号作为逻辑"1"。

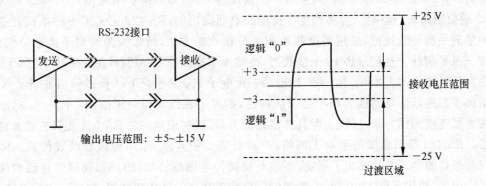

图 7-11　RS-232 通信接口电气特性

3. RS-232 接口电平与 TTL 电平转换芯片

RS-232 接口电平与 TTL 电平不兼容,相互连接时需要接口转换芯片。芯片选择比较简单,主要考虑接口的路数和速度是否满足要求。典型接口转换芯片 MAX232 如图 7-12 所示,只需要外接一个 5 V 电源和几个电容即可,共有两路输入和两路输出接口。

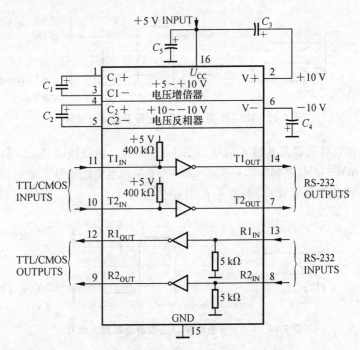

图 7-12　RS-232 接口电平与 TTL 电平转换芯片 MAX232

7.3　RS-485 通信接口

1. RS-485 通信接口简介

RS-232、RS-422 和 RS-485 都是串行数据接口标准,最初都是由电子工业协会(EIA)制定并发布的。RS-232 在 1962 年发布,采用不平衡传输方式,即所谓单端通信。RS-422 是为弥补 RS-232 通信距离短、速率低、容易产生串扰的缺点而提出的,RS-422 定义了一种单机发送多机接收的单向平衡传输规范,采用平衡驱动和差分接收的方法,传输线为两对平衡差分信号线。允许在一条平衡线上连接最多 10 个接收器,传输速率提高到 10 Mb/s,在速率低于 100 kb/s 时传输距离延长到 1 219.2 m。RS-485 标准最初由电子工业协会(EIA)于 1983 年制定。RS-485 标准增加了发送器的驱动能力和冲突保护特性,扩展了总线共模电压范围。RS-485 标准允许多个发送器连接到同一条总线上,即具有多站能力,可以利用单一的 RS-485 接口方便地建立测控网络。RS-485 接口组成的半双工网络,一般只需二根连线,采用屏蔽双绞线传输。RS-485 网络只对接口的电气特性作出了规定,不涉及接插件电缆或协议,用户需要建立自己的高层通信协议。因此,使用 RS-485 总线,一对双绞线就能实现多站远距离联网,构成分布式系统,设备简单、价格低廉,广泛应用于工业自动化、楼宇自控和自动抄表领域。

2. RS-485 通信接口电气特性

RS-485 通信接口发送器及其输出信号如图 7-13 所示。RS-485 发送器包括输入信号,平衡驱动 A、B 端,信号地和使能信号。A、B 端电压差为输出信号,逻辑"1",2～6 V;逻辑"0",−6～−2 V。当使能信号有效时,A、B 端输出信号,当使能信号无效时,A、B 端处于高阻状态。

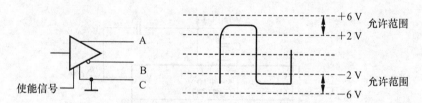

图 7-13　RS-485 通信接口发送器及其输出信号

RS-485 通信接口接收器及其输入信号如图 7-14 所示。差分接收 A、B 端电压差为输入信号,逻辑"1",200 mV～6 V;逻辑"0",−200 mV～−6 V。当使能信号有效时,A、B 端信号作为有效信号输入,当使能信号无效时,不输入 A、B 端信号。

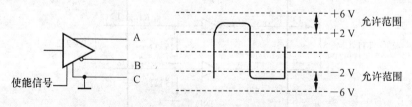

图 7-14　RS-485 通信接口接收器及其输入信号

由图 7-13 和图 7-14 可见,RS-485 接口信号电平比 RS-232-C 低,不易损坏接口电路的芯片。RS-485 接口采用平衡驱动器和差分接收器的组合,抗共模干扰能力增强,即抗噪声干扰性好。RS-232、RS-422 和 RS-485 特性比较如表 7-2 所示。

表 7-2　RS-232、RS-422 和 RS-485 特性比较

通信接口	RS-232	RS-422	RS-485
工作方式	单端	差分	差分
节点数	1 收 1 发	1 发 10 收	1 发 32 收
最远距离/m	15	1 200	1 200
最大传输速率/(b/s)	20 K	10 M	10 M
驱动器加载输出电压/V	±5～±15	±2.0	±1.5
驱动器负载阻抗/Ω	3～7 k	100	54
接收器输入电压范围/V	±15	−10～+10	−7～+12
接收器输入门限	±3 V	±200 mV	±200 mV
接收器输入电阻/Ω	3～7 k	≥4 k	≥12 k
驱动器共模电压/V	—	−3～+3	−1～+3
接收器共模电压/V	—	−7～+7	−7～+12

3. RS-485 电路

RS-485 基本电路组成如图 7-15 所示。SP-485R 芯片（U_2）为 TTL 电平和 RS-485 电平之间接口转换芯片。当单片机的 I/O2 管脚输出低电平时，光电耦合器 U_4 的集电极输出低电平，U_2 的 $\overline{RE}$ 管脚有效，U_2 处于接收状态。此时，来自 RS-485 网络的信号在 U_2 的 RO 管脚输出，并通过光电耦合器 U_3 送到单片机的 I/O1 管脚。当单片机的 I/O2 管脚输出高电平时，光电耦合器 U_4 的集电极输出高电平，U_2 的 DE 管脚有效，U_2 处于发送状态。此时，单片机的 I/O3 管脚输出信号通过光电耦合器 U_5 送到 U_2 的 DI 管脚，并通过 U_2 发送到 RS-485 总线上。U_2 的 RS-485 总线管脚 A 和 B 分别通过电阻 R_8 和 R_9 上拉到 RS-485 的高电平和低电平，提高抗干扰能力。阻值为 120 Ω 的电阻 R_{10} 为 RS-485 总线的终端匹配电阻，用来减小总线上阻抗不匹配引起的反射干扰。双向瞬变电压抑制二极管 D_1、D_2 和 D_3 吸收外来高压，起保护作用。此外，DC-DC 变换器 U_1 提供给芯片 U_2 工作电压，实现了单片机与 RS-485 总线的电源隔离。

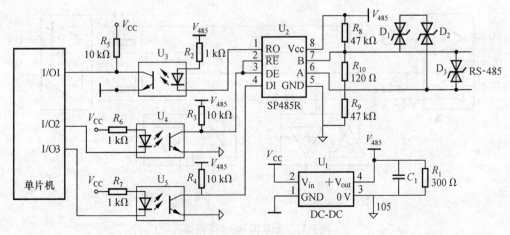

图 7-15　RS-485 基本电路组成

4. RS-485 网络

1) RS-485 网络

通过 RS-485 接口芯片可以将多个站点设备组成 RS-485 网络。有些 RS-485 接口芯片为半双工接口芯片，如 MAX481、MAX483、MAX485 和 MAX487 等。半双工接口芯片组成的 RS-485 网络如图 7-16 所示。所有接口芯片的 A、B 端分别连接在一起。网络中有一个设备为主设备，其他为从设备，各个从设备工作状态受主设备控制。当其中一个设备处于发送状态时，其他设备都处于接收状态。在 RS-485 总线两端分别并接一个 120 Ω 的终端匹配电阻，用来减小总线上阻抗不匹配引起的反射干扰。

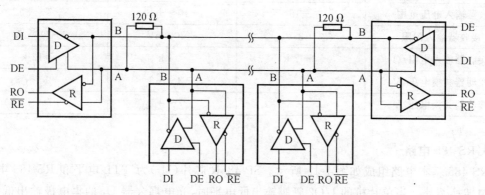

图 7-16　半双工 RS-485 网络

除了半双工接口芯片之外，有些 RS-485 接口芯片为全双工接口芯片，如 MAX488～MAX487 等。全双工接口芯片组成的 RS-485 网络如图 7-17 所示，需要两对双绞线。网络中有一个设备为主设备，其他为从设备。所有从设备接口芯片的输出 Y、Z 端分别连接到主设备接口芯片的输入 A、B 端。主设备接口芯片的输出 Y、Z 端连接到各个从设备接口芯片的输入 A、B 端。主设备可以同时往从设备写数据和自从设备读数据。从设备是否处于发送状态受主设备控制。在全双工 RS-485 总线两端分别并接两个 120 Ω 的终端匹配电阻，用来减小总线上阻抗不匹配引起的反射干扰。

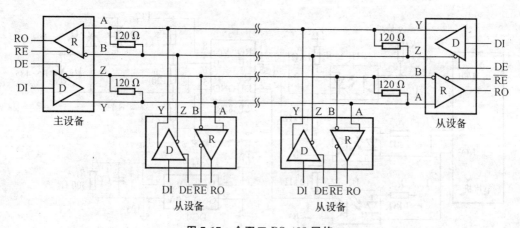

图 7-17　全双工 RS-485 网络

2) 计算机与 RS-485 总线接口

在测控系统中,计算机一般为主设备,因此需要建立基于计算机的 RS-485 测控网络。一般采用基于计算机内 SCI 总线或其他总线的 RS-485 卡的方式组成 RS-485 网络(见图 7-18)。一块 RS-485 卡可以驱动 32 个、64 个,甚至更多的 RS-485 设备。此外,基于 RS-232、USB 等计算机接口和 RS-485 总线之间转换电路也可以组成 RS-485 网络。图 7-19 所示为基于 RS-232、RS-485 电平转换电路和 RS-485 接口芯片组成的 RS-485 网络。

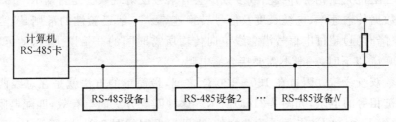

图 7-18 RS-485 卡接口方式

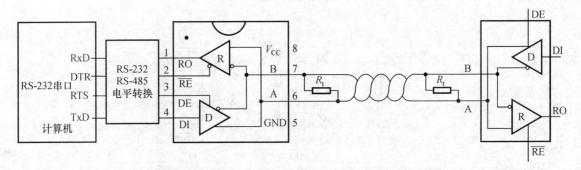

图 7-19 RS-232、RS-485 电平转换电路接口方式

3) 网络配置

(1) 网络拓扑结构和节点数。

网络拓扑一般采用终端匹配的总线型结构,采用一条总线将各个节点串接起来,尽量缩短从总线到每个节点的引出线长度,以便降低引出线中的反射信号与原信号叠加对总线信号的影响。在短距离低速率情况下,不正确的网络连接对网络通信影响不大,网络仍然可以正常工作,但随着通信距离的延长或通信速率的提高,其不良影响会越来越严重。图 7-20(a)、图 7-20(c)和图 7-20(e)所示为不正确的连接方式,图 7-20(b)、图 7-20(d)和图 7-20(f)为正确连接方式。

RS-485 总线上允许连接的收发器数目在 RS-485 标准中并没有作出规定,但规定了最大总线负载为 32 个,收发器输入电阻相当于约 12 kΩ。为了进一步扩展总线节点数,RS-485 器件生产厂商增大收发器输入电阻。例如,MAX487、MAX1487 的输入电阻增加至

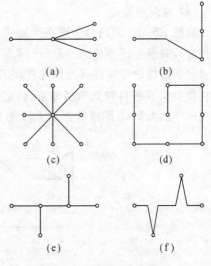

图 7-20 RS-485 网络拓扑

48 kΩ 以上,节点数就可增加至 128 个,MAX1483 输入电阻增加至 96 kΩ,允许连接节点数就可达到 256 个。

(2) 总线终端电阻匹配。

信号在传输线末端突然遇到电缆阻抗很小或没有时,信号在这个地方就会引起反射。在电缆的末端跨接一个与电缆的特性阻抗同样大小的终端电阻,使电缆的阻抗连续,则可以消除信号反射。在实际应用中,由于传输电缆的特性阻抗与波特率等因素有关,终端电阻不太可能与传输电缆的特性阻抗完全相等,因此,或多或少会有信号反射现象。是否对 RS-485 总线进行终端匹配取决于数据传输速率、电缆长度及信号转换速率。一般经验性的准则是:当信号的转换时间(上升或下降时间)超过电信号沿总线单向传输所需时间的 3 倍以上时,就可以不加匹配。通信距离在 300 m 以下时,一般不需要接终端电阻。

由于大多数双绞线特性阻抗在 100~120 Ω 之间,最简单的方法就是在总线两端各接一只与电缆特性阻抗相等的电阻,如图 7-21(a)所示。这种匹配方法简单有效,匹配电阻要消耗较大功率,会减小总线上允许的节点数。除此之外,也可以采用如图 7-21(b)所示 R、C 串联的方法,或者图 7-21(c)所示的二极管钳位方法,但效果不一定理想。

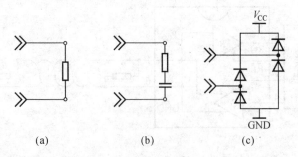

(a)　　　　　　　(b)　　　　　　　(c)

图 7-21　终端匹配方案

除了末端阻抗不匹配之外,数据收发器与传输电缆之间的阻抗不匹配也会引起信号反射,在通信线路处于空闲状态时,整个通信网络数据混乱。因此,RS-485 总线管脚 A 和 B 分别通过电阻拉到 RS485 的高电平和低电平,提高抗干扰能力。

(3) 地线与接地。

虽然 RS-485 的信号为两条传输线之间的电位差,与地线没有直接关系,但 RS-485 收发器只有在其共模电压不超出 $-7\sim+12$ V 范围的条件下才能正常工作,当共模电压超出此范围时就会影响通信的可靠性甚至损坏接口芯片。在图 7-22 所示的 RS-485 传输线路中,发送器 A 和接收器 B 具有各自独立的接地系统,它们的地线之间存在着地电位差 U_{GPD}。若发送器 A 输出的共模电压为 U_{OS},则接收器输入端的共模电压为 $U_{\mathrm{CM}}=U_{\mathrm{OS}}+U_{\mathrm{GPD}}$。RS-485 标准中规定 U_{OS}

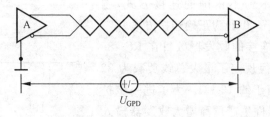

图 7-22　RS-485 地电位差

为 3 V，但 U_{GPD} 可能会很大，使接收器共模输入 U_{CM} 超出正常范围，影响正常通信或损坏接口芯片。此外，驱动器输出信号中的共模部分如果没有一个低阻的返回通道，信号地就会以辐射的形式返回源端，整个 RS-485 总线就会像一个巨大的天线向外辐射电磁波，产生干扰。可采用以下方法消除 U_{GPD} 的影响。

① 如图 7-23(a)所示，直接将两个节点的地相连，形成低阻的信号地。

② 如图 7-23(b)所示，在两个节点之间加限流电阻，减小干扰电流。但接地电阻的增加可能会使共模电压升高，因此，需要控制选择接地电阻大小。

③ 当共模干扰电压大，内阻很小时，需要采用图 7-23(c)所示的浮地技术隔断接地环路。也就是使系统的电路地与机壳或大地隔离，隔断接地环路。

④ 在有些情况下出于安全或其他方面的考虑，电路地必须与机壳或大地相连而不能悬浮，需要采用图 7-23(d)所示的隔离接口来隔断接地回路，但是仍然应该有一条地线将隔离侧的公共端与其他接口的工作地相连。

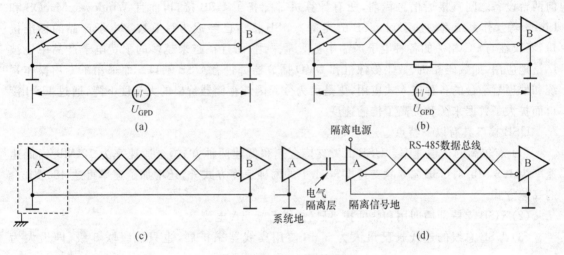

图 7-23　RS-485 接地方法

（4）中继器。

RS-485 总线长度一般在 1 200 m 以下，有时为了拓宽传输距离就需要采用中继器。如图 7-24 所示，将 RS-485 双工通信芯片中输出 RO 直接与输入 DI 相连，并使使能端有效，就构成中继器。

4）影响 RS-485 通信速度和通信可靠性因素

前面已经提到由于阻抗不连续和阻抗不匹

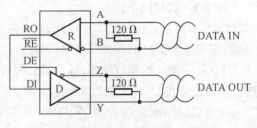

图 7-24　中继器

配在通信电缆中会引起信号反射，造成干扰。地电位差也会影响通信可靠性甚至损坏器件。除此之外，双绞线的两条平行导线产生的分布电容、分布电感和电阻会造成信号的衰减，影响通信可靠性和通信距离。导线和地之间也存在分布电容，虽然很小，但也会降低数据传输的波特率。纯阻性负载主要由终端电阻、偏置电阻和 RS-485 收发器构成，在选定了驱动器的总线上，在通信波特率一定的情况下，带负载数越多，信号传输的距离就越近；带负载数据越少，信号能传输的距离就越远。

为了正确、可靠地在网络上传输命令、数据,在数据链路层需要提供一定的网络协议,保证在物理层的比特流出现错误时进行检测和校正,同时实现生成数据帧和命令帧的功能。在网络协议中应尽量减少特征字和校验字,提高 RS-485 网络通信效率,目前 MODBUS 协议在水利、电力等领域得到广泛应用。

7.4　USB 通信接口电路

1. USB 接口概述

随着计算机技术和信息技术的飞速发展,计算机外设种类的增多与有限的主板插槽和端口之间的矛盾日益突出,由 Intel、Microsoft 等公司联合制定的通用串行总线(Universal Serial Bus,USB),为解决这一矛盾提出了很好的解决方案。在 2000 年,USB 2.0 规范将速度从 12 Mb/s 提高到 480 Mb/s,在 2001 年,USB OTG 补充规范使外部设备可以摆脱 PC,实现在任何两台设备之间直接通信。目前,所有计算机都配备了 USB 接口,而且 Windows、MacOS 和 Linux 等操作系统都增加了对 USB 的支持。USB 接口已经成为目前数字电子产品的标准接口,不仅在与 PC 相关的各种电子产品中被大量采用,而且在越来越多的消费电子产品中也被广泛地应用,如数码相机、数码摄像机和 DVD 播放器都带有 USB 端口。而采用了专用操作系统和处理器平台的各种嵌入式应用,更是因为今天闪烁存储器价格的大幅度下降,通过 USB 接口而扩大了数据来源和提高了传输速度。

USB 接口具有以下特点。

(1) 有较高的传输速率。USB 1.1 支持全速和低速两种方式,全速速率为 12 Mb/s,低速速率为 1.5 Mb/s;USB 2.0 除支持 USB 1.1 的两种速度方式外,还增加了速率可达 480 Mb/s 的高速方式。

(2) USB 支持即插即用和热插拔,可以提供 500 mA 电流。

(3) USB 总线的连线长度最大为 5 m,使用集线器来扩展,也只能级联 5 级,即最大为 30 m。

(4) 一个接口最高可连接至 127 个设备。

(5) 成本低、功耗小。

(6) 接口简单。标准的 USB 接头有 4 条线:电源、D一、D十和地线。而 miniUSB 接头则有 5 条线,多了一条 ID 线,用来标志身份。

USB 是一种新的接口标准,虽然具有很多的优点,但也具有不少局限性。为了扩大其应用范围,很多公司在 USB 规范的基础上添加了新的功能。例如,利用 PoweredUSB 技术提供大于 500 mA 电流;Icron 公司开发了 Externe USB 技术,可以将连线距离扩展到 500~2000 m;Cypress 公司推出的 WirelessUSB,实现了 10 m 的无线通信距离,可在 2.4 GHz ISM 频段下工作。以 Intel 公司为首的多家公司发起组成了无线 USB 组织,正成为 USB 发展的一个新的热点。

2. USB 接口芯片介绍

目前 USB 控制器芯片很多,从芯片的构架来划分,主要有两类:一类是带 USB 接口的微控制器(MCU),这些微控制器具有专门为 USB 应用优化的指令集,如 Cypress 半导体公司的 CY7C63xxx(低速)、CY7C64013(全速),这类微控制器有自己的系统结构和指令,有些微控制器只是增加了 USB 接口的通用芯片(基于 8051 内核),如 Intel 公司的 8x931、8x930,Cypress

半导体公司的 EZUSB 系列，Microchip 基于 PIC 的 16C7x5，Motorola 基于 68HC08 系列的 68HC08JB8，Atmel 基于 AVR 的 AT76C711 等 USB 控制芯片；另一类是纯粹的 USB 接口芯片，它需要一个外部微控制器控制，如朗讯公司的 USS820/825，National 半导体公司的 USBN9602、USBN9603、USBN9604，NetChip 公司的 NET2888，Philips 公司的 PDIUSBD11(I2C) 和 PDIUSBD12(并行接口)。需要外接微控制器的芯片，只处理与 USB 相关的通信工作，而且必须由外部微控制器对其控制才能正常工作，这些芯片必须提供一个串行或并行的数据总线与微控制器进行连接，从串行 UART、并行 FIFO、SPI、I²C 和 JTAG 等协议转换到 USB 协议。此外，还需要一个中断引脚，当数据收到或发送完，这个中断引脚会向微控制器发出中断请求信号。其优点是芯片价格便宜，而且便于用户使用自己熟悉的微控制器进行开发。

　　USB 芯片按功能可以分为 USB 主控制器芯片、USB 集线器芯片和 USB 功能设备芯片三大类。USB 主控制器芯片负责实现主机与 USB 设备之间的物理数据传输，它是构成 USB 主机不可或缺的核心部件，如 TDI 公司的 TD242LP 芯片、Philips 公司的 ISP1761 和 Cypress 公司的 CY7C67200。USB 集线器芯片负责将一个 USB 上行端口转化为多个下行端口，它是构成 USB 集线器不可或缺的核心部件，如 Cypress 公司的 CY7C66113、Alcor Micro 公司的 AU9254 A21 和 Philips 公司的 ISP1251 等。USB 功能设备芯片是负责实现功能设备与 USB 主机之间的物理数据传输的必要部件，如 Cypress 公司的 CY7C68013a、NetChip 公司的 Net2280 和 Philips 公司的 ISP1583 等。

　　按协议可以分为：USB1.1 接口芯片，低速(1.5 Mb/s)和全速(12 Mb/s)，如 Philips 公司的 PDIUSBD12 和 Cypress 公司的 EZ-USB2100 系列；USB2.0 接口芯片，高速(400 Mb/s)，如 Philips 公司的 ISP1581 和 Cypress 公司的 CY7C68013。

3. FT245BM 和 PIC16F877 组成的 USB 接口多路采集卡

　　FT245BM 芯片是由 FTDI(Future Technology Devices Intl, Ltd)公司推出的带 8 位并行接口的 USB 接口芯片。与其他 USB 芯片相比，应用 FT245BM 芯片进行 USB 外设开发，只需熟悉单片机(MCU)编程及 VC 或 VB 等计算机编程，而无需考虑 USB 固件设计及驱动程序的编写，从而能大大缩短 USB 外设产品的开发周期。FT245BM 支持 USB1.1 及 USB2.0 规范。

　　图 7-25 所示为 FT245BM 芯片功能框图。芯片内部由 3.3 V 稳压器、USB 收发器、锁相环、串行接口引擎(SIE)、FIFO 控制器、USB 协议引擎、FIFO 接收缓冲区、发送缓冲区及 6 MHz 振荡器，8 倍频时钟倍频器等组成。FT245BM 芯片可实现 USB 接口与 8 位并行 I/O 接口之间数据的双向转换。当 USB 收发器从 USB 主机接收到 USB 串行数据后，由串行接口引擎将数据转换成并行数据，并存储在 FIFO 接收缓冲区；当 FIFO 接收缓冲区有数据时，$\overline{RXF}$ 变为低电平；当 FIFO 控制器检测到外部读信号 $\overline{RD}$ 为低，就把接收缓冲区的数据送到并行数据线 D0～D7 上。另一方面，当 FIFO 控制器检测到外部写信号 WR 为高时，就从数据线 D0～D7 上读取并行数据，存储在 FIFO 发送缓冲区；并行数据经串行接口引擎转换成 USB 串行数据，再通过 USB 收发器传送到 USB 主机。其读数据和写数据时序如图 7-26 所示。

　　工业控制等场合往往需要用 PC 或工控机对各种数据进行采集，通常数据采集系统是通过串行口、并行口或内部总线等与计算机连接的。ISA、PCI 等内部总线接口安装不便，灵活性受到限制，而 RS-232 串行口速度较慢。目前 USB 接口已经成为计算机的标准设备，它具有通用、高速、支持热插拔等优点，非常适合在数据采集中应用。一般 USB 开发需要熟悉 USB 标准、USB 固件编程、驱动编程等，采用 USB 接口芯片 FT245BM 开发数据采集系统，开发者无需编

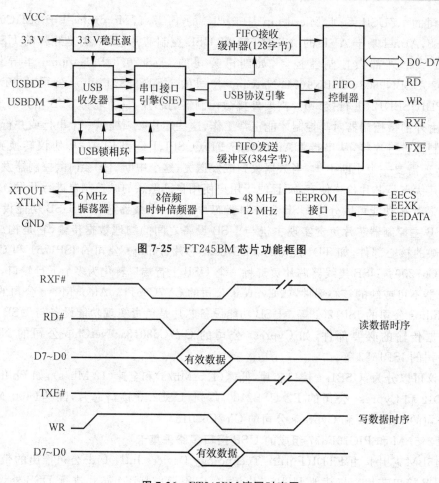

图 7-25　FT245BM 芯片功能框图

图 7-26　FT245BM 读写时序图

写驱动程序。

　　FT245BM 和 PIC16F877 组成的 USB 接口多路采集卡电路原理如图 7-27 所示。该系统能够实现基于 USB 接口的 8 路模拟量的采集、多路数字量的输入/输出及与 UART、SPI 等串行接口设备的通信。单片机 PIC16F877 的 RD0～RD7 与 FT245BM 的 8 位数据线 D0～D7 相连，单片机 PIC16F877 的 RB0～RB3 引脚分别与 FT245BM 的 FIFO 状态线 RXF♯、TXF♯、读写控制线 WR、RD♯相连，实现与 FT245BM 之间的并行数据通信。JP2 为 8 路模拟输入信号插座、JP3 为 UART 接口插座、JP4 为 SPI 接口插座。JP1 为 USB 接口插座，采用 USB 总线供电。在 USB 接口的电源端连接一个磁珠，以减少设备的噪声和 USB 电缆辐射对主机产生的电磁干扰。电源端增加去耦合旁路电容，以提高电路的抗干扰性能。电路中 RSTOUT♯用来提供上电复位微处理器。如果微处理器本身有复位逻辑，那么通常就不需使用 RSTOUT♯来复位设备。图中的 93C46(93C56 或 93C66)是一片 EEPROM，用于存储产品的 VID、PID、设备序列号及一些说明性文字等。该 EEPROM 是可选的，若没有 EEPROM，FT245BM 将使用默认的 VID、PID、产品描述符和电源描述符，而且没有设备的序列号。

　　USB 接口程序设计包括三部分：单片机程序开发、USB 设备驱动程序开发和主机应用程序开发。三者互相配合，才能完成可靠、快速的数据采集与传输。USB 设备驱动方法有两种：第一种方法是在 PC 上安装 FT245BM 虚拟串口(VCP)驱动程序，FT245BM 即作为 PC 上的一个

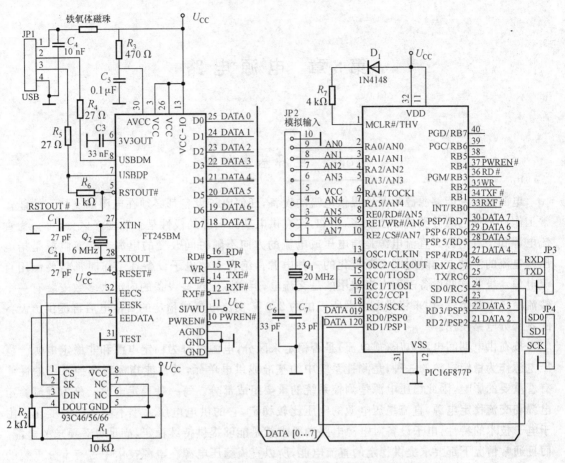

图 7-27 FT245BM 和 PIC16F877 组成的 USB 接口多路采集卡

虚拟(VCP)串口,可以按照与操作串口完全一样的方法来编程,这就提供了一个最方便的开发 USB 的手段和方法;另外一种对 FT245BM 编程的方法是调用厂家提供的 API 函数。具体编程请参考有关手册。

思考题与习题

7-1 模拟电流环与数字电流环的相同点和区别是什么?

7-2 模拟电流环与数字电流环主要应用领域是什么?

7-3 利用全双工数字电流环电路设计单片机和计算机串口通信接口电路。

7-4 设计 2 线制 4~20 mA 湿度变送器电路。

7-5 设计单片机与计算机 RS-232 串口之间隔离接口电路。

7-6 比较 RS-232 和 RS-485 接口的特性,说明它们的相同点和区别。

7-7 查找目前市场上与计算机相连的 RS-485 驱动设备的种类和主要指标。

7-8 USB 接口主要特点是什么?

7-9 举例说明 USB 接口芯片有哪些分类方法?

7-10 画出 FT245BM 芯片与单片机接口电路,并编写从单片机寄存器向 USB 接口发送数据的程序。

第8章 电源电路

8.1 电源基本知识

电源是一种能够源源不断地提供电流的设备,任何电子设备都必须在电源的支持下才能正常工作。常见电源分类的方法很多,例如,按在供电期间电源的极性是否改变来区分,可分为直流电源和交流电源。直流电源是指电压或电流的方向不随时间改变的电源。交流电源是指电压或电流的流动方向随时间不断变化的一种电源。绝大多数电子设备在工作时都需要使用直流电源。虽然这些设备表面上来看用的是交流电,但实际上这些设备的内部大多数安装有一个整流稳压电路装置,用来将供电电网所提供的 220 V 交流电变成稳定的直流电后再提供给设备的各部分电路使用。

按在供电期间电源电压(或电流)是否稳定来区分,电源可分为稳定电源和非稳定电源。稳压电源作为稳定电源的一种,是测控系统中的基准或供电单元,其性能指标对测控系统的性能有着重要的影响,因此稳压电源是测控系统的重要组成部分。每一种稳定电源又分为直流稳定电源和交流稳定电源,直流稳压电源的电压比较稳定,它的供电电压大小不会随时间变化。由于电子技术的特性,电子设备对电源电路的要求就是能够提供持续稳定、满足负载要求的电能,而且通常情况下都要求提供稳定的直流电能,所以直流稳压电源在电源技术中占有十分重要的地位。相对而言,直流稳压电源是应用最为广泛的一类稳压电源。在一些交流电网电压特别不稳定的地区或在对交流电源供电电压稳定性要求特别高的场合下,常常使用交流稳压电源。本书中主要讨论直流稳压电源。

1. 直流稳压电源的分类

直流稳压电源的分类很多,根据分类标准的不同其分类结果也不一样。这里主要介绍以下几种常见分类。

1) 按调整管的工作状态分类

稳压电源可分为线性稳压电源和开关稳压电源。

线性稳压电源,是指电源的功率器件调整管工作在线性状态下的稳压电源;而开关稳压电源的调整管是工作在饱和及截止区,即开关状态。线性稳压电源的优点是稳定性好,精度高,噪声小;缺点是效率低,体积大。开关稳压电源的优点是效率高,体积小;缺点是精度低,稳定性差,噪声大。因此,对于电源稳定性要求不高的场合,可选用开关稳压电源;对于电源精度,噪声要求高的场合必须选用线性电源,如电压基准源、高精度的测量仪器。

2) 按稳压电路与负载的连接方式分类

稳压电源可分为并联稳压电源和串联稳压电源。

并联稳压电源中调整管与负载电路是并联连接的,而串联稳压电源中调整管与负载电路是串联连接的。并联稳压电源具有效率低、输出电压调节范围小和稳定度不高这三个缺点,而串联稳压电源正好可以避免这些缺点,所以现在广泛使用的一般都是串联稳压电源。

用分立元件组装的直流稳压电源装调、维修麻烦，而且所占体积也很大。在电子设备日益小型化和微型化的今天，集成电路越来越多地取代了传统的分立元件组装的电子设备，这也是直流稳压电源电路的发展趋势。随着功率集成技术的不断发展，人们已经可以把直流稳压电路中的电源调整管、比较放大电路、基准电压电路、取样电路、过压过流保护电路等集成在一块芯片上，制成集成稳压电源。集成稳压电源由于使用方便，体积小，成本低，性能优良，一致性好等优点，在各种电子设备中得到广泛应用。

2. 直流稳压电源的技术指标

直流稳压电源最根本的作用就在于限制输出电压的变化范围，向负载提供稳定的直流电压。不同负载对稳压电源的稳定程度要求不同。一般情况下作为普通直流电源向负载提供的稳压电源，对稳定程度要求不是很高；而作为基准用的稳压电源，往往要求有较高的稳定程度；作为其他用途的，比如调节电路中某些电流或电压参数，对稳定程度也各自有不同的要求。

描述稳压电源稳定程度的物理量称为稳压电源的技术指标。直流稳压电源的技术指标主要包括两大类：一类是特性指标，反映直流稳压电源的固有特性，如输出电压、输出电流调节范围；另一类是质量指标，反映直流稳压电源的优劣，包括电压调整率、电流调整率、纹波抑制比及温度稳定性等。

1）特性指标

（1）输出电压范围。

符合直流稳压电源工作条件情况下，能够正常工作的输出电压范围。该指标的上限是由最大输入电压和最小输入、输出电压差所规定的，而其下限则由直流稳压电源内部的基准电压值决定。

（2）最大输入、输出电压差。

该指标表征在保证直流稳压电源正常工作条件下，所允许的最大输入、输出之间的电压差值，其差值主要取决于直流稳压电源内部调整晶体管的耐压指标。

（3）最小输入、输出电压差。

该指标表征在保证直流稳压电源正常工作条件下，所需的最小输入、输出之间的电压差值。

（4）输出负载电流范围。

输出负载电流范围又称为输出电流范围，在这一电流范围内，直流稳压电源应能保证符合指标规范所给出的指标。

2）质量指标

（1）电压调整率 S_U。

电压调整率是表征直流稳压电源稳压性能优劣的重要指标，又称为稳压系数或稳定系数，它表征在输出电流不变时直流稳压电源输出电压稳定的程度，通常以单位输出电压下的输入与输出电压的相对变化的百分比表示。

电压调整率公式为

$$S_U = \left| \frac{\Delta U_O}{U_O} \right|_{\Delta I_O = 0} \tag{8-1}$$

式中：ΔI_O 为输出电流相对变化量。

（2）电流调整率 S_I。

电流调整率是反映直流稳压电源负载能力的一项主要指标，又称为电流稳定系数。它表征当交流电源输入电压不变时，直流稳压电源对由于输出电流变化而引起的输出电压的波动的抑制能力,在规定的负载电流变化的条件下,通常以单位输出电压下的输出电压变化值的百分比来表示直流稳压电源的电流调整率。

电流调整率公式为

$$S_{I} = \left| \frac{\Delta U_{O}}{U_{O}} \right|_{\Delta U_{\sim} = 0} \tag{8-2}$$

式中:$\Delta U_{\sim}$ 为交流电源电压变化量;ΔU_{O} 为输出电压相对变化量。

(3) 稳压系数 S_{r}。

稳压系数是指当负载不变时,稳压电路输出电压相对变化量与输入电压相对变化量之比,即

$$S_{r} = \frac{\Delta U_{O}/\Delta U}{\Delta U_{i}/U_{i}} \tag{8-3}$$

式中:ΔU_{i} 为输入电压相对变化量。

(4) 温度稳定性 S_{T}。

温度稳定性是指在所规定的直流稳压电源在工作温度 T 最大变化范围内($T_{min} \ll T \ll T_{max}$),直流稳压电源输出电压的相对变化的百分比值。

温度稳定性公式为

$$S_{T} = \left| \frac{\Delta U_{O}}{\Delta T} \right|_{\substack{\Delta U_{i} = 0 \\ \Delta I_{O} = 0}} \tag{8-4}$$

式中:ΔT 为工作温度相对变化量。

8.2　基准电压源

基准电压源是测控系统、测控仪器或稳压电源的工作参考,测控系统、测控仪器的测量准确性取决于基准电压源的水平。基准电压源通常是指在电路中用作电压基准的高稳定度的电压源。理想的基准电压源应不受电源和温度的影响,在电路中能提供稳定的电压,"基准"这一术语正说明基准电压源的数值应比一般电源具有更高的精度和稳定性。一般情况下,可用电阻分压作为基准电压,但它只能作为放大器的偏置电压或提供放大器的工作电流。这主要是由于其自身没有稳压作用,故输出电压的稳定性完全依赖于电源电压的稳定性。另外,也可用二极管的正向压降作为基准电压,它可克服上述电路的缺点,得到不依赖于电源电压的恒定基准电压,但其电压的稳定性并不高,且温度系数是负的。还可用硅稳压二极管的击穿电压作为基准电压,它可克服正向二极管作为基准电压的一些缺点,但其温度系数是正的。因此,以上几种都不适用于对基准电压要求高的场合。在实际应用中,高精度的基准电压源应用比较广泛,种类也较多。

1. 标准电池

标准电池具有稳定的电动势,且温度系数很小,可分为饱和型和非饱和型两种,结构如图8-1所示。正极是硫酸亚汞/汞电极,负极是镉汞齐(含有 10% 或 12.5% 的镉),电解液是酸性的饱和硫酸镉水溶液,溶液中留有适量硫酸镉晶体。

饱和型标准电池的标准电动势为 1.018 32 V(25℃),长期稳定性能达到 1 μV/年,但温度系数较大,在接近 20 ℃时,总温度系数约为 -40 μV/℃。由于饱和型标准电池正、负级的温度系数不同,在电极间温差仅为 0.0010 ℃时,就能引起 0.3 pV 左右的电动势变化,因此要求在使用中保持正、负级的温度均衡。

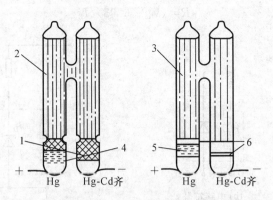

图 8-1　饱和标准电池和不饱和标准电池的结构
1—CdSO₄ 晶体；2—饱和 CdSO₄ 溶液；3—不饱和 CdSO₄ 溶液；4,5—硫酸亚汞；6—隔片

非饱和型标准电池的温度系数较小，在接近 20℃时为－5 μV/℃左右；但长期稳定性较差，年变化大于 20～40 μV/年。以上两种电池都有温度特性的滞后效应，且不能满载使用，但因其噪声低、电动势稳定、制造方便、造价便宜，因此在大多数只要求短期稳定性的精密电源中有广泛的应用。

2. 稳压管基准电压源

PN 结加反向电压达到一定值时，产生击穿现象，在制作时利用特殊工艺控制二极管的方向特性，使之在一定电压 U_W 下击穿，就制成稳压二极管。稳压管的使用十分简单，将电阻与稳压管串联到直流电源上，从稳压管两端引出的电压可以作为基准电压，这就是最简单的电压基准源。

这种电压基准源的稳定性与供电的直流电源的稳定性、工作电流、环境温度及动态电阻有关。要求直流电源稳定，工作电流为稳压管的最佳工作电流，选用动态电阻小、温度系数低的稳压管。这种电压基准源的性能取决于稳压管的技术指标，输出电阻高、驱动能力不强、输出电压固定不可调节的稳压管适用于功率不大、输出电压固定且要求不高的场合。

为了提高稳压管基准电压源的适用性，必须设法改善温度稳定性，提高驱动能力。改善温度稳定性可从稳压管自身及电路两方面入手，而提高驱动能力则从电路入手。

改善温度稳定性可以采用以下两种方法。

(1) 将两个温度系数一致的同型号稳压管反向串联使用，这样可以使两个稳压管的温度影响互相抵消，达到提高温度稳定性的目的，目前已有商品化的这种稳压管(如国产的 2DW232)。

(2) 在应用中增设恒温设备，保持稳压管的环境温度恒定，间接提高温度稳定性。目前带有恒温单元的集成基准源已有商品化的产品。

这里以美国国家半导体(National Semiconductor)公司的 LM199 系列精密基准源为例，介绍如何设计实用性强的高精密电压基准源。

LM199/299/399 是目前温度系数最低的集成电压基准源，它等效于带恒温器的稳压二极管。其功能框图及电路符号如图 8-2 所示。脚 1、2 分别为基准电压源的正、负极，脚 3、4 之间接 9～40 V 的直流电源。图中 H 代表恒温器，能将芯片温度自动调节到 90 ℃。LM199 基准电压由采用次表面隐埋技术制成的齐纳稳压管提供，具有长期稳定性好、噪声电压低等优点。只要环境温度低于 90 ℃，就能消除温度变化对基准电压的影响，使温度系数达到 0.0003%/℃的水平，这是其他基准稳压源难以达到的指标，其输出电阻为 0.5 Ω，输出电压为 6.95 V。

其典型应用如图 8-3 所示，R 为限流电阻，通常 $I_L \ll I_D$，故 $I_D \approx I_R$，R 值由下式确定：

$$R = (V_{in} - 6.95)/I_R \qquad (8-5)$$

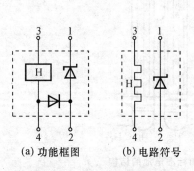

(a) 功能框图　(b) 电路符号

图 8-2　LM199 功能框图

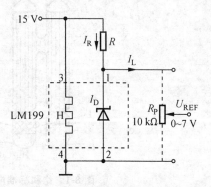

图 8-3　LM199 的典型应用

驱动能力强的精密基准电压源可由图 8-4 所示的电路构成。图中 LF356 构成同相放大器，输出晶体管用于扩流，若输出电流要求小于 15 mA，则可以由运放直接输出。电位器 R_P 用于调节电压值至 10 V。

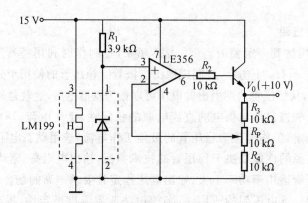

图 8-4　驱动能力强的精密基准电源

3. 能带隙基准电压源

20 世纪 70 年代初，维德拉(Widlar)首次提出能带间隙基准电压源的概念，简称带隙(bandgap)电压。所谓能带间隙是指硅半导体材料在 0 K 温度下的带隙电压，其值约为 $U_{g0} = 1.205$ V。

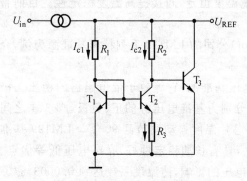

图 8-5　带隙基准电压源的简化电路

带隙基准电压源的基本原理是利用电阻压降的正温漂去补偿晶体管基-射极正向压降的负温漂，从而实现零温漂。由于未采用工作在击穿状态下的稳压管，因此噪声电压极低。带隙基准电压源的简化电路如图 8-5 所示。基准电压的表达式为

$$U_{REF} = U_{be3} + I_{c2}R_2 \qquad (8-6)$$

式中，U_{be3} 具有负的温度系数（约为 -2 mV/℃），为了实现零温度系数，要求第二项 $I_{c2}R_2$ 具有正温度系数。根据图示电路，I_{c2} 是由 T_1、T_2 和 R_3 构成的微电流电路提供。其值为

$$I_{c2} = \frac{U_T}{R_3}\ln\left(\frac{I_{c1}}{I_{c2}}\right) \tag{8-7}$$

由此可得

$$U_{REF} = U_{be3} + \frac{U_T R_2}{R_3}\ln\left(\frac{I_{c1}}{I_{c2}}\right) \tag{8-8}$$

合理选择 I_{c1}/I_{c2} 和 R_2/R_3 的值，即可利用具有正温度系数的电压 $I_{c2}R_2$ 补偿具有负温度系数的电压 U_{be3}，使得基准电压为

$$U_{REF} = \frac{E_g}{q} = 1.205 \text{ V} \tag{8-9}$$

式中：E_g 为硅的禁带宽度；q 为电子电量。

这种基准电压源的电压值较低，温度稳定性好，适用于低电压的电源中，典型的产品有 Motorola公司的 MC1403 和 Analog Devices 公司的 AD580。两者属于等效产品，技术指标相同，均属于三端器件。这里以 AD580 为例加以介绍，其主要技术指标如下：

（1）输出电压为 2.5 V±4%；

（2）温度系数为 10 ppm/℃；

（3）静态电流为 1.5 mA；

（4）输入电压为 4.5～30 V。

它的内部结构及典型连接如图 8-6 所示。实际使用时可将器件视为带有恒流驱动的稳压管，

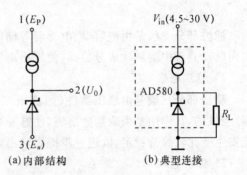

图 8-6　AD580 的结构图及典型连接

使用十分方便，如果需调节输出电压，可按前述 LM199 的方法设计电路。

8.3　线性直流稳压电源

线性直流稳压电源是使用比较早的一类稳压电源，采用线性稳压电源的稳压电源电路中的调整功率管工作在线性放大区。78XX、79XX 系列及 LM317、LM337 都是比较常用的线性稳压电源芯片。

1. 线性直流稳压电源的组成

线性直流稳压电源主要由电源变压器、整流电路、滤波电路、稳压电路及保护电路五部分组成。线性直流稳压电源结构如图 8-7 所示。

1）电源变压器

各种电子设备所需的直流电压幅值各不相同，而电网提供的交流电压一般为 220 V（或 380 V）。因此需要利用电源变压器将电网电压降压，然后再去进行整流、滤波和稳压，最后得到所需要的直流电压幅值。

2）整流电路

整流电路是利用具有单向导电性的整流器件（一般为半导体二极管），将大小、方向变化的正弦交流电变换成单向脉动的直流电。但是，这种单向脉动电压包含着很大的脉动成分，与理想的直流电压相差很远。

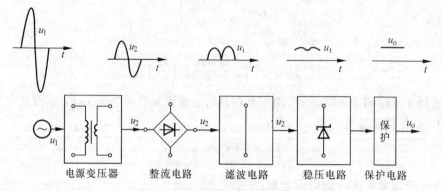

图 8-7　直流线性稳压电源结构方框图

3）滤波电路

滤波部分一般是由电容器、电感器等储能元件组成的。滤波电路的主要任务是将整流后的单向脉动直流中的脉动成分滤掉，使输出电压成为比较平滑的直流电压。

4）稳压电路

稳压部分一般是由稳压器件（如稳压二极管、晶体三极管、稳压集成块等元器件构成的电路）组成的，其作用是采取某些措施，使脉冲系数减小，使输出的直流电压在电网电压或负载电流发生变化时保持稳定，以进一步提高输出电压的稳定性。

5）保护电路

当由于某种偶然因素或误操作使负载短路或输出电流过大时，保护电路启动工作，以保护电路元件不致被破坏。

线性稳压电源根据调整管与负载电路的连接方式，可分为并联型线性稳压电源和串联型线性稳压电源，它们的工作原理不太一样，所以分别进行讨论。

2. 并联型线性直流稳压电源

并联型线性稳压电源中调整管与负载电路是并联连接的。调整管工作在反向击穿时，即使流过稳压管的电流有较大变化，其两端的电压也基本保持不变。利用这一特点，将调整管与负载电阻并联，并使其工作在反向击穿区，就能在一定的条件下保证负载上的电压基本不变，从而起到稳定电压的作用。

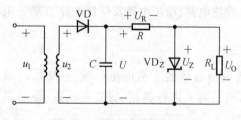

图 8-8　并联型直流稳压电路

根据上述原理构成的并联型直流稳压电路如图 8-8 所示，其中调整管 VD_Z 反向并联在负载电阻 R_L 两端，电阻 R 起限流和分压作用。稳压电路的输入电压 U_i 来自整流滤波电路的输出电压。

并联型直流稳压电路的工作原理如下。

当输入电压 U_i 波动时，会引起输出电压 U_O 波动。若 U_i 升高将引起 $U_O = U_Z$ 随之升高，这会导致稳压管的电流 I_z 急剧增加，因此电阻上的电流 I_R 和电压 U_Z 也跟着迅速增大，U_R 的增大抵消了 U_i 的增加，从而使输出电压 U_O 基本上保持不变。反之，当 U_i 减小时，U_R 相应减小，仍可保持 U_O 基本不变。

当负载电流 I_O 变化引起输出电压 U_O 发生变化时，同样会引起 I_z 的响应变化，使得 U_O 保持基本稳定。如果当 I_O 增大时，I_R 和 U_R 均会随之增大而使 U_O 下降，这将导致 I_Z 急剧减小，使 I_R 仍维持原有数值，保持 U_R 不变，从而使 U_O 得到稳定。

可见，这种稳压电路中稳压管 VD_Z 起着自动调节的作用，电阻 R 一方面保证稳压管的工作电流不超过最大稳定电流 I_{ZM}；另一方面还起到电压补偿作用。

选择稳压管时，一般取：

$$U_Z = U_O \tag{8-10}$$

$$I_{ZM} = (1.5 \sim 3)I_{omax} \tag{8-11}$$

$$U_i = (2 \sim 3)U_O \tag{8-12}$$

式中：I_{omax} 为负载电流 I_o 的最大值。

并联型直流稳压电源的优点是：有过载自保护性能，输出断路时调整管不会损坏；在负载变化小时，稳压性能比较好；对瞬时变化的适应性较好。

并联型直流稳压电源的缺点是：效率较低，特别是轻负载时，电能几乎全部消耗在限流电阻和调整管上；输出电压调节范围很小；稳定度不易做得很高。

并联型直流稳压电源的这些优点对于串联稳压电源而言，都可以通过采用一些特殊的电路实现，但是并联型直流稳压电源的这些固有的缺点却很难改进。

3. 串联型线性直流稳压电源

串联型线性稳压电源中调整管与负载电路是串联连接的，使用调整管分压保持电源稳定，而且调整管工作在线性状态。前面提到的并联型硅稳压管稳压电路虽然比较简单，但受稳压管最大稳定电流的限制，负载电流不能太大。另外，输出电压不可调且稳定性也不够理想。若要获得稳定性高且连续可调的输出直流电压，可以采用由三极管或集成运算放大器所组成的串联型直流稳压电路。串联型直流稳压电路的基本原理如图 8-9 所示。

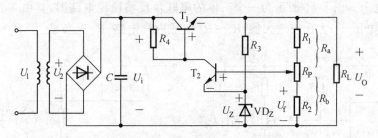

图 8-9　串联型直流稳压电路的原理图

整个电路由以下四部分组成。

1）取样环节

取样环节由 R_1、R_p、R_2 组成的分压电路组成。它将输出电压 U_O 分出一部分作为取样电压 U_f，送到比较放大环节。

2）基准电压

由稳压二极管 VD_Z 和电阻 R_3 构成的稳压电路组成。它为电路提供一个稳定的基准电压 U_Z，作为调整、比较的标准。

设 V_2 发射结电压 U_{BE2} 可以忽略，则

$$U_f = U_Z = \frac{R_b}{R_a + R_b}U_o \tag{8-13}$$

或
$$U_O = \frac{R_a + R_b}{R_b} U_z \qquad (8\text{-}14)$$

用电位器 R_P 即可调节输出电压 U_O 的大小，U_O 必大于或等于 U_z。

3）比较放大环节

比较放大环节由 V_2 和 R_4 构成的直流放大电路组成。其作用是将取样电压 U_f 与基准电压 U_z 之差放大后控制调整管 V_1。

4）调整环节

调整环节由工作在线性放大区的功率管 V_1 组成。V_1 的基极电流 I_{B1} 受比较放大电路输出的控制，它的改变又可使集电极电流 I_{C1} 和集、射电压 U_{CE1} 发生改变，从而达到自动调整稳定输出电压的目的。

电路的工作原理如下。

当输入电压 U_i 或输出电流 I_O 变化引起输出电压 U_O 增加时，取样电压 U_f 相应增大，使 V_2 管的基极电流 I_{B2} 和集电极电流 I_{C2} 随之增加，V_2 管的集电极电位 U_{C2} 下降，因此 V_1 管的基极电流 I_{B1} 下降，I_{C1} 下降，U_{CE1} 增加，U_O 下降，从而使 U_O 保持基本稳定。同理，当 U_i 或 I_O 变化使 U_O 降低时，调整过程相反，U_{CE1} 将减小使 U_O 保持基本不变。

从上述调整过程可以看出，该电路是依靠电压负反馈来稳定输出电压的。

比较放大环节也可采用集成运算放大器，如图 8-10 所示。

另外，由于简单串联型稳压电源输出电压受稳压管稳压值的限制而无法调节，当需要改变输出电压时必须更换稳压管，造成电路的灵活性较差；同时由输出电压直接控制调整管的工作，造成电路的稳压效果也不够理想。所以可以增加一级放大电路，专门负责将输出电压的变化量放大后控制调整管的工作。由于整个控制过程是一个负反馈过程，所以这样的稳压电源称为串联负反馈稳压电源。图 8-11 所示为一个简单的串联负反馈稳压电路图，其中 T_1 是调整管，T_{d1} 和 R_2 组成基准电压 T_2 为比较放大器，$R_3 \sim R_5$ 组成取样电路，R_6 是负载。

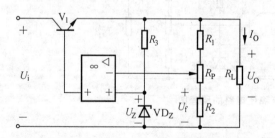
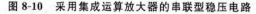

图 8-10　采用集成运算放大器的串联型稳压电路

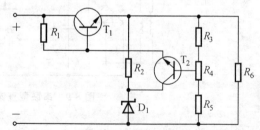

图 8-11　串联负反馈稳压电源电路图

在串联负反馈稳压电源的整个稳压控制过程中，由于增加了比较放大电路 T_2，输出电压 U_O 的变化经过 T_2 放大后再去控制调整管 T_1 的基极，使得电路的稳压性能得到增强。

4. 线性集成直流稳压电源

线性集成直流稳压电源在近十多年发展迅速，品种、类型逐渐增多。其中，三端式稳压电路应用最广泛，它可分为三端固定式和三端可调式两类，这两类稳压器又有正稳压器和负稳压器之分。它们的组成及工作原理相同，均采用串联型稳压电路。78×× 系列为三端固定正电压输出集成稳压器，其输出电压有 5 V、6 V、9 V、12 V、15 V、18 V、24 V 共 7 种，最大输出电流可达到 1.5 A。79×× 系列为三端固定负电压输出集成稳压器，其输出电压系列值和输出电流与

78××系列相同。它们的优点是使用方便,不需做任何调整,外围电路简单,工作安全可靠,适合制作通用型、标称输出的稳压电源;缺点是输出电压不能调整,不能直接输出非标称值电压,电压稳定度还不够高。

1) 78××系列三端固定稳压集成电路

(1) 引脚功能。

三端固定正电压输出稳压器 78××系列的管脚如图 8-12 所示。

三端固定正电压输出稳压器 78××有三条引脚输出,分别是电压输入端、公共接地端和电压输出端,输出的是正电源电压。而 79××系列输出的是负电源电压。

(2) 型号含义。

国内外各电源生产厂家把三端固定正电压输出稳压器命名为 78××系列,其含义如下。

图 8-12 78××系列
管脚图

78 后面的"××"代表该稳压器输出的正电压的数值,以伏为单位。例如,7805 就表示输出电压为+5 V;7812 则表示输出电压为 12 V 等。

78 前面的一个或几个外文字母称为前缀,如 μA78××、HA78××、AN78××、W78××、BG78×× 等是一般生产厂家或公司的代号。

78××后面的一个或几个英文字母,称为后缀,如 L78××CV、AN78××C 等。后缀用来表示输出电压容差、封装和外壳的类型等。但各生产厂家对后缀所用字母定义不一样。

(3) 种类。

78××系列稳压器按输出电压的不同,可分为 7805、7806、7808、7809、7810、7812、7815、7818、7824。

78××系列按其最大输出电流,又可分为 78L××、78M×× 和 78×× 三个分系列。其中,78L××系列最大输出电流为 100 mA;78M××系列最大输出电流为 500 mA;78××系列最大输出电流为 1.5 A。

(4) 应用电路。

78××系列集成稳压器的典型应用电路如图 8-13 所示,这是一个输出正 5 V 直流电压的稳压电源电路。IC 采用集成稳压器 7805,C_1、C_2 分别为输入端和输出端滤波电容,R_L 为负载电阻。当输出电流较大时,7805 应配上散热板。

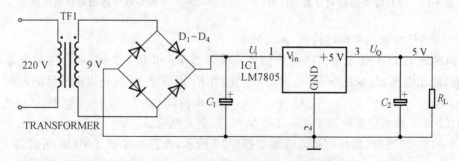

图 8-13 78XX 系列集成稳压器的典型应用电路

图 8-14 所示为提高输出电压的应用电路。稳压二极管 VD_1 串接在 78××稳压器 2 脚与地之间,可使输出电压 U_O 得到一定的提高,输出电压 U_O 为 78××稳压器输出电压与稳压二

极管 VC_1 稳压值之和。VD_2 是输出保护二极管，一旦输出电压低于 VD_1 稳压值时，VD_2 导通，将输出电流旁路，保护 78×× 稳压器输出级不被损坏。

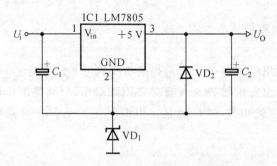

图 8-14　78×× 系列集成稳压器的应用电路

2) LM317 三端可调集成稳压电路

LM317 作为输出电压可变的集成三端稳压块，是一种使用方便、应用广泛的集成稳压块。317 系列稳压块的型号很多，如 LM317HVH、W317L 等。LM317 是应用最为广泛的电源集成电路之一，它不仅具有固定式三端稳压电路的最简单形式，又具备输出电压可调的特点。此外，LM317 还具有调压范围宽、稳压性能好、噪声低、纹波抑制比高等优点。

(1) LM317 管脚排列及封装外形。

图 8-15 给出了 LM317 的管脚排列及封装外形图。

由于输出端与输入端之间的电压保持在 1.25 V，调整接在输出端与地之间的分压电阻 R_1 和 R_2 来改变 A_{dj} 端的电位，可以达到调节输出电压的目的。

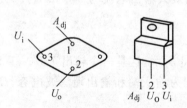

图 8-15　LM317 管脚排列及封装外形

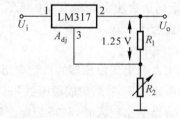

图 8-16　输出可调电路图

图 8-16 所示为输出可调电路图，原理如下。

R_1 两端的 1.25 V 恒定电压产生的恒定电流流过 R_1 和 R_2，在 R_2 上产生的电压加到 A_{dj} 端。此时，输出电压 U_o 取决于 R_1 与 R_2 的比值，当 R_2 阻值增大时，输出电压升高，即

$$U_o = 1.25[(R_1 + R_2)/R_2] \tag{8-15}$$

(2) LM317 典型应用电路 1.25～120 V 维修、实验电源。

1.25～120 V 维修、实验电源原理图如图 8-17 所示，电路由 4 块 LM317 组成，4 组输出电压只通过 R_2 进行调节。调节 R_2，IC_4 的输出电压在 1.25～30 V 之间连续可变，同时，与之串联的 IC_1～IC_3 的输出电压也随之改变，从而得到 1.25～120 V 之间的 4 组直流稳定电压。

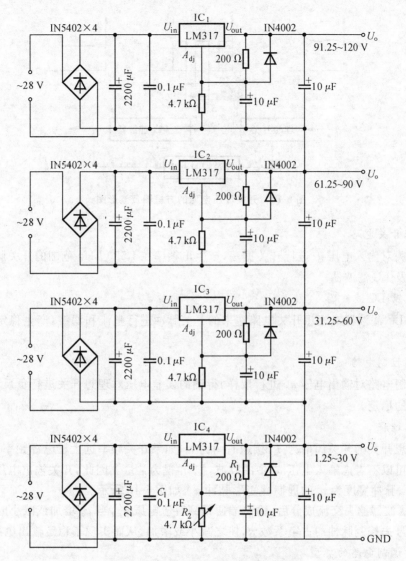

图 8-17　1.25～120 V 维修、实验电源电路

8.4　开关直流稳压电源

开关直流稳压电源作为一种比较新型的电源,它具有功耗小、效率高、稳压范围宽、重量轻、体积小及可靠性高等特点,已经越来越广泛地应用于测控系统或测量仪器中。

1. 开关直流稳压电源的组成

虽然开关稳压电源的类型较多,电路组成也较复杂,但它们的基本原理是不变的,一般都由图 8-18 所示的一些功能方框图构成。

1）输入电压 u_i

输入电压一般为整流、滤波后的不稳定电压,该电压提供给开关电路。

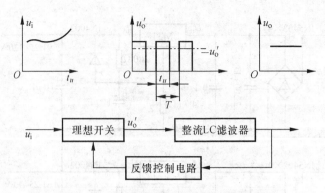

图 8-18　开关稳压电源的方框图及波形图

2）理想开关电路

理想开关对输入电压 u_i 进行开关振荡，产生出频率在 1 550 kHz 范围的开关脉冲电压并送到后级整流及 LC 滤波器。

3）整流及 LC 滤波器

整流及 LC 滤波器对理想开关电路送来的开关脉冲进行整流和滤波，产生稳定的直流输出电压。

4）反馈控制电路

反馈控制电路对输出电压 u_o 进行取样，得到的误差电压对理想开关进行负反馈控制，以保证输出电压的稳定。

5）工作过程

假设理想开关的开关周期为 T，接通时间为 t_u，如果开关频率远大于电源频率，则在开关的一个周期内可以不考虑输入电压 u_i 中的纹波，把 u_i 视为常量。因此，开关输出电压就是幅度为 u_i、周期为 T、脉冲宽度为 t_u 的周期性矩形脉冲 u_o，如图 8-18 所示。

用 LC 滤波器滤去交流成分后，输出端便得到直流电压 u_o'，当 u_o 增加或减小时由反馈电路产生控制信号去控制脉冲的占空系数 d，使之减小或增加，从而实现了稳定输出电压的目的。

6）脉冲调制电路的类型

在开关稳压电源中，保证输出直流电压的稳定是一个核心问题，通常都是由"脉冲调制电路"来实现的。脉冲调制电路通常分为脉冲宽度调制方式和脉冲频率调制方式两种。两者的工作原理基本相同，均是采用控制开关脉冲的占空比来实现稳压的目的，也就是通过控制开关管的导通时间与开关周期的比值来使输出的电压稳定。

（1）脉冲宽度调制。

所谓脉冲宽度调制，是指开关工作频率受一标准频率（例如，在彩色电视机中利用行扫描频率）锁定，使开关脉冲周期恒定，稳压过程中是通过改变开关管的导通时间，即开关脉冲波形的占空比来达到直流输出电压的稳定。

（2）脉冲频率调制。

所谓脉冲频率调制，也是通过控制开关管的导通时间来稳定输出直流电压的，即开关脉冲宽度受控于输出直流电压的变化量，而其开关工作频率也跟着发生变化。当输出直流电压升高时，脉冲频率调制电路促使开关管导通时间缩短（开关电源的工作频率也随之会升高）。当开关管导通时间缩短以后，就会使储能元件中储存的能量减少，最终就会使输出电压下降，达到了稳定输出电压的目的。

2. 开关直流稳压电源的工作原理

本书以串联开关式稳压电源为例介绍开关电源的工作原理,其原理框图如图 8-19 所示。与串联反馈式线性稳压电路相比,增加了 LC 滤波电路及产生固定频率的三角波电压(锯)发生器和比较器 C 组成的控制电路。图中 U_{in} 是整流滤波电路的输出电压,U_B 是比较器的输出电压,利用 U_T、控制调整管 T,将 U_{in} 变换为矩形波电压 $U_E(V_D)$。当 $U_A > U_T$ 时,U_B 为高电平,T 饱和导通,U_{in} 经 T 加到二极管 D 的两端,电压 U_E 等于 U_{in}(忽略 T 的饱和压降)。此时二极管 D 承受反向电压而截止,负载中有电流 i_o 流过,电感 L 储存能量,同时向电容器 C 充电,输出电压 U_o 略有增加。当 $U_A > U_T$ 时,U_B 为低电平,T 由导通变为截止,滤波电感产生自感电势(极性如图 8-19 所示),使二极管 D 导通,于是电感中储存的能量通过 D 向负载 R_L 释放,使负载 R_L 继续有电流通过,因而常称 D 为续流二极管。此时电压 $U_E = -U_D$(二极管正向压降)。由此可见,虽然调整管处于开关工作状态,但由于二极管 D 的续流作用和 L、C 的滤波作用,输出电压是比较平稳的。

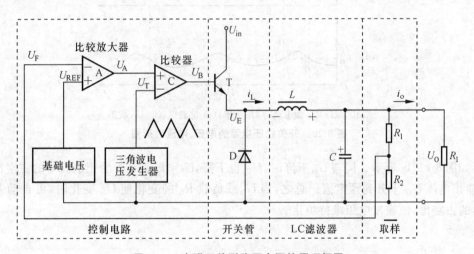

图 8-19 串联开关型稳压电源的原理框图

图 8-20 给出了电流 i_L、电压 U_T、U_A、U_B、U_E 和 U_O 的波形。图中 t_{off} 是调整管 T 的导通时间,t_{on} 是调整管 T 的截止时间,$T = t_{on} + t_{off}$ 是开关转换周期。显然,在忽略滤波电感 L 的直流压降的情况下,输出电压的平均值为

$$U_O = \frac{t_{on}}{T}(U_{in} - U_{ces}) + (-U_D)\frac{t_{off}}{T} \approx U_{in}\frac{t_{on}}{T} = DU_{in} \tag{8-16}$$

式中:D 为脉冲波形的占空比,$D = \dfrac{t_{on}}{T}$。

由式(8-15)可见,对于一定的 U_{in} 值,通过调节占空比即可调节输出电压 U_O,故称脉宽调制(PWM)式开关稳压电源。

在闭环的情况下,电路能自动调整输出电压。设在某一正常工作状态时,输出电压为某一预定值 U_{set},反馈电压 $U_F = U_V U_{set} = U_{REF}$,比较放大器输出 U_A 为零,比较器 C 输出脉冲电压 U_B 的占空比 $D = 50\%$,U_T、U_B、U_E 的波形如图 8-21 所示。当输入电压 U_{in} 增加致使输出电压 U_O 增加时,$U_F > U_{REF}$,比较放大器输出电压 U_A 为负值,U_A 与固定频率三角波电压 U_T 相比较,得到 U_E 的波形,其占空比 $D < 50\%$,使输出电压下降到预定的稳压值 U_{set}。此时,U_A、U_T、U_B、U_E

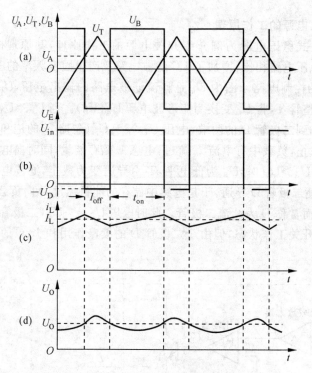

(a)U_A、U_T、U_B 波形;(b) U_E 波形;(c) i_L 波形;(d) U_O 波形

图 8-20　开关稳压电源的电压、电流波形图

的波形如图 8-21(b)所示。同理 U_{in} 下降时,U_O 也下降,$U_F < U_{REF}$,U_A 为正值,U_B 的占空比 $D >$ 50%,输出电压 U_O 上升到预定值。总之,当 U_{in} 或负载 R_L 的变化使 U_O 变化时,可自动调整脉冲波形的占空比,使输出电压维持恒定。

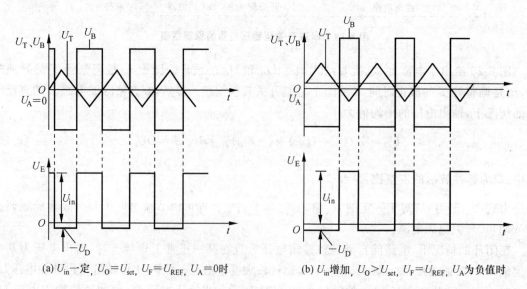

(a) U_{in} 一定, $U_O = U_{set}$, $U_F = U_{REF}$, $U_A = 0$时　　　(b) U_{in} 增加, $U_O > U_{set}$, $U_F = U_{REF}$, U_A 为负值时

图 8-21　U_{in}、U_O 变化时 U_A、U_T、U_B、U_E 的波形

实际的开关式稳压电源电路通常还有过流、过压等保护电路,并备有辅助电源为控制电路

提供低压电源等。

3. 开关直流稳压电源的常见电路

按照不同的分类标准,开关稳压电源的分类也不同,常见的开关稳压电源电路主要有以下几种。

1) 单端反激式开关稳压电源电路

单端反激式开关稳压电源典型电路如图 8-22 所示。电路中所谓的单端,是指高频变换器的磁芯仅工作在磁滞回线的一侧。所谓的反激,是指当开关管 VT_1 导通时,高频变压器 T 初级绕组的感应电压为上正下负,整流二极管 VD_1 处于截止状态,在初级绕组中储存能量。当开关管 VT_1 截止时,变压器 T 初级绕组中存储的能量,通过次级绕组及 VD_1 整流和电容 C 滤波后向负载输出。

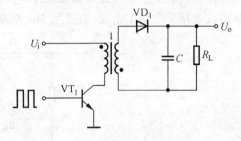

单端反激式开关稳压电源是一种成本最低的电源电路,输出功率为 $20\sim100$ W,可以同时输出不同的电压,且有较好的电压调整率。唯一的缺点是输

图 8-22 单端反激式开关稳压电源电路

出的纹波电压较大,外特性差,适用于相对固定的负载。单端反激式开关电源使用的开关管 VT_1 承受的最大反向电压是电路工作电压值的两倍,工作频率在 $20\sim200$ kHz 之间。

2) 单端正激式开关稳压电源

单端正激式开关稳压电源的典型电路如图 8-23 所示。这种电路在形式上与单端反激式开关稳压电源电路相似,但工作情形不同。当开关管 VT_1 导通时,VD_1 也导通,这时电网向负载传送能量,滤波电感 L 储存能量;当开关管 VT_1 截止时,电感 L 通过续流二极管 VD_3 继续向负载释放能量。在电路中还设有钳位线圈和二极管 VD_2,它可以将开关管 VT_1 的最高电压限制在两倍电源电压之间。为满足磁芯复位条件,即磁通建立时间和复位时间应相等,所以电路中脉冲的占空比不能大于 50%。由于这种电路在开关管 VT_1 导通时,通过变压器向负载传送能量,所以输出功率范围大,可输出 $50\sim200$ W 的功率。电路使用的变压器结构复杂,体积也较大,所以这种电路的实际应用相对较少。

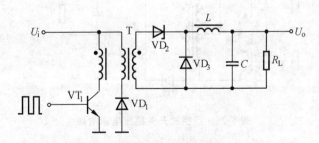

图 8-23 单端正激式开关稳压电源电路

3) 自激式开关稳压电源

自激式开关稳压电源的典型电路如图 8-24 所示。它是一种利用间歇振荡电路组成的开关稳压电源,也是目前广泛使用的基本电源之一。当接入电源后在 R_1 给开关管 VT_1 提供启动电流,使 VT_1 开始导通,其集电极电流 I_c 在 L_1 中线性增长,在 L_2 中感应出使 VT_1 基极为正,发射极为负的正反馈电压,使 VT_1 很快饱和。与此同时,感应电压给 C_1 充电,随着 C_1 充电电压

的增高，VT_1 基极电位逐渐变低，致使 VT_1 退出饱和区，I_C 开始减小，在 L_2 中感应出使 VT_1 基极为负、发射极为正的电压，使 VT_1 迅速截止，这时二极管 VD_2 导通，高频变压器 T 初级绕组中的储能释放给负载。在 VT_1 截止时，L_2 中没有感应电压，直流供电输入电压又经 R_1 给 C_1 反向充电，逐渐提高 VT_1 基极电位，使其重新导通，再次翻转达到饱和状态，电路就这样重复振荡下去。这里就像单端反激式开关稳压电源那样，由变压器 T 的次级绕组向负载输出所需要的电压。自激式开关稳压电源中的开关管起着开关及振荡的双重作用，也省去了控制电路。电路中由于负载位于变压器的次级且工作在反激状态，具有输入和输出相互隔离的优点。这种电路不仅适用于大功率电源，也适用于小功率电源。

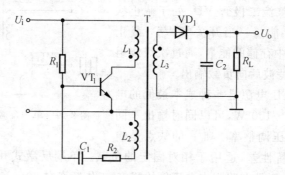

图 8-24　自激式开关稳压电源电路

4）推挽式开关稳压电源

推挽式开关稳压电源的典型电路如图 8-25 所示。推挽式开关稳压电源电路属于双端式变换电路，高频变压器的磁芯工作在磁滞回线的两侧。电路使用两个开关管 VT_1 和 VT_2，两个开关管在外激励方波信号的控制下交替的导通与截止，在变压器 T 次级绕组得到方波电压，经整流滤波变为所需要的直流电压。这种电路的优点是两个开关管容易驱动，主要缺点是开关管的耐压要达到两倍电路峰值电压。电路的输出功率较大，一般在 $100 \sim 500$ W 范围内。

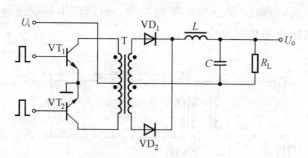

图 8-25　推挽式开关稳压电源电路

5）降压式开关稳压电源

降压式开关稳压电源的典型电路如图 8-26 所示。当开关管 VT_1 导通时，二极管 VD_1 截止，输入的整流电压经 VT_1 和 L 向 C 充电，这一电流使电感 L 中的储能增加。当开关管 VT_1 截止时，电感 L 感应出左负右正的电压，经负载 R_L 和续流二极管 VD_1 释放电感 L 中存储的能量，维持输出直流电压不变。电路输出直流电压的高低由加在 VT_1 基极上的脉冲宽度确定。这种电路使用元件少，它同下面介绍的另外两种电路一样，只需要利用电感、电容和二极管即可实现。

6) 升压式开关稳压电源

升压式开关稳压电源的稳压电路如图 8-27 所示。当开关管 VT₁ 导通时,电感 L 储存能量。当开关管 VT₁ 截止时,电感 L 感应出左负右正的电压,该电压叠加在输入电压上,经二极管 VD₁ 向负载供电,使输出电压大于输入电压,形成升压式开关稳压电源。

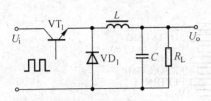

图 8-26 降压式开关稳压电源电路

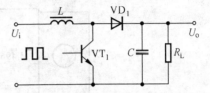

图 8-27 升压式开关稳压电源电路

4. 单片开关稳压电源

单片开关稳压电源是由一片开关式集成稳压器构成的新型高效率可调式开关电源,具有单片集成化(内含开关功率管)、最简外围电路和最佳性能指标。

1) 单片开关式集成稳压器的产品分类

单片开关式集成稳压器属于低压直流电源变换器。典型产品有意法半导体有限公司(SGS-Thomson)公司生产的 L4960 和 L4970 系列产品。它们适于制作低压连续可调(5.1～40 V)、大中功率(400 W 以下)、大电流(1.5～10 A)、高效率(可大于 90%)的开关电源,并且利用降压式电路来代替高频变压器,使用时需配工频变压器。典型产品的性能指标如表 8-1 所示。表中 T_{jM} 为芯的最高结温,超过此值,芯片将自动保护;η 为电源效率(不考虑工频变压器损耗)。

表 8-1 单片开关式集成稳压器性能指标

型 号	U_{in}/V	U_o/V	I_{OM}/A	P_{OM}/W	f_{max}/kHz	$D/(\%)$	$T_{jM}/{}^\circ C$	封装形式	$\eta/(\%)$
L4960	9～46	5.1～40	2.5	100	200	0～100	150	SIP-7	
L4962	9～46	5.1～40	1.5	60	200	0～100	150	DIP-16	
L296	9～46	5.1～40	4	160	200	0～100	150	SIP-15	
L4964	9～36	5.1～28	4	112	200	0～100	150	SIP-15	
L4970 L4970A	15～50	5.1～40	10	400	500	0～100	150	SIP-15	75%以上
L4972 L4972A L4972D	15～50	5.1～40	2	80	≥200	0～100	150	DIP-20	
L4974 L4974A	15～50	5.1～40	3.5	140	110	0～100	150	DIP-20	
L4975 L4975A	15～50	5.1～40	5	200	500	0～100	150	SIP-15	
L4977 L4977A	15～50	5.1～40	7	280	200	0～100	150	SIP-15	

2）由 L4960 构成的单片开关电源

（1）管脚排列。

L4960 的管脚排列如图 8-28 所示。图中短引线代表前排管脚，长引线为后排管脚。脚 2 为反馈端，通过取样电阻把输出电压的一部分反馈到误差放大器；脚 3 是补偿端，外接阻容元件对误差放大器进行频率补偿；脚 5 接振荡电阻和振荡电容，以决定开关频率；脚 6 接软启动电容。

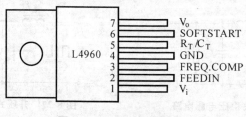

图 8-28　L490 的管脚排列

（2）工作原理。

L4960 的原理框图如图 8-29 所示。L4960 主要包括 6 部分：5.1 V 基准电压源和误差放大器；锯齿波发生器；PWM 比较器和功率输出级；软启动电路；输出限流保护电路；芯片过热保护电路。C_1 是输入端滤波电容。R_2 和 C_2 构成误差放大器频率补偿网络。R_2、C_2 分别为锯齿波发生器的振荡电阻和振荡电容。C_4 是软启动电容。R_3、R_4 为取样电阻。L 是储能电感，C_5 是输出端滤波电容，D_3 为续流二极管。L、C_5 和 D_3 构成降压式输出电路。功率脉冲调制信号从脚 7 引出。该信号为高电平（相当于开关功率管导通）时，除向负载供电之外，还有一部分电能储存在 L 和 C_5 中，此时 D_3 截止。当脚 7 为低电平（开关功率管关断）时，D_3 导通，储存于 L 中的电能就经过由 D_3 构成的回路向负载供电，维持输出电压不变。

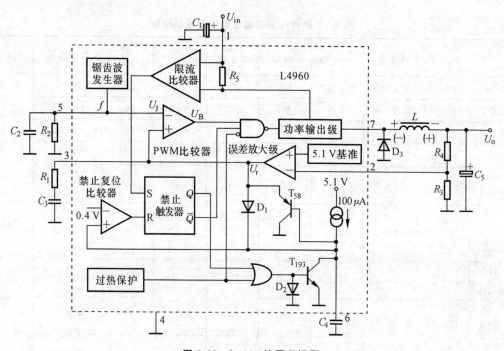

图 8-29　L4960 的原理框图

L4960 的工作原理是：输出电压 U_o 经 R_3、R_4 取样后，送至误差放大器的反相输入端，与加在同相输入端的 5.1 V 基准电压进行比较，得到误差电压 U_r，再用 U_r 的幅度去控制 PWM 比较器输出的脉冲宽度，最后经过功率放大和降压式输出电路使 U_o 保持不变。输出电压为

$$U_o = \eta D U_{in} \tag{8-17}$$

这表明当 η、U_{in} 一定时，只要改变占空比 D，就能调节输出电压值。自动稳压过程的波形如图 8-30 所示。图中，U_J 表示锯齿波发生器的输出波形，U_r 是误差电压，U_B 代表 PWM 比较器输出波形。图 8-30(c)所示为输出波形。由图可见，当 U_o 降低时，$U_r \uparrow \to D \downarrow \to U_o \downarrow$；反之，若 U_o 因某种原因而升高，则 $U_r \downarrow \to D \downarrow \to U_o \downarrow$。

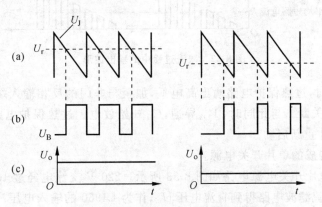

图 8-30　自动稳压过程的波形图

开关频率由下式确定，即

$$f = 1/(R_2 C_2) \tag{8-18}$$

式中：$R_2 = 1 \sim 27$ kΩ，一般取 4.3 kΩ；$C_2 = 1\,000 \sim 3\,000$ pF，通常取 2 200 pF。此时，$f \approx 100$ kHz，$T \approx 10$ μs。

软启动电路有两个功能：一是防止输出级发生二次击穿；二是限制稳压器短路后的平均电流值。软启动时的工作波形如图 8-31 所示。刚通电时，由于 C_4 上的电压不能突变，脚 6 仍为低电平，内部二极管 D_1 导通，使 $U_r \approx 0$。随着 100 μA 恒流源对 C_4 充电，$U_r \uparrow$，电路才进入正常工作状态。$C_4 = 1 \sim 4.7$ μF，一般取 2.2 μF。在软启动过程中，输出电流是缓慢建立起来的，软启动时间约为 100 ms。

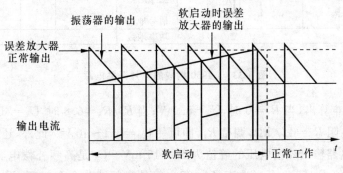

图 8-31　软启动时的工作波形

R_s 为限流保护电路的取样电阻。当输出端发生短路时，$I_o \uparrow$、$V_{R_s} \uparrow$ 使限流比较器翻转，将

禁止触发器置"1"，$\bar{Q}$ 端输出低电平，与非门关闭，功率输出级关断。与此同时，Q 端输出高电平，经或门使 T_{193} 导通，C_4 向 T_{193} 放电，$U_{C_4}\downarrow$，T_{58} 导通，$U_r\downarrow$。当 U_r 降至 0.4 V 时，禁止复位比较器翻转，又将禁止触发器置零，$Q=0$，$\bar{Q}=1$，功率输出级被接通。

若短路故障已排除，稳压器经软启动就转入正常工作状态；否则，就重复上述保护过程。在限流过程中，因电流的平均值很低（见图 8-32），故不会损坏芯片。

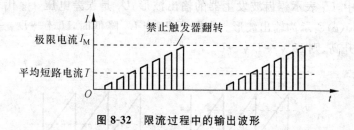

图 8-32　限流过程中的输出波形

当 $T_{jM}>150℃$ 时，过热保护电路输出高电平，加至与非门的反相输入端，使与非门输出低电平，将功率输出级关断。与此同时，T_{193} 导通，C_4 开始放电。过热保护电路动作之后，须 T_{jM} 等降至 120 ℃以下才重新启动。

（3）由 L4960 构成的单片开关电源。

L4960 构成的单片开关电源电路如图 8-33 所示。220 V 交流电经过 100 V·A 工频变压器降压，再经桥式整流滤波电路得到直流电压 U_{in}，作为 L4960 的输入电压。当 U_o 端直接连脚 2 时，稳压值 $U=5.1$ V，可近似视为 5 V。当 U 端经 R_4、R_3 分压接脚 2 时，U_o 值就取决于分压比。由 $\dfrac{U_o}{U_{REF}}=\dfrac{R_3+R_4}{R_3}$ 可得出

$$U_o=U_{REF}\left(1+\frac{R_4}{R_3}\right)=5.1\times\left(1+\frac{R_4}{R_3}\right)\tag{8-19}$$

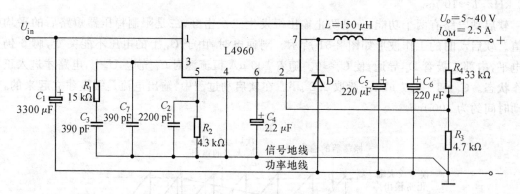

图 8-33　L4960 构成的单片开关电源

由式（8-19）不难算出，当 $R_4=0$ 时，$U_o=5.1$ V；当 $R_4/R_3=6.8$ 时，$U_o=40$ V。取可调电阻 $R_4=33$ kΩ，固定电阻 $R_3=4.7$ kΩ，调整 R_4，即可使 $U_o=5.1\sim40$ V。此外，还可取 $R_4=15$ kΩ，$R_3=2.2$ kΩ。该电路输出纹波电压的峰值为 $10\sim15$ mV。C_7 是高频补偿电容。储能电感 $I=50\sim300$ μH，典型值为 150 μH，可选直径为 22 mm 的高频坡莫合金磁环，用 $\phi1.0$ 的高强度漆包线均匀绕 45 圈左右。滤波电容的总容量为 440 μF，考虑到 L 的电感量很小，而 440 μF 电解电容器的等效电感与之串联后会影响 L 的正常工作，实选两只 220 μF 电解电容器并联，以减小

其等效电感。续流二极管可选 C90M-92 型超快恢复二极管,有条件者宜选肖特基二极管。输入端滤波电容 C_1 的容量可按下式估算,即

$$C_1 = K I_{OM} \tag{8-20}$$

式中: K 为比例系数, $K = 1\ 000\ \mu F/A$ 。

当 $I_{OM} = 2.5\ A$ 时, $C_1 = 2\ 500\ \mu F$,可选 $3\ 300\ \mu F$ 或 $4\ 700\ \mu F$ 的标称容量。

使用 L4960 时必须加合适的散热器,因其最大允许功耗 $P_{DM} = 7\ W$,可选 TC-22。成品散热器,亦可自制 $100\ mm \times 80\ mm \times 2\ mm$ 的铝板散热器。设计电路时必须把信号地线与功率地线分开布置,最后在输出端汇合。这是因为功率地线上有大电流通过,它在印制导线上形成的压降若被引入信号端,就会经 L4960 反映到输出端,影响稳压性能。L4960 最低只能输出 5.1 V 电压,欲从 0 V 开始为可调电压,应将 U_{GND} 设计成 -5 V。

8.5 应 用 实 例

1. 由 7805、7905、7812 组成的电源电路

如图 8-34 所示为一种由 7805、7905、7812 组成的特殊电源电路。该电路比较简单,但可以从两个相同的次级绕组中产生出三组直流电压: $+5$ V、 -5 V 和 $+12$ V。它的特点是: D_2 、 D_3 跨接在 E_2 、 E_3 这两组交流电源之间,起着全波整流的作用。

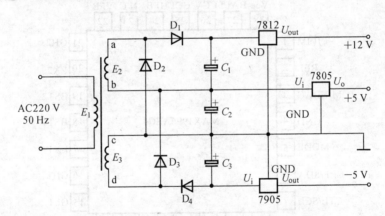

图 8-34 由 7805、7905、7812 组成的稳压电源电路

2. MAX1996A 典型应用电路

MAX1996A 是一种采用全桥式反相结构的集成控制器,最适用于驱动冷阴极荧光灯(CCKL)。在整个输入范围内,同步驱动提供了近似的正弦波形,可以使 CCKL 达到最长的使用寿命。这种控制器可以在较宽的输入电压范围内工作,同时也具有高的效率和较宽的亮度调节范围。MAX1996A 主要应用于笔记本电脑、多灯 LCD(液晶显示)监控和便携式电子显示仪器。

1) MAX1996A 的主要特征

MAX1996A 具有以下主要特征。

(1) SMBus 跟踪地址,较宽的亮度调节范围。

(2) DPWM 频率确保在 $200 \sim 220$ Hz 并且在其工作的整个温度范围内不需要任何外加附件。

（3）无灯自保护时间减小到大约 1 s。

（4）响应频率同步，优化的峰顶参数保证了较长的灯寿命及最大的抗冲击能力。

（5）具有高效电能/光能转换效率。

（6）宽的亮度调节范围（3 种方式）。

（7）灯电流调节：大于 3∶1。

（8）DPWM：大于 10∶1。

（9）线性控制和数字脉冲宽度调节二者共同作用：大于 30∶1。

（10）前馈功能，对输入电压的变化快速响应。

（11）输入电压范围宽（4.6～28 V）。

（12）通过限制变压器次级电压来减小变压器负荷。

（13）短路及单点故障自保护。

（14）双方式亮度控制接口。

（15）小型紧凑的 28 脚 QFN（5 mm×5 mm）模块。

2）MAX1996A 引脚排列及最大额定值

（1）引脚排列。

MAX1996A 引脚排列如图 8-35 所示。

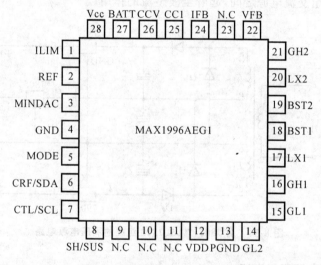

图 8-35   MAX1996A 引脚排列图

（2）MAX1996A 的最大额定值。

① BATT 对地：−0.3～+30 V。

② BST1、BST1 对地：−0.3～+36 V 对地。

③ BST1 对 LX1，BST2 对 LX2：−0.3～+6 V。

④ GH1 对 LX1：−0.3 V～（BST1+0.3 V）。

⑤ GH2 对 LX2：−0.3 V～（BST2+0.3 V）。

⑥ Vcc、VDD 对地：−0.3～+6 V。

⑦ REF、ILIM 对地：−0.3 V～（VDD+0.3 V）。

⑧ CCV、CCI 对地：−0.3～+6 V。

⑨ MODE 对地：$-6\sim+12$ V。

⑩ VFB 对地：$-6\sim+6$ V。

⑪ 工作温度范围：$-40\sim+85$ ℃。

⑫ PGND 对地：$-0.3\sim+0.3$ V。

⑬ SH/SUS 对地：$-0.3\sim+6$ V。

⑭ 连续功率损耗（$T_A=70$ ℃）：1667 MW，超过$+70$ ℃时增加值为 20.84 MW/℃。

⑮ 存储温度范围：$-65\sim+150$ ℃。

⑯ 导线温度（低温焊接，10s）：$+300$ ℃。

3) MAX1996A 的应用电路

图 8-36 所示为 MAX1996A 应用于同步全桥式反相结构驱动 CCFL 应用电路，对全桥式 MOSFET 管的驱动与储能电路的响应频率同步，故在 CCFL 的全冲击电压下能保证正常的工作状态。在整个输入电压范围内，同步机制提供了近似正弦的驱动波形，以延长 CCFL 使用寿命。

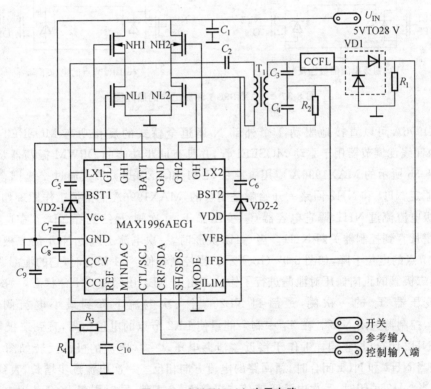

图 8-36 MAX1996A 应用电路

同时，MAX1996A 具有宽的电压输入范围、高的效率及最大的亮度调节范围。MAX1996A 对 CCFL 亮度的调节主要通过 3 种方式：①线性控制灯电流；②通过数字脉冲宽度调节（DPWM）来控制灯电流；③通过以上两种方式的同时作用来实现最宽的亮度调节范围（大于 30∶1）。CCFL 亮度可以用一个逻辑电压或双线 SMBus 接口来控制。

DPWM 通过脉冲宽度来调节灯电流，其速度比肉眼要快。MAX1996A 包括一个 5.3 V 的线性调节器，作为驱动源驱动全桥式开关、同步 DPWM 振荡器及其他内部电路。它使用灵活，可以用模拟接口或 SMBus 接口控制。图 8-37 所示为其谐振工作的原理图。

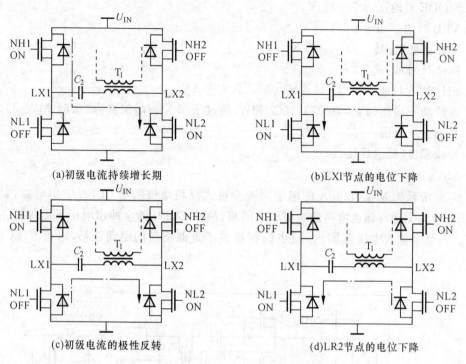

图 8-37　MAX1996A 谐振工作的原理图

　　MAX1996A 可以直接地驱动 4 个外部 N 通道全桥式的反相功率 MOSFET 管。一个 5.3 V 的内部线性调节器用于驱动 MOSFEI 管,并具有同步功能的 DPWM 振荡器及其他内部电路。图 8-36 所示的 MAX1996A 应用电路中,LX1 和 LX2 开关节点通过交流耦合到变压器的原边。假定 NH1 和 NH2 回路一开始就是闭合的,MAX1996A 的谐振工作原理如图 8-37(a) 所示。初级电流流过 NH1、隔直电容器 C_2、变压器 T_1 一次侧,最终到管 NL2。在这期间,一次电流持续增长直到控制器关断 NH1。当 NH1 关断时,一次电流迅速使 NL1 的二极管正偏,并引起 LX1 节点的电位下降,如图 8-37(b) 所示。当控制器使 NL1 闭合时,它的泄漏源电压接近零,因为体二极管的正向偏压对泄漏进行了钳位。由于 NL2 还保持着闭合状态,一次电流流过 NL1、C_2、变压器 T_1 的一次侧,最后到 NL2。当一次电流下降到最小电流阈值(6 mV /RDSON),控制器关闭 NL2。在 T_1 中剩余能量使 LX2 节点的电位抬高,直到二极管 NH2 被正偏。当 NH2 闭合时,它同样工作于接近零泄漏电压。一次电流的极性反转如图 8-37(c) 所示,一开始当 NH2 和 NL1 闭合时,新回路的电流方向相反。一次电流逐步增长,直到控制器关闭 NH2。当 NH2 关闭时,一次电流迅速使二极管 NL2 正偏,同时引起 LX2 节点电位下降,如图 8-37(d) 所示。电位下降以后,控制器即刻使 NL2 闭合。只要一次电流降低到最低阈值,控制器就关闭 NL1。剩余能量使 LX1 节点的点位抬高,直到体二极管 NH1 被正偏。最后,NH1 即刻闭合,又重新从图 8-37(a) 开始新的循环。对所有的 4 个功率 MOSFET 管,开关的关闭和断开都是在 ZVS 状态下进行,这一特点减小瞬态功率损耗和电磁干扰。图 8-38 所示为谐振等效电路。谐振频率由 R、L、C 参数决定,其中包括 C_S,C_P,L_L 和 R_B。C_S 是变压器原边的串联电容;C_P 是变压器次级并联电容;L_L 是变压器次级漏感;R_B 是 CCFL 在正常工作状态下的理想电阻。

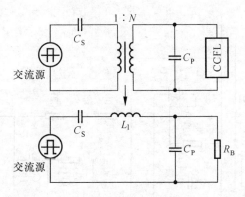

图 8-38　谐振等效电路

3. 一种多输出开关电源设计

图 8-39 所示开关电源是一种两路隔离的 24 V、150 W 直流输出的开关电源,该电源以 TOP250Y 智能控制芯片为核心,构造了电流型 PWM 控制的单端反激式开关电源,具有效率高、体积小、重量轻等特点。TOPSwitch-GX 系列是电流型 PWM 控制的单片开关电源集成电路,其漏极开路输出,且利用电流来线性调节占空比。

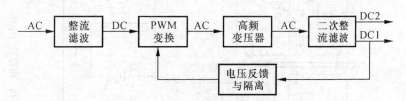

图 8-39　双输出隔离开关电源原理图

交流输入通过整流滤波电路变换成直流电,通过单片开关电源电路进行 PWM 控制开关,并利用高频开关变压器进行能量变换,在变压器进行二次整流滤波,得到两路稳定直流电压输出。由电压反馈回路检测输出直流电压,并通过光电耦合器进行隔离送入控制电路,通过调节 PWM 脉冲信号的占空比来保证输出电压的稳定。根据控制方案,该电源电路主要由输入整流滤波电路、PWM 变换电路、高频变压器、电压反馈与辅助电源电路、输出整流滤波电路等几部分组成,整体电路如图 8-40 所示。

1) 输入整流滤波电路设计

输入单相 AC220 V 经由扼流圈 L_1 和电容 C_2、C_3 组成的电源噪声滤波器(PNF),防止电源高频干扰进入电网,也阻止市电中的干扰进入电源中,并经过整流滤波电路,实现交流到直流的变换。根据输入电流的最大值和输入平均电流,选取 4 只型号为 IN5052 的二极管构成整流桥。滤波电路对限制整流输出电压中的纹波大小起着非常重要的作用。滤波电容的容量通常可以根据 $2\ \mu F/W$ 的原则来选取,其耐电压选取由式(8-21)和式(8-22)所求出的 U_{min} 和 U_{max} 来确认。

$$U_{min} = \sqrt{2U_{ACmin}^2 - \frac{2 \times P_0 \left(\frac{1}{2f_L} - t_c \right)}{\eta \times C_{in}}} \tag{8-21}$$

$$U_{max} = \sqrt{2U_{ACmax}} \tag{8-22}$$

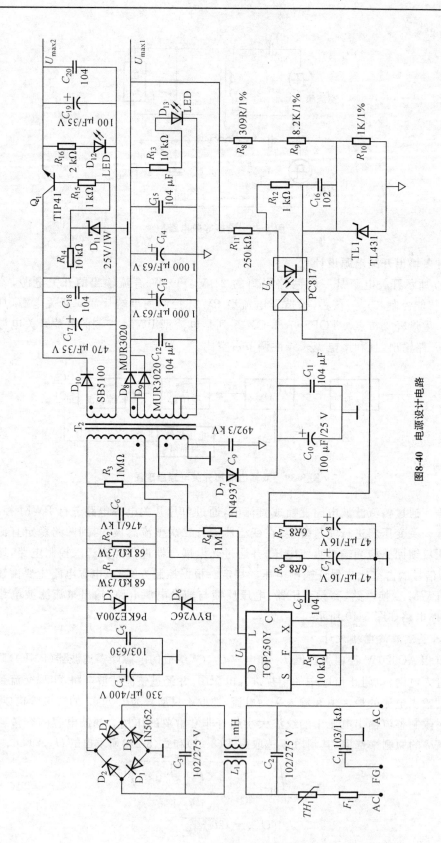

图8-40　电源设计电路

式中：t_c 为桥式整流最大额定导通时间，在工频 50 Hz、单相桥式整流的情况下，取 $t_c = 3$ ms。最终确定 $C_4 = 330\ \mu\text{F}/400\ \text{V}$。

2) PWM 变换电路

PWM 控制电路与功率开关部分的集成化可使得电源小型化、成本下降、可靠性提高。TOPSwitch-GX 系列智能功率开关集成了功率开关、检测电路、保护电路、驱动电路和必要的外围电路，其基本工作方式为 PWM 电压型，只是在接近空载时才自动输入 ON/OFF 型工作状态。根据电路设计要求，参考芯片效率与输出功率关系曲线，电路设计中选用 TOP250Y 作为 PWM 变换控制芯片。初级箝位电路可限制 TOP250Y 的峰值漏源极电压。考虑到设计要求，采用由瞬态电压抑制器(TVS)和超快恢复二极管(VD)构成的箝位电路。该方案具有所需元件数量少、所占印制板面积小的优点。为提高效率，钳位齐纳管的电压至少应是输出反射电压的 1.5 倍，齐纳钳位 U_{OR} 的值最好小于 135 V，以缩短漏电尖峰传导时间并实现齐纳二极管的绝对容差和温差，故 TVS 选 P6KE200A，其电压 $U = 200$ V。在 PWM 开关关断瞬间，综合考虑变压器漏感产生的尖峰电压、原边感应的反向电动势，以及直流母线最高电压，故 VD 选择反向耐压为 600 V 的超快恢复二极管 BYV26C。

3) 高频变压器设计

高频变压器在本电路中起到变压兼有隔离、限流、储能等作用。本电源设计要求在其工作范围覆盖电流连续和电流不连续两种工作方式，无论哪种工作方式要求均有较高的效率。本电路设计所用 TOP205Y 开关频率为 132 kHz，选择 PC40 磁材及 EC28 骨架。变压器的效率确定为 0.8，开关周期 $T_s = 7.576\ \mu\text{s}$。

原边绕组开关的最大导通时间对应在最低输入电压和最大负载时发生。最大占空比 D_{max} 由式(8-23)给出，即

$$D_{max} = \frac{U_{OR}}{(U_{min} - U_{DS}) + U_{OR}} \tag{8-23}$$

式中：U_{OR} 为初级反射电压，取 135 V；U_{DS} 为 TOP50Y 的漏极与源极的电压，可选 $U_{DS} = 10$ V。

求得 $D_{max} = 0.78$。

已知 EC28 中心柱磁路的有效面积 $A_e = 149\ \text{mm}^2$，最大饱和磁感应强度 $B_m = 0.37$ T，在正常工作状态下，取 $\Delta B_m = 0.15$ T。

可求原边匝数为

$$N_P = \frac{U_{DCmin} \times t_{on}}{A_e \times \Delta B_m} = 46\ \text{匝} \tag{8-24}$$

初级电感量为

$$L_P = \frac{U_{DCmin} \times t_{on}}{I_{PK}} = \frac{U_{DCmin} \times t_{on}}{1.5 \dfrac{P_{in}}{V_{DCmin}\alpha}} = 0.650\ \text{mH} \tag{8-25}$$

副边绕组输出电压为 24 V，设整流二极管的压降为 0.7 V，绕组压降为 0.6 V，则副边绕组电压为 25.3 V。

$$\frac{N_P}{N_S} = \frac{U_{OR}}{U_{OUT} + V_D + U_2} \tag{8-26}$$

求得 $N_S = 8.62$ 匝，考虑到磁芯磁路可能产生饱和，取整为 9 匝，辅助绕组匝数为 4 T。一个高效率的高频变压器应具备损耗低、漏感小、绕组本身的分布电容及各绕组间的耦合电容小等条件。在绕制变压器时，一次绕组和二次绕组分别采用多股细导线并绕的方式，降低导线的趋肤效应，减小交流铜阻抗，以降低线圈的铜损耗。为达到减少变压器漏感的目的，在绕制变压

器时将一次绕组分成两段,分别绕在二次绕组的内侧和外侧。一次绕组采用 3 股并绕,分两段分别位于最里层和最外层,引脚 6 为一次绕组的中心连接点。二次绕组和辅助绕组位于中间层,其中二次绕组分别为 20 股、4 股并绕方式,辅助绕组采用单股绕线。

4)电压反馈电路与辅助电源设计

系统的电压反馈电路从输出、取样,通过隔离后送至控制芯片以保证输出电压稳定精度的需要。辅助电源自高频变压器的第三个二次绕组变换后为电压反馈电路接收部分的工作提供能量。为保证输出电压的稳定精度,采用光电耦合器、TL431 与若干电容和电阻共同构造负反馈电路,这种反馈方式精度最好,电路容差小。TL431 实质上是带有放大和调节输出电流的放大器,通过跨接在 K、R 端之间的 RC 补偿网络,构造一个 PI 校正,提高开关电源的动态品质。反馈电路的基本原理是,输出电压经过由(R_8+R_9)与 R_{10} 组成的串联分压电路采样后,送入 TL431 的输入端,转换为电流反馈信号,经过光电耦合器隔离后输入到 TOP250Y 控制端。其中 PC817 型线性光耦合器工作在线性状态,起隔离作用。

电压反馈电路 R_8、R_9、R_{10} 的取值由式(8-29)确定,即

$$U_F = \frac{R_{10}}{R_8 + R_9 + R_{10}} U_O \tag{8-27}$$

式中:U_F 为 TL431 的参考电压,取 2.5 V。

因而,可以求出 $R_8 + R_9 = 8.5\ \text{k}\Omega$,$R_{10} = 1.0\ \text{k}\Omega$。

反馈绕组输出采用二极管 D_7 和电容 C_{10}、C_{11} 构成整流滤波电路,辅助电源为光电耦合器的接收三极管提供驱动电流,通过串联电阻 R_6 及 R_7 以保证驱动电流控制在 4 mA 左右。

5)二次整流滤波输出电路设计

高频变压器的两路二次输出,接由整流二极管和滤波电容构成的整流滤波电路。在选择整流二极管时,采用的原则为:其反向电压额定值要大于 1.25 倍的绕组最大峰值反向电压;其电流额定值为输出电流的三倍以上。在本电路中,整流二极管分别选用型号为 SB5100 和 MUR3020 的肖特基二极管,主要原因在于其反向恢复时间极短、正向导通压降低,可大大降低开关损耗及输出电压纹波。

滤波电容的选择主要考虑两个因素,即输出电流纹波和 ESR(串联等效电阻)。使用低 ESR 的电解电容,可以降低输出电压纹波电压。本设计的两路输出回路选取的电容为:$C_{13} = C_{14} = 1\ 000\ \mu\text{F}/63\text{V}$,$C_{17} = 470\ \mu\text{F}/63\text{V}$。第二组输出增加串联稳压电路,以保证输出 U_{out2} 的稳定。

思考题与习题

8-1 常用稳压电源的分类和特点有哪些?各适用哪些场合?

8-2 说明线性稳压电源和开关型稳压电源的特点。

8-3 说明线性稳压电源的稳压原理。

8-4 说明开关型稳压电源的稳压原理。

8-5 什么是串联型稳压电源?简单说明其稳压原理。

8-6 什么是并联型稳压电源?简单说明其稳压原理。

8-7 在三端 78×× 系列中,各系列最大输出电流是多少?

8-8 三端稳压电源有哪些分类,各自特点是什么?

8-9 采用 LM317 设计一直流稳压电源,要求输出电压 5~30 V 可调节,最大输出电流 2 A。

第9章 测控电路中的抗干扰技术

在电子技术日益普及的今天,人们对电子产品提出了越来越高的要求。随着电子元器件质量的不断提高,电子线路设计方案不断完善,大规模集成电路的发展而使得电子系统中的元器件数目日趋减少,计算机及软件技术不断大量取代传统的硬件电路,便得电子系统的可靠性大幅度提高。但是,伴随着系统功能的增加而导致电子线路复杂程度的提高,电子设备应用领域的不断扩展,使用的环境越来越恶劣等,也带来许多新的不可靠因素。本章主要介绍测控电路中常见的干扰形式及抗干扰措施。

9.1 电磁干扰

大多数测控设备中的元器件和电子线路具有工作信号电平低、速度快、元器件安装密度高等特点,因而对电磁干扰比较敏感。抗干扰技术中的大部分内容是针对电磁干扰的,因而抗电磁干扰技术近年来又被称为"电磁兼容性技术"。如何抑制电磁干扰、防止相互之间的有害影响,已成为测控设备和自动化系统能否可靠运行的关键技术之一。

所谓电磁兼容性(Electromagnetic Compatibility,EMC),是指干扰可以在不损害信息的前提下与有用信号共存,定义为:装置或系统在其设置的预定场所投入实际运行时,既不受周围电磁环境的影响,又不影响周围的环境,也不发生性能恶化和误动作,而能按设计要求正常工作的能力。

电磁环境及其变化过程会对处于该环境的各种电气设备产生各种形式的电磁干扰。形成电磁干扰要具有三个要素:一是向外发送干扰的源(噪声源);二是传播电磁干扰的途径(噪声的耦合和辐射);三是承受电磁干扰的客体(受扰设备)。

为抑制干扰,从设计开始便应采取三方面的措施:抑制噪声源,直接消除干扰原因;消除噪声源和受扰设备之间的噪声耦合和辐射;加强受扰设备抵抗电磁干扰的能力,降低其对噪声的敏感度。

常用电磁兼容不等式来评价电子设备的抗干扰性能,即

$$噪声发送量 \times 耦合因素 < 噪声敏感阈$$

从干扰源发出的传导噪声或辐射噪声经过导线或空间到达电子设备的相应部位,进入电源电路、输入电路等,成为侵入电子设备的噪声。如果此噪声量小于电子设备对该干扰的敏感阈,设备不受其干扰而仍可正常工作;如果电子设备的所有噪声入口处都达到这一条件并有足够裕量,则该电子设备达到抗干扰要求;如果电子设备的某个或某些噪声入口不满足上述不等式要求,或者虽能勉强满足但裕量太小,则该电子设备达不到抗干扰要求。

1. 干扰与噪声源

干扰是一个广义的概念,而产生干扰的因素往往是多方面的,其影响的范围和程度也会由于设备的使用条件及环境的不同而千变万化。噪声可以定义为电子设备中出现的无用且不规则变化的信号,而干扰是噪声形成的不良效应。

噪声可分为两类,即内部噪声和外部噪声。内部噪声又包括热噪声、散粒噪声、接触噪声;外部噪声包括自然界噪声、其他设备的噪声。

自然界噪声主要是指由宇宙射线、雷电和大气电离等自然现象所产生的电磁波、各类射线及电磁场引起的噪声;其他设备的噪声主要包括由触点电器、放电管、工业用高频设备、电力输送线、机动车、大功率发射装置、超声波设备中产生的噪声。触点电器和放电管主要指继电器、电磁开关、霓虹灯、电钻、电动机供电回路等。这类设备产生噪声的形式主要为火花放电、电弧放电、辉光放电、脉冲冲击等。多数情况下,可在这些产生干扰的设备中采用灭弧电路等主动措施,消除或减小火花放电、电弧放电,以便抑制其干扰的产生。

工业用高频设备主要有高频加热器、高频电焊机、电子加热器等。这些设备本身要采用火花放电、电弧放电来完成工作,因而无法采用灭弧电路,而采用隔离措施。

电机的启动和停止,电磁阀及接触器的吸合与释放,电焊机及大功率机电设备的启停,以及跳闸等引起的电流涌动,都会形成不同形式的干扰。

2. 干扰的耦合方式

1) 传导耦合

经导线传播把干扰引入测控系统,称为传导耦合。交流电源线、测控系统中的长线都能引起传导耦合,它们都具有天线效果,能够广泛拾取空间的干扰引入测控系统。交流供电线路的大功率负载,如电机、高频炉等,它们所产生的干扰波动,如启动、故障过渡过程、三相不同时投入等,通过电网可以传播到测控系统。另外,长的信号线还能拾取附近的设备或空间电磁场的干扰波。

2) 近场感应耦合

带电的元件、导线、结构件等都能形成电磁场,这种电磁场可以对附近的电路回路形成干扰。耦合或辐射通道的表现形式一般包括电容性耦合、电感性耦合、公共阻抗耦合和漏电流耦合。

(1) 电容性耦合。由电路间的寄生电容造成,一个导体上的电压或干扰成分通过分布电容使相邻导体上的电位受到影响,这种现象称为电容性耦合,如图 9-1 所示。

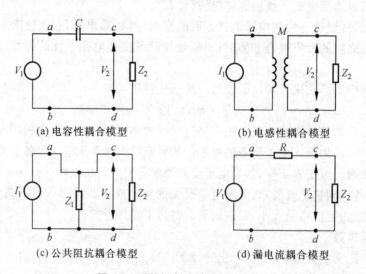

(a) 电容性耦合模型　　　　(b) 电感性耦合模型

(c) 公共阻抗耦合模型　　　　(d) 漏电流耦合模型

图 9-1　干扰源与电路的耦合模型

图中 V_1 为干扰源电路在 a、b 点间体现的电动势，Z_2 为受扰电路在 c、d 点间的等效输入阻抗，C 为干扰源电路和受扰电路间存在的等效寄生电容。受扰电路在 c、d 点间所受到的干扰信号为

$$V_2 = \frac{1}{1 + 1/(j w C Z_2)} V_1 \tag{9-1}$$

由此可见，受扰电路受到的干扰信号 V_2 随 V_1、C、Z_2 和干扰信号的频率 ω 增加而增大。减少受扰电路的等效输入阻抗 Z_2 和电路间的寄生电容 C，可以降低电容性耦合的干扰与噪声。

(2) 电感性耦合。若电路中存在两个相邻的闭合回路，当一个回路中的电流所产生的磁通穿过另一个回路时，两个回路之间存在互感 M，若磁通随时间变化，则在另一个回路中将产生感应电压，这可简化为如图 9-1(b) 所示的电路模型。图中 I_1 为干扰电路在 a、b 点间的电流源，Z_2 为受扰电路在 c、d 点间的等效输入阻抗，M 为干扰源电路和受扰电路间的等效互感，则受扰电路在 c、d 点间所受到的干扰信号为

$$V_2 = j\omega M I_1 \tag{9-2}$$

由此可见，受扰电路所感受到的干扰信号 V_2 随 I_1、M 和干扰信号的频率 ω 的增加而增大。减小电路间的寄生互感 M，可以降低互感耦合的干扰与噪声。

(3) 公共阻抗耦合。公共阻抗耦合是由电路间的公共阻抗造成的，可简化为如图 9-1(c) 所示的电路模型。图中 I_1 为干扰源电路在 a、b 点间的电流源，Z_2 为受扰电路在 c、d 点间的等效输入阻抗，Z_1 为干扰源电路和受扰电路公共阻抗，则受扰电路在 c、d 点间所受到的干扰信号为

$$V_2 = I_1 Z_1 \tag{9-3}$$

由此可见，受扰电路所受到的干扰信号 V_2 随 I_1、Z_1 的增加而增大。减小干扰源电路和受扰电路的公共阻抗 Z_1，可以降低公共阻抗耦合的干扰和噪声。

(4) 漏电流耦合。漏电流耦合是由电路间的漏电电阻造成的，可简化为如图 9-1(d) 所示的电路模型。图中 V_1 为干扰源电路在 a、b 点间的电动势，Z_2 为受扰电路在 c、d 点间的等效输入阻抗，R 为干扰源电路和受扰电路间的漏电电阻。受扰电路在 c、d 点间所受到的干扰信号为

$$V_2 = \frac{1}{1 + R/Z_2} V_1 \tag{9-4}$$

由此可见，受扰电路所受到的干扰信号 V_2 随 V_1 和 Z_2 的增加而增大，随 R 的增加而减小。如果增大干扰电路和受扰电路间的漏电电阻 R，减小受扰电路的等效输入阻抗 Z_2，都可以降低漏电流耦合的干扰与噪声。

9.2　抗干扰技术

对干扰与噪声的抑制，主要有两个方面：一是直接抑制、减弱或消除干扰与噪声源的对外作用；二是切断和减弱从干扰与噪声源到受扰电路的耦合通道。在测量与控制电路的设计、组装和使用中，对干扰与噪声抑制的主要措施有屏蔽、接地、隔离、合理布线、灭弧、净化、滤波和采用专门的电路等。

1. 接地技术

接地是指印制电路板上局部电路中和测控系统整机中公共零电位线的布置。系统中接地线分为两类：一是工作接地，即对信号电压设立基准电位，通常以电路中直流电源(当电路系统中有两个以上直流电源时，则为其中一个直流电源)的零电压为基准电位；二是安全接地，称为

保护接地。保护地线必须是大地电位;工作地线可以是大地电位,也可以不是大地电位。

1) 工作接地

对信号电压设立基准电位,基准电位是各回路工作的参考电位,通常以电路中的直流电源的零电压为基准电压。连接方式有一点接地和多点接地两种。

(1) 一点接地。一点接地有串联形式(干线式)和并联形式(放射式)两种。串联式如图 9-2(a)所示,构成简单而易于采用,但电路 1、2、3 中各个部分接地的总电阻不同,当 R_1、R_2、R_3 较大或接地电流较大时,各部分电路接地点的电平差异显著,影响弱信号电路的正常工作。必须注意,当使用串联形式时,应遵循电路电平越低越接近接地点的原则。并联式如图 9-2(b)所示。各部分接地电路的接地电阻相互独立,不会产生公共阻抗干扰,但接地线长而多,经济性差。用于高频场合时,接地线间分布电容的耦合比较突出,而且当地线的长度是信号波长的 1/4 奇数倍时,地线阻抗会变得很高,这时地线变成天线,可以向外辐射电磁干扰。因此采用并联式时,地线长度应短于信号波长的 1/10。

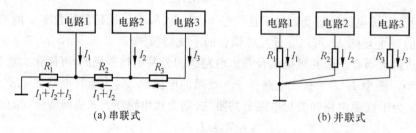

(a) 串联式　　　　　　　　　　　(b) 并联式

图 9-2　一点接地方式

(2) 多点接地。为降低接地线长度,减小高频时的接地阻抗,可采用多点接地的方式。多点接地方式如图 9-3 所示,各个部分电路都有独立的接地连接,连接阻抗分别为 Z_1、Z_2、Z_3。

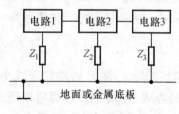

图 9-3　多点接地方式

如果 Z_1 用金属导体构成,Z_2、Z_3 用电容器构成,对低频电路来说仍然是一点接地方式,而对高频电路来说则是多点接地方式,从而可适应电路宽频带工作的要求。

如果 Z_1 用金属导体构成,Z_2、Z_3 用电感器构成,对低频电路来说是多点接地方式,而对高频电路来说则是一点接地方式,从而既能在低频时实现各部分的统一基准电位和保护接地,又可避免接地回路闭合而引入高频干扰。

由实验得到,各个接地点的间距应小于 0.15 倍的信号波长。测控系统中的数字电路部分,尤其是高速逻辑电路中脉冲信号的宽度仅为几纳秒,频谱范围达几十兆赫兹,分布在印制电路板上的地线及板与板之间的地线,均应采用多点接地方式。

一般来说,频率在 1 MHz 以下的可以采用一点接地;频率高于 10 MHz 时采用多点接地。在 1～10 MHz 范围,若采用一点接地时,其地线长度不得超过信号波长的 1/20,否则应采用多点接地。

在实际的测控系统中,往往是低电平电路与高电平电路、大功率电路与小功率电路并存,此时系统至少要有三个分开的地线:低电平信号地线;功率地线,包括继电器、电动机、大电流驱动电源等大功率电路及干扰源的地,又称为干扰地;机壳地线,包括机架、箱体,又称为金属件地线,此地线与交流电源零线相接。三套地线分别自成系统,最后汇集于接地母线。这样将低电平电路与高电平电路、大功率电路与小功率电路、大电流电路与小电流电路分开,并把信号电路配以专门的接地回路,从而避免了大功率、大电流、高电压电路对小信号回路的影响;同时也避免了输入敏感回路的屏蔽罩、机壳作为屏蔽体而吸收的干扰对信号回路的影响。

　　2) 安全保护接地

　　当电气设备的绝缘因机械损伤、过电压等原因被损坏,或者无损坏但处于强电磁环境中时,电气设备的金属外壳、操作手柄等部分会出现相当高的对地电压,危及操作维修人员的安全。

　　将电气设备的金属底板或金属外壳与大地实施连接,可消除触电危险。在进行安全接地连接时,要保证较小的接地电阻和可靠的连接方式。另外要坚持独立接地,即将接地线通过专门的低阻导线与近处的大地实施连接。

　　2. 屏蔽技术

　　屏蔽一般指的是电磁屏蔽。所谓电磁屏蔽,就是用电导率和磁导率高的材料将两个空间区域加以隔离,用以控制从一个区域到另一个区域的电场或磁场的传播。用屏蔽体将干扰源包围起来,从而减弱或消除其对外部系统的影响,称为主动屏蔽;用屏蔽体将受扰的电路或系统包围起来,从而抑制屏蔽体外的干扰与噪声对系统的影响,称为被动屏蔽。屏蔽可以显著地减小电容性耦合和电感性耦合的作用,降低受扰系统对干扰的敏感度,因而在电路设计中被广泛采用。

　　1) 屏蔽的原理

　　屏蔽的抗干扰功能基于屏蔽体对干扰与噪声信号的反射与吸收作用。如图 9-4 所示,P_1 为干扰与噪声的入射能量,R_1 为干扰与噪声在第一边界面上的反射能量,R_2 为干扰与噪声在第二边界面上被反射与在屏蔽层内被吸收的能量,P_2 为干扰与噪声透过第二边界面后的剩余能量。如果屏蔽形式与材料选择得好,可使由屏蔽体外部进入其内部的干扰能量 P_2 明显小于 P_1,或者使从屏蔽体内部的干扰源溢出到屏蔽体外部的干扰能量显著减小。

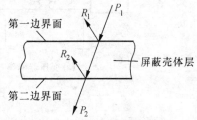

图 9-4　电磁屏蔽层作用

　　2) 屏蔽的结构形式与材料

　　(1) 屏蔽的结构形式。

　　屏蔽的结构形式主要有屏蔽罩、屏蔽栅网、屏蔽铜箔、隔离仓和导电涂料等。屏蔽罩一般用无孔隙的金属薄板制成。屏蔽栅网一般用金属编制网或有孔金属薄板制成。屏蔽铜箔一般是利用多层印刷电路板的一个铜箔面作为屏蔽板。隔离仓是将整机金属箱体用金属板分隔成多个独立的隔仓,从而将各部分电路分别置于各个隔仓之内,用以避免各电路部分之间的电磁干扰与噪声影响。导电涂料是在非金属的箱体内、外表面上喷一层金属涂层。

　　(2) 屏蔽的材料。

　　屏蔽材料有电场屏蔽材料和磁场屏蔽材料两类。电场屏蔽一般采用电导率较高的铜、铝或钢材料。当干扰与噪声的频率较高时,采用价格较贵的银材料效果更好些。电场屏蔽的作用以反射衰减为主。磁场屏蔽一般采用磁导率较高的磁性材料(如玻莫合金、锰合金、磁钢、铁等)。磁场屏蔽的作用以透射时的吸收衰减为主,其特点是干扰与噪声频率升高时,磁导率下降,屏蔽作用减弱。对此,可同时采用电场屏蔽和磁场屏蔽两种方式,以达到充分抑制干扰与噪声的目的。

　　需要说明的是,实际的屏蔽效果将因屏蔽体上存在的导线孔、通风孔、开关孔和其他用途的缝隙而下降。因此,实际的屏蔽效果可能主要取决于缝隙和孔洞所引起的泄漏,而不是材料本身。通常,在屏蔽壳体不连续时,磁场泄漏的影响大于电场泄漏的影响。所以在设计制作屏蔽体时,要尽量设法减小缝隙和孔洞的面积。

3. 隔离技术

隔离就是使两部分电路互相独立,不成回路,从而切断从一个电路进入另一个电路的干扰

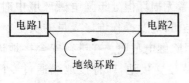

图 9-5　地线环路的形成

通路。在测控电路系统中,由于分布参数的存在或接地点非等位电位的原因,常常会形成如图 9-5 所示的寄生环路(特别是地环路),从而引入电磁耦合干扰。在这种情况下,采取隔离技术,切断寄生环路或地环路,是提高电路系统抗干扰性能的有效措施。

隔离的方式有变压器隔离、扼流圈隔离、光隔离和隔离放大器等多种,需要根据电路的情况选用。

对于强电系统则采用变压器隔离和扼流圈隔离,这两种方式中的变压器隔离适用于隔离信号频率高于工频信号的场合;而对于扼流圈隔离,由于扼流圈对低频信号的电流阻抗很小,对纵向的噪声电流却呈现很高的阻抗,故在信号频率较低及超低频时采用比较合适,因此常使用于信号频率低于工频信号的场合。图 9-6 给出了两种隔离方式的示意图。

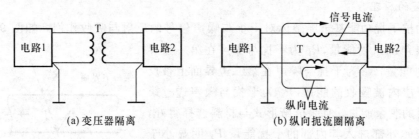

(a) 变压器隔离　　　　　　　　(b) 纵向扼流圈隔离

图 9-6　两种隔离方式示意图

对于弱电模拟信号,采用隔离放大器隔离是目前较为理想的方法。隔离放大器有变压器隔离、光隔离、电容隔离等三种隔离方式,其中以光隔离方式最理想。目前,三种方式的隔离放大器均有商品化产品,使用比较方便,关于隔离放大器的详细原理及使用方法见本书第 2 章。

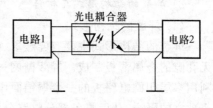

图 9-7　光电耦合器隔离

对于数字信号,采用光耦隔离是首选的隔离方法。图 9-7 所示为采用光电耦合器隔离切断地线环路的情况。利用光电耦合将两个电路的电气连接隔开,两个电路采用不同的电源供电,有各自的地电位基准,两者相互独立而不会造成干扰。

4. 布线技术

合理布线是抗干扰措施的一项重要内容。测量与控制电路中的器件布局、走线方式、连接导线的种类与线径的粗细、线间的距离、导线的长短、屏蔽方式及布线的对称性等,都与干扰或噪声的抑制有关,在设计印刷电路板时应引起高度重视。

1) 印刷电路板上的布线技术

(1) 注意降低电源线和地线之间的阻抗,尽量加粗电源线和地线的线径,降低其直流电阻。

(2) 由于电源线、地线和其他印刷导线都有电感,当电源电流变化很大时会产生很大的压

降。地线压降是形成公共阻抗干扰的重要原因，所以要尽量缩短引线，减小引线电感值。

（3）尽量避免相互平行的长信号线，以防止寄生电容。如果必须平行布线，可以在平行线之间插入地线。

（4）前置电路输入端应采用地平面保护措施，减小噪声从输入端耦合进入前置电路。

（5）模拟电路部分应与数字电路部分分开集中布置，两部分的地应该分开，并在最靠近公共基准电位的位置一点短接共地。

（6）原则上相互有关的器件应相对集中布置。易产生噪声的器件（如时钟发生器、晶体振荡器、CPU 时钟输入端子等）集中布置，并尽量远离其他电路部分。

2）连接导线的选用

一般测控设备所选用的导线有单股导线、扁平电缆、屏蔽线、双绞线等。

（1）单股导线选用时主要考虑其允许电流值和导线阻抗。

（2）扁平电缆是由多股导线相互绝缘地并排粘接构成。扁平电缆一般应用于数字信号的并行传输，在计算机系统中尤为多见。扁平电缆的长度一般不应超过传输信号波长的 1/30，例如，对 10 MHz 的信号，其波长为 30 m，则扁平电缆的长度应控制在 1 m 以内。有时为了减少线间串扰，常间隔安排信号线，而将各信号线之间的导线统一接地。

（3）屏蔽线是在单股导线的绝缘层外，再罩以金属编制网或金属薄膜构成。将屏蔽线的金属编制网或金属薄膜接地，其所包含的芯线便不易受到外部电气干扰噪声的影响。几根绝缘导线合成一束，再罩以金属编制网或金属薄膜，则构成所谓的屏蔽电缆。屏蔽线对干扰与噪声的抑制作用可由图 9-8 所示来说明。

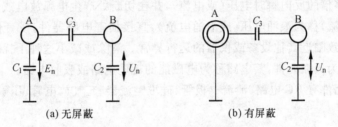

(a) 无屏蔽　　　　　　　　　　　　　(b) 有屏蔽

图 9-8　线间感应及屏蔽作用

图 9-8(a) 中 A 是受到干扰与噪声感应的线路，B 是产生干扰与噪声的线路，C_1 是信号线 A 与地之间的分布电容，C_2 是噪声源 B 与地之间的分布电容，C_3 是噪声源 B 与信号线 A 之间的分布电容，U_n 是噪声源 B 与地之间的分布电压。E_n 是信号线 A 上感应的噪声电压，可表示为

$$E_n = \frac{1}{1 + C_1/C_3} U_n \tag{9-5}$$

显然，A、B 的距离越近，分布电容 C_3 越大，信号线 A 上感应的噪声电压越大。图 9-8(b) 则在信号线 A 外面包以屏蔽层，并将屏蔽层接地，而屏蔽层与信号线 A 之间是绝缘的。虽然这时噪声源 B 与信号线 A 屏蔽层之间的分布电容 C_3 仍然存在，但由于信号线 A 的屏蔽层接地而保持恒定的电位，信号线 A 不易受到噪声源 B 的影响。这里要注意的是，屏蔽层的接地应遵循一点接地的原则，以免产生地线环路而使信号线中的干扰与噪声增加。同理，将产生干扰与噪声的导线予以屏蔽，也可以减小或抑制这些导线对其他电路的干扰与噪声影响。

（4）双绞线是由电流相等但方向相反的两根导线互相拧合构成。由于外界干扰与噪声在两根导线中的感应电流大小与方向相同，故可相互抵消。双绞线拧合的节距越短，对干扰与噪声的衰减率越大。实用中一般取 5 cm 左右,拧合的节距进一步缩短,对干扰与噪声的衰减率的提高不再显著。另外,拧合在一起的两根导线很难保证其长度严格相等,由此导致线路阻抗不同而无法完全抑制干扰与噪声的影响。

3) 电气设备柜内外的布线

电气设备柜内外的布线应从两个方面予以考虑:一是希望对外来的干扰与噪声有较强的抑制能力;二是避免内部电路产生有害的干扰与噪声。

电气设备柜应采用铁或铁铜叠合的材料构成,以达到较好的电磁屏蔽效果。一般不宜采用薄铝板,因为其对低频信号的磁屏蔽作用较差。整个柜体应保持可靠连接,以保持等电位。对因其表面喷漆、锈蚀、柜门铰链等造成的接触不良,应采用专门连接线将这些部分可靠地连接在一起。柜体的接地不能靠机柜的金属底脚与地面接触来实现,必须用专门的导线连接至埋入地下的金属接地件上。

电气设备柜的布局应遵循强电、弱电分开并隔离的原则,以避免可能产生的干扰与噪声影响。对减小高增益的模拟电路,要用专门的电源供电,并且要采用可靠的内部屏蔽措施。对可能产生对外干扰与噪声的部分要加金属屏蔽罩。

从机柜连接到外部设备的导线与电缆,应注意将动力电源、强信号线与弱信号线分别布设,采用相互隔离的走线槽布线等原则。在条件允许情况下,应尽量采用金属走线槽。

5. 灭弧技术

测控系统或测量仪器中常常使用继电器、接触器、电动机、电磁阀等电感性部件或设备,当接通或断开这些部件的线圈或绕组时,由于磁场能量的突然释放会在电路中产生比正常电压(或电流)高出许多倍的反向瞬时电压(或电流),并在切断处产生电弧放电或火花放电。这种瞬时高电压(或高电流)称为浪涌电压(或浪涌电流),直接损害电路器件,或者使系统或仪器运行异常,严重时会导致临近其他设备或仪器的运行异常。消除或减小这种干扰的技术称为灭弧技术,相应的元件称为灭弧元件,其电路称为电磁能的耗能电路或吸收电路。

常用的灭弧元件有 RC 电路、泄流二极管、硅堆整流器、充气放电管、压敏电阻器、雪崩二极管等。

1) RC 电路

采用 RC 电路灭弧与电感性负载的连接如图 9-9(a)所示。稳态时,R 上没有电流流过,节点断开瞬间,电容器放电(反向充电),电感中的电流沿 RC 回路流过,吸收了浪涌电流。一般 R 值应取电感线圈电阻 R_L 的 25%～50%,以避免 LC 回路发生谐振。C 值的计算式为

$$C = \frac{L}{RR_L} \times 10^6 \, (\mu F) \tag{9-6}$$

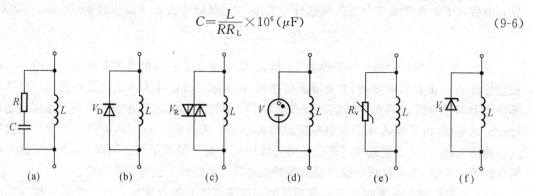

图 9-9　常用灭弧元件及其连接

其中,R、R_L 的单位为 Ω,L 的单位为 H。RC 电路既可以在直流电感负载上使用,也可以在交流电感负载上使用。

2) 泄流二极管

采用泄流二极管灭弧与电感性负载的连接如图 9-9(b)所示。稳态时,二极管反偏,接点断开瞬间,电感的反向电动势产生的反向电流,流经泄流二极管,被有效吸收。泄流二极管只能在直流电感负载上使用。

3) 硅堆整流器

采用硅堆整流器灭弧与电感性负载的连接如图 9-9(c)所示。硅堆整流器由多片硅整流片组合而成,每片的耐压为 60 V,多片组合可提高耐压值。硅堆整流器泄放的电流大,既可在直流电感负载上使用,也可在交流电感负载上使用。

4) 充气放电管

采用充气放电管与电感性负载的连接如图 9-9(d)所示。充气放电管的缺点是辉光放电的不连续性导致残留尖脉冲序列浪涌电压(或电流),最好与压敏电阻器等配合使用,以免引入附加干扰。充气放电管既可在直流电感负载上使用,也可在交流电感负载上使用。

5) 压敏电阻器

采用压敏电阻器与电感性负载的连接如图 9-9(e)所示。当电感性负载电流通路被切断时,电感性负载 L 两端较高的感应电动势使压敏电阻器电阻突降,为电感性负载的电流提供泄放通路。压敏电阻器既可在直流电感负载上使用,也可在交流电感负载上使用。

6) 雪崩二极管

采用雪崩二极管与电感性负载的连接如图 9-9(f)所示。雪崩二极管的商品名为 Transzorb,简称 TRS。TRS 的响应速度极快,特别适合于集成度很高的半导体器件的灭弧保护,但只能在直流电感负载上使用。

思考题与习题

9-1　什么是电磁兼容性? 形成电磁干扰有哪几个要素?

9-2　干扰的耦合方式有哪几种?

9-3　噪声包括哪几类?

9-4　常用的抗干扰技术有哪几种?

9-5　接地的方式有哪几种? 什么情况下采用一点接地? 什么情况下采用多点接地?

9-6　印刷电路板布线应遵循哪些原则?

第 10 章　测控电路应用实例

本章在前面各章内容的基础上,结合被测对象及科研、生产过程中常用的一些实例,介绍各种测控电路在实际中的应用,旨在使读者掌握实际测控电路的设计技术。

10.1　电流输出型温度传感器 AD590 的温度测量电路

AD590 是 AD 公司利用 PN 结正向电流与温度的关系制成的电流输出型两端温度传感器。由于 AD590 具有良好的线性特性和互换性,因此测量精度高,并具有消除电源波动的特性。实际中通过对电流的测量即可得到相应的温度数值。

1. AD590 基本工作原理

AD590 的主要技术参数如下。

工作电压:4—30 V;

工作温度:—55～+150 ℃;

焊接温度(10 s):300℃;

灵敏度:1 μA/K;

输出电阻:710 MΩ。

AD590 的外形和电路符号如图 10-1 所示。

当被测温度一定时,AD590 实质上相当于恒流源,把它与直流电源相连,并在输出端串接一个标准的 1 kΩ 电阻,则电阻上流过的电流与被测热力学温度成正比,电阻两端将会有与温度变化成正比(1 mV/K)的电压信号。基本电路如图 10-2 所示。

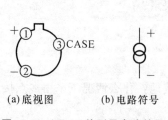

(a)底视图　　　(b)电路符号

图 10-1　AD590 外形及电路符号

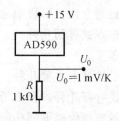

图 10-2　AD590 基本原理电路

2. AD590 温度测量电路

AD590 是电流输出型集成温度传感器。在设计测量电路时,必须将电流转换成电压。温度每升高 1 K,电流就增加 1 μA。摄氏温度测量电路的设计必须完成两部分任务:一是将 AD590 输出电流转换为电压信号,也就是将电流转换为电压电路;二是将热力学温度转换为摄氏温度,即绝对温度转换为摄氏温度电路。AD590 摄氏温度测量电路原理如图 10-3 所示。

根据 AD590 的特性,温度每升高 1 K 热力学温度,电流增加 1 μA,当负载电阻为 10 kΩ 时,电阻上的压降为 10 mV。其中有 AD590、电位器 R_{P1} 和 R_1、运算放大器 A_1 组成电流电压转换电路，A_1 连接成电压跟随器形式，主要为增加信号的输入电阻。而运算放大器 A_2 为绝对温度转换为摄氏温度的核心器件，其转换原理为摄氏零度对应热力学温度 273 K，因此热力学温度转换为摄氏温度必须设置基准电压，数值为摄氏零度对应的电压值 2.73 V。实现方法是给 A_2 的同相端输入一个恒定的电压，该电压由限流电阻 R_2 和稳压管提供，恒定电压选择稳压管型号为 CW385，稳压值为 1.235 V，由 A_2 将此电压放大为 2.73 V，R_{P2} 为调整 A_2 运算放大器增益的大小。通过转换电路，在 A_1、A_2 输出端的电压即为与摄氏温度成正比的电压数值，即每摄氏度对应 10 mV 的电压数值。

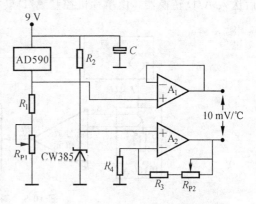

图 10-3　AD590 摄氏温度测量电路

在调试标定时，可以先将集成温度传感器 AD590 置于零度冰水溶液中，首先调整 R_{P1} 电位器使 A_1 运算放大器输出端为 2.73 V，其次调节 R_{P2} 电位器，使 A_2 运算放大器输出为 2.73 V，因此温度测量电路在零摄氏度时输出电压为 0 V。

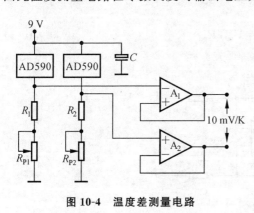

图 10-4　温度差测量电路

3. 温差测量电路

在工程上有时需要测量两点或多点的温度之差。下面以两点温度之差说明 AD590 在测量温差电路中的应用。电路由两大部分组成：一是温度的变化形成的电流转换为电压，电路主要由 AD590、R_1、R_{P1} 及 AD590、R_2、R_{P2} 组成；二是热力学温度比较电路，电路组成由两个运算放大器连接成电压跟随器，A_1、A_2 分别将两个集成温度传感器的热力学温度转换成电压数值，然后进行比较，热力学温度差值为 10 mV/K。具体电路如图 10-4 所示。

10.2　高精度铂电阻测温电路

金属铂电阻因为具有高稳定性、高精度、响应快、抗震性好及高性价比等诸多优点，作为测温元件被广泛应用于生产、科研等诸多行业。在化工行业的温差控制系统中，也是以铂电阻作为温度传感器进行测温的。以常用的铂电阻 Pt100 为例，其 A 级铂电阻 Pt100（0℃ 时的阻值容许偏差为 ±0.06 Ω）测温偏差低至 ±(0.15+0.002 t)℃。尽管铂电阻具有很高的测温精度，但是在实际应用中，因为后级的信号放大与调理电路的影响，其测温精度很难达到标称精度。

本节介绍一种以 Pt100A 为传感器的、可满足高精度测温要求的实用测温电路，在该硬件电路的基础上再结合软件对信号调理电路所产生的偏差进行补偿，可以使测温精度达到 ±0.04 ℃。

1. 温度测量电路

测温电路主要由 Pt100A 的恒流源驱动电路、信号放大、有源滤波及 A/D 转换电路组成，电路结构示意图如图 10-5 所示。由恒流源电路给铂电阻 Pt100A 供电，同时将电阻变化信号转换成电压信号。检测出的微弱电压变化信号经过放大单元进行放大，再经过有源滤波电路滤波后送入 A/D 转换器。由单片机控制 A/D 转换器来实现转换启动与测量结果读取。

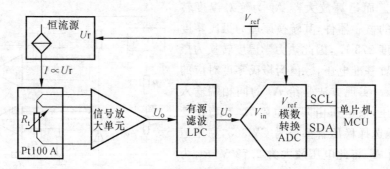

图 10-5　测温电路结构示意图

2. 恒流源驱动电路

恒流源驱动电路如图 10-6 所示。放大器 U_1 选用低温漂、低偏置、低功耗、高精度、双通道运算放大器 OP200。U_{1A} 构成加法器，U_{1B} 构成跟随器。设电阻 R_{ref} 的上、下两端的电位分别为 V_a、V_b，V_a 即为加法器 U_{1A} 的输出，当取电阻 $R_{i1} = R_{i2} = R_f = R_0$ 时，则 $V_a = V_{ref} + V_b$，故恒流源的输出电流为

$$I = (V_a - V_b)/R_{ref} = V_{ref}/R_{ref} \tag{10-1}$$

显然，R_{ref} 为恒定值，该电流大小只与参考电压 V_{ref} 有关。

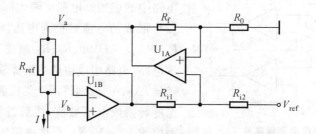

图 10-6　恒流源驱动电路

3. 信号放大单元

信号放大单元电路如图 10-7 所示。

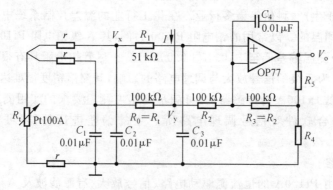

图 10-7　信号放大电路

运放 OP77 及其外围阻容元件构成信号放大单元。OP77 运算放大器是在 OP07 运算放大器的基础上发展起来的一种新器件,它是 OP07 的更新换代产品,是一种更精密、超低失调电压、低噪声、低漂移的运算放大器。

为了消除铂电阻接线电阻 r 的影响,Pt100A 采用了 3 线制接法。用恒流源电流 I 驱动传感器 Pt100A,若 $R_2 \gg R_0$,则有

$$V_y = (R_t + R_0 + 2r)I \tag{10-2}$$

$$V_x = (R_t + r)I \tag{10-3}$$

由理想运算放大器负反馈放大的近似概念,则有

$$\frac{V_y - V_x}{R_2} = \frac{V_x - \dfrac{R_4}{R_4 + R_5}V_o}{R_3} \tag{10-4}$$

取 $R_2 = R_3$,由式(10-2)、式(10-3)、式(10-4)可解得

$$V_o = \left(1 + \frac{R_5}{R_4}\right)(R_t - R_0)I \tag{10-5}$$

严格取 $R_0 = 100.00\ \Omega$(即 Pt100A 在 0 ℃时的阻值),则 $(R_t - R_0)$ 即为铂电阻 R_T 相对于 0 ℃时的阻值变化量(记为 ΔR_T),该电路放大的即为温度相对于 0 ℃时所对应的电压信号。记放大器增益 $\left(1 + \dfrac{R_5}{R_4}\right) = K$,则式(10-5)可记为

$$V_o = I\Delta R_T K \tag{10-6}$$

4. 有源滤波电路

在高精度测量中,微弱的干扰都会对测量造成很大的影响,为此,在将放大电路放大后的信号送入 A/D 电路进行转换之前,设计了一级滤波电路。有源滤波电路如图 10-8(a)所示。滤波集成电路采用高阶低通有源滤波器 MAX7403。

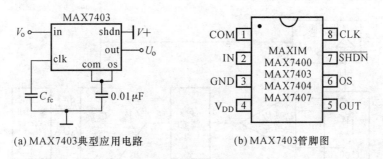

(a) MAX7403 典型应用电路　　　　(b) MAX7403 管脚图

图 10-8　有源滤波电路

MAX7403 是单片 8 阶、低通、椭圆形响应开关电容滤波器,谐波失真加噪声小于 $-80\ \mathrm{dB}$,开关电容滤波器的工作原理决定了其转折频率和 Q 值误差小于 0.2%,而且不受外围元件数值漂移的影响。可通过时钟信号 f_{clk} 来设置转折频率,转折频率与时钟频率关系为 $f_c : f_{clk} = 1 : 100$,数字时钟 f_{clk} 从芯片的引脚 CLK 引入。MAX7403 衰减速度 $r = 1.2$,即 $f_c = 38\ \mathrm{Hz}$ 时,能使 $45.6\ \mathrm{Hz}$ 以上的信号急剧衰减 60 dB 以上。

CLK 引脚上的数字时钟 f_{clk} 可以由外部时钟提供,也可以外接电容 C_{fc} 使用芯片的片内时钟,当使用内部时钟时,f_{clk} 与电容 C_{fc} 有如下关系式:

$$f_{clk} = \frac{38 \times 10^3}{C_{fc}(pF)}(kHz) \tag{10-7}$$

取 $C_{fc} = 10^4$ pF，将滤波器的截止频率设置在 38 Hz 左右，可有效滤除由系统供电电源引入的 50 Hz 工频干扰。对于变化比较缓慢的温度信号比较适当。

如图 10-8 所示，滤波器通频带内的信号增益为 0 dB，故对所测温度信号来说，滤波电路的输出为

$$U_o = U_{in} = V_o \tag{10-8}$$

5. 模数转换电路

A/D 转换器采用二线式 I^{2}C 总线与微处理器 MCU 相连，由 MCU 控制转换及读取数据。MAX1169 为 16 位的串行 A/D 转换器，它与 MCU 的接口电路如图 10-9 所示。由于 A/D 器件采用恒流源发生电路的 V_{ref} 为参考电压，则 A/D 转换后的结果 d 与 ADC 的输入模拟信号 U_o 有如下关系式：

$$d = \frac{U_o}{V_{ref}} \cdot (2n-1) = 65\ 535\ \frac{U_o}{V_{ref}} \qquad (n\ 为\ A/D\ 转换器的位数) \tag{10-9}$$

综上，由表达式(10-1)、式(10-6)、式(10-8)、式(10-9)，可推得 A/D 转换结果随温度变化的表达式，即

$$d = 65\ 535\ \frac{K}{R_{ref}} \Delta R_T \tag{10-10}$$

由式(10-10)可知，采用同一个电压 V_{ref} 给恒流源驱动电路及 A/D 转换器作参考电压，使得 A/D 转换结果在放大单元增益 K 及 R_{ref} 电阻值恒定的情况下，仅与铂电阻随温度的变化值 ΔR_T 有关，而与 Pt100A 恒流驱动电流的稳定度、A/D 转换器的参考电压精度等均无关系。采用同一个电压给恒流源及 A/D 转换作参考电压，降低了对部分硬件电路的苛刻要求，有效地提高了温度检测的精度。

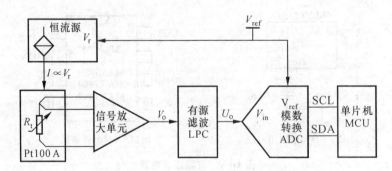

图 10-9 MAX1169 与 MCU 接口电路

10.3　楼群水暖温度控制系统

在居民小区或大厦中，为了检测不同房间的水暖温度，往往先到各个房间进行抽样检测，之后再分析数据，这为居民带来不便，也使得工作人员疲于奔命，浪费人力。本节介绍一种自动进行楼群水暖温度自动检测系统，重点讲述其测量电路部分的设计。

1. 系统主机电路组成

该系统分为主机数据处理和从机数据采集两部分。主机数据处理部分原理框图如图 10-10 所示。无线数据收发模块接收从机传进来的温度数据,经过电平转换电路、计算机串口,送入计算机进行数据处理,主要是进行数据校正、查表计算和统计管理等。

图 10-10　主机部分组成框图

为减少干扰和便于传输,在从机温度采集部分将采集的电压信号经 V/F 变换转换为频率信号进行传输。由于温敏电阻阻值与温度变化之间是非线性关系,所以经 V/F 转换后其频率值对应温度值也是非线性的。计算机运算速度快、处理数据量大,所以应用计算机可对数据进行采样查表计算和线性校正,同时还可以方便地进行人机对话,完成数据的统计管理等。

主机数据处理部分首先通过无线数据收发模块接收从机传来的温度数据,并经电平转换后,送入计算机进行处理。数据接收与处理软件可采用 VB 编写,方便对温度数据进行线性校正、实时监控等。主从机通信协议如图 10-11 所示。

图 10-11　主从机通信协议

通信开始时,先由主机发出呼叫(包括呼叫字符和被呼叫从机地址),从机接收到呼叫后,首先判断是否为完整的呼叫,然后检查呼叫地址是不是自己的地址,如果是,则发送应答信号,否则不予理睬。主机接收到应答信号后,确认该从机已经做好了数据通信的准备,向从机发出通信命令字符串。通信要求必须包括 4 个方面的内容:传送方向、处理代码、传送数据长度、从机地址。数据格式如下:

开始识别符　　Data1　　Data2　…　Data$N-1$　　Data$N$　　结束识别符　　校验和

其中校验和主要是为了检查数据传送的正确性。另外,由于主从机程序执行速度的不同,在通信程序中还要加入一定余量的时间间隔与等待。

2. 系统从机数据采集电路

从机数据采集部分电路如图 10-12 所示,采用 AT89C2051 高性能、低价位、电可擦写单片机作为从机 CPU,可完成检测点的选择控制、校正电阻量存储、开关输入、与主机通信,数据传送等功能。IC2(24LC02)完成检测点初始阻值的存储,这样就可将线路电阻存储起来,并随时校正,从而克服了线路电阻影响精度的问题。IC1(LM331)及 R_1、R_2、C_1、C_2、R_5、C_2、R_4 等完成电压-频率转换。调节 DW 可调节 IC1 的输入电压。其计算公式为:$F_{out}=R_s V_{in}/(2.09 R_5 R_2 C_3)$,其中 R_s 为 R_4 与温敏电阻之和。IC4、IC5(4051)与温敏电阻网络完成地址选通与各测量点的选择。

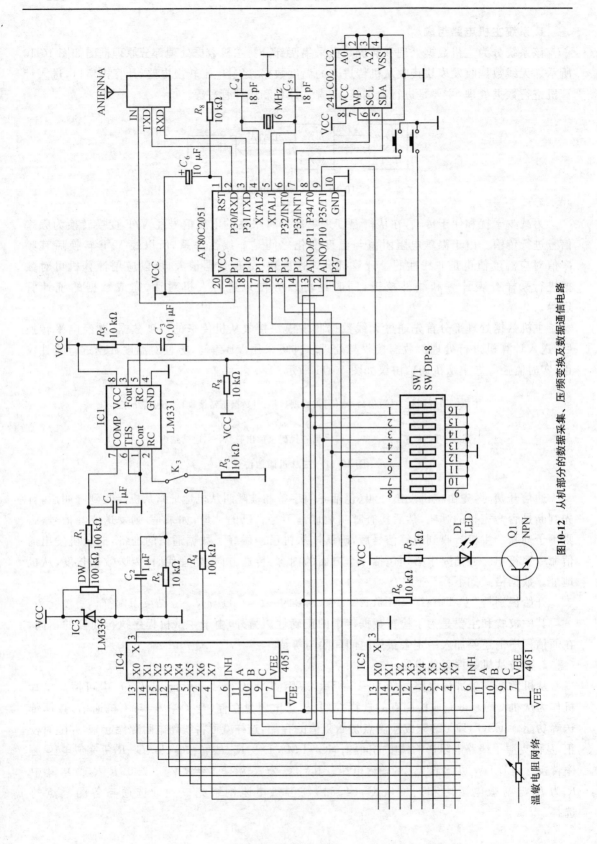

图10-12　从机部分的数据采集、压频变换及数据通信电路

10.4　无刷直流电动机电梯门机防夹控制电路

在现代电梯门机控制系统设计中,多用光幕开关来检测通过电梯门进出的人物,但是光幕开关在安装过程中因种种原因有时会产生误动作信号,给电梯门的运作带来安全隐患。无刷直流电动机电梯门机控制系统中安装了光幕开关,对经过电梯层门的人或物进行非接触式的检测外,还利用表征转矩大小的电流信号,通过对电流信号的处理有效防止夹人、伤人现象的发生。

1. 工作原理

在理想条件下,无刷直流电机轴端输出转矩与绕组电流成正比,$T=K_tI$,T 为电动机输出转矩,K_t 为转矩系数,I 为绕组电流。检测转矩的大小可以通过检测电流大小来实现。如图 10-13 所示为防夹控制电路结构。I 约等于流过采样电阻 R_s 的电流 I_s,限制 T 的大小,可以通过电流截止负反馈来实现。当 $I_sR_s < U_{ref}$ 时,门正常开关;当 $I_sR_s > U_{ref}$ 时,Q 信号突变,使控制器 MCU 作相应的防夹处理,有效保证了门运行的安全性。

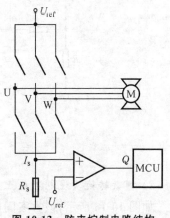

图 10-13　防夹控制电路结构

2. 转矩检测的数字化实现

通常 R_s 选择阻值很小的功率电阻,是为了减少功率损耗,所以检测到的电压 I_sR_s 信号值很小。为了控制方便、反应灵敏,通常要在采样电阻和比较器之间加一级运放。如果在一个系统中存在多个保护需要,就应该设计多个电流截止负反馈电路。对于电梯门电机控制系统来说,需要设定功率器件所能承受的最大电流值,还要保证关门过程中为防止夹人力过大而设定的关门力最大值等。

对电流截止负反馈的调节可以通过滑动变阻器来实现,如图 10-14 所示。但这已经不能满足当今市场的需要,很多系统为了操作简单、调试方便,使电流截止反馈量量化、数字化,常采用两种实现方法:一种是利用数模转换法;另一种是利用模数转换法。

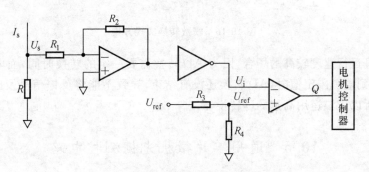

图 10-14　模拟调节转矩限定

1) 数模转换实现电流截止负反馈量的数字化

如图 10-15 所示,该模块取采样电阻上的压降 U_s,$U_s=I_sR_s$,经过放大和倒相后得 $U_i=\dfrac{R_2}{R_1}U_s$,所以 $U_i=I_sR_s\dfrac{R_2}{R_1}$,可见 U_i 与 I_s 正比,所以 U_t 与 U_{ref} 的比较量值 Q 作为电流截止负反馈信号,通

知电机控制器采取下一步操作。该方法控制的灵活性就在于,U_{ref}是经过 MCU 的 PWM 功能模块输出的 PWM 波形经过 RC 滤波产生,所以 U_{ref} 软件可调,在不同电流限制场合下,其值可以方便设定,不用对硬件进行任何改动,因此实现了转矩或电流反馈的参数化。PWM 信号的产生只需要在程序中进行必要的初始化设置,波形就会自动产生,这里不赘述。设定的精度由 MCU 的 PWM 模块的精度所决定。当然在实际应用中,限定值不必从 0 值开始设定,所以可以有目的地选择 U_{ref} 的变化范围,更增加了设计的灵活性和应用的广泛性。

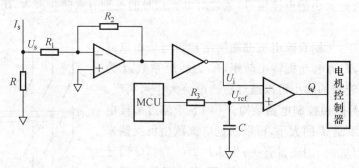

图 10-15 数模转换实现方案

2) 模数转换实现电流截止反馈量的数字化

如图 10-16 所示,该方案同样得到与电枢电流成正比的 U_i 后,直接将 U_i 送入 MCU 作 AD 转换,转化的数字量 n 与软件设定的代表电流最大值的 m 相比较后输出控制信号 Q。其比较原理同数模转换实现方案中的硬件比较有异曲同工之效。

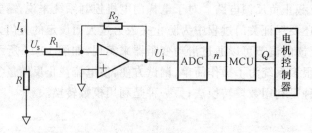

图 10-16 模数转换实现方案

但是在门机运行速度较高的场合,因为 AD 转换需要一定的转换时间,而电流的变化速度有时很快,当达到电流限定值时,AD 转换还没有结束,导致不能将反馈信号及时送入 MCU 处理,检测失效,所以应该运用高速 AD 转换器。

10.5 通用单片微机光栅测控电路

增量式光栅和光电编码器是广泛应用的精密位移检测元件。其输出是两个相位差为90°的信号,测量精度主要取决于其刻线度。光栅测控电路对这两路信号进行处理,并显示出其绝对位移。根据测量精度要求,对这两路信号可进行 2 倍频和 4 倍频处理。

本节介绍的光栅测控电路由低价位的单片微机 89C2051、高集成度的 8 位 LED 驱动器 MAX7219 及 CMOS 电路 CIMO30 等组成,电源使用 AC、DC 模块,如图 10-17 所示。光栅信号处理使用硬件 2 倍频和软件 2 倍频的方法,实现 4 倍频功能,简化了光栅信号处理。

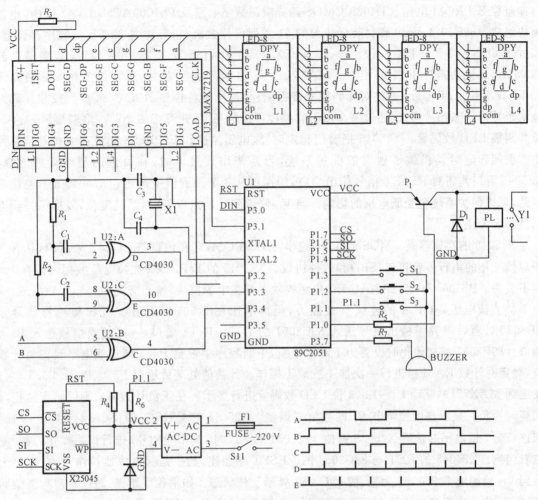

图 10-17　光栅测控电路原理图

1. 计数和倍频原理

光栅信号是 A、B 两路相位差为 90°的方波信号。A、B 信号经 CD4030 异或门 U2:B 处理后成为 C 信号,经 U2:A,U2:C 及 R_1、C_1、R_2、C_2 组成的沿检出电路输出 2 路窄脉冲信号 D 和 E。信号 D 和 E 分别接入单片机 89(2051 的外部中断输入端 INT0、INT1 做计数信号用)。信号 C 作为判向用信号接入 P3.4 端口。光栅正向运动时,INT0 中断对应 P3.4 端口是低电平。INT1 中断对应 P3.4 端口是高电平。反向运动时,INT0 中断对应 P3.4 端口是高电平,INT1 对应 P3.4 端口是低电平。光栅运动过程中,在 INT0、INT1 的中断程序中根据 P3.4 端口的电平,对同一组 RAM 进行加 1 或减 1 操作,即完成对光栅运动的 4 倍频计数。

在需要正、负计数时,LNT0、LYF1 的中断程序中要加判零程序,程序中设一个位标志,在计数 RAM 组中值为零时,将位标志取反。根据位标志是"1"或"0"状态,改变加 1 或减 1 操作。在显示处理程序中,位标志表示"+"、"-"位移号,RAM 组中的数值是实际位移数。由一片小规模集成电路 CIM030 完成对光栅 A、B 信号的 2 倍频处理,由单片微机用一组 RAM 进行加 11 操作,完成 4 倍频处理。信号 C 和位标志确定 RAM 组进行加计数还是减计数。

2. 光栅测控电路分析

光栅测控电路由 89C2051 单片微机、MAX7219 串行 LED 显示驱动器、X25045 可编程看

门狗监控 E^2PROM 电路、CD4030 CMOS 四异或门数字电路及 PS1000AC5S-1AAAC-DC 电源模块组成。89C2051 是 20 脚封装低价位的 51 系列单片微机,它有片内 2k Flash 程序存储器、15 个 I/O 口(P1.0~P1.7,P3.0~P3.5,P3.7),工作电压为 2.7~6 V,晶振频率最高到 24 MHz,其他功能与 8031 的相同。MAX7219 是 24 脚窄封装芯片,串行口工作频率最高为 10 MHz,8 位 LED 显示,通过对译码模式寄存编程,可控制各位显示方式(BCD 码或非译码),显示是片内动态扫描模式,通过一个电阻和编程可控制亮度,并可将多个芯片串联显示多达 64 位共阴极 LED 数码管。X25045 把看门狗定时器、电压监控和 E^2PROM 集成在 8 脚封装芯片中。看门狗定时器提供了独立的保护系统,当系统出现故障时,在可选的超时周期之后,X25045 看门狗将对 RESET 信号作出响应,周期可从 3 个预置值中选定。X25045 的 V_{CC} 检测电路,可以保护系统免受低电压的影响。当 V_{CC} 降低到转换点以下时,系统复位,复位保持到返回且稳定为止。

X25045 的存储器是 CMOS 的 4096 位串行 E^2PROM,它在内部按 512×8 来组织,具有三线总线工作的串行外设接口(SPI)和软件协议。X25045 的 E^2PROM 在掉电后数据可保存 100 年不丢失。PS1000AC5S-1AAAC-DC 电源模块系开关电源模块,输入交流 85~265 V 电压,输出 5 V 直流电压,有 1 A 的连续负载能力,隔离电压在 2 500 V 以上。光栅传感器信号经 CD4030 处理后,2 路沿检出信号送入 89C2051 的 INT0、INT1 端口,一路倍频信号送入 P3.4 端口。89C2051 在初始化时设置为下降沿中断,中断程序中根据 P3.4 端口的电平及正负计数值,确定对计数 RAM 组进行一次加 1 或减 1 操作。计数值处理后通过 P3.0、P3.1、P3.5 串行发送到 MAX7219,驱动 L1~L8,8 位 LED 数码管进行显示。在正负计数时,L1 以暗态为正,g 端亮时为负。显示亮度经调节 R_3 的数值来调整。X25045 的 CS、SO、SI、SCK 与 P1.7~P1.4 相连,P1.7 低电平时选通 X25045 可使 89C2051 对 X25045 的 E^2PROM 进行读写操作,同时复位看门狗。X25045 的 RET 与 89C2051 的 RESET 端相连,其一是起电源监控作用,在上电未达到 V_{CC} 检测电平 200 ms 为止,使 89C2051 处于复位状态。如果程序跑飞,超过看门狗复位周期,RET 也将出现高电平使 89C2051 复位。由于 X25045 的 RET 是漏极开路加上拉电阻 R_6。P1.3~P1.1 接 3 个按键,进行预置数据加、减及存储记忆操作。键操作及其他提示由蜂鸣器 B1 提示。P1.0 端口为输出控制用。P1.0 为低电平时,PNP 三极管 P1 导通,使继电器 R_L 吸合,触点 Y1 输出控制信号。SA5.0 是抗浪涌二极管,用以消除高脉冲信号干扰。

10.6　压力同步采集测量电路

在重载货物列车中,由于列车队中车辆数量很大(大秦铁路多为 216 辆编组),而列车制动力是由机车产生的压缩空气顺序传递的,因此,距离机车最远车辆的制动取决于压缩空气在列车总管中的传递速度。在大秦铁路运输中(尤其是重车),经常出现个别车辆紧急制动阀漏风导致的抱闸等故障,极大地影响了大秦铁路的正常运营。这些故障均反映为制动压力的变化,可以通过对压力的连续记录进行监视。本节介绍的压力同步采集系统能够同步采集记录列车运行过程中分布在列车中不同位置的 20 节车辆的列车管压力、副风缸压力、制动缸压力,当列车返回段内作业时,能够将数据迅速转储到计算机上,通过分析软件进行数据回放显示和数据分析。这里主要介绍其中的测量电路设计部分。

图 10-18 所示为系统的结构框图。

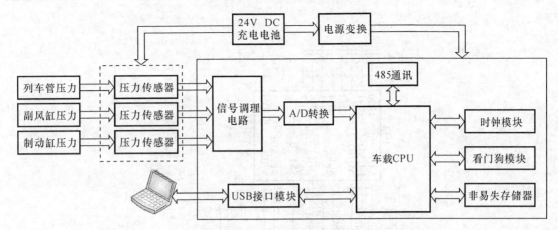

图 10-18 压力采集单元功能框图

1. 车载电源设计

由于货车不能提供车载电源,系统选用铅酸蓄电池供电。传感器工作电压为 24 V,系统电路工作电压为 5 V,电源设计采用 2 个 12 V/12 Ah 蓄电池串联为传感器供电,同时该 24 V 电压经电源变换模块后提供 5 V 电源为采集系统供电,电源变换电路如图 10-19 所示。其中二极管用于防止电源接反对系统造成的损坏,电源变换模块前后各配置了一大一小两个电容用于滤除电源纹波。系统工作电流为 150 mA 左右,该蓄电池能够保证系统不间断地正常工作 75 h 以上。当列车返回段内作业时,可视工作时间对蓄电池充电或直接更换充满电的电池。

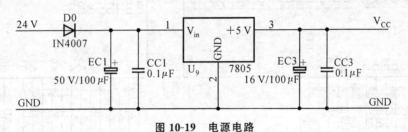

图 10-19 电源电路

2. 传感器接口电路设计

由于压力传感器输出的 4~20 mA 电流信号对应量程内输出,通过精密电阻对电流信号取样。由于系统 A/D 变换的量程为 5 V,最好通过取样电阻直接将电流信号变换为该范围内的电压值。考虑到 0~600 kPa 对应的输出电流为 4~16 mA,因此最终确定采样电阻为 200 Ω。为了对 A/D 通道进行阻抗匹配,采样电压输入 A/D 通道前加入了电压跟随器,其电路如图 10-20 所示。

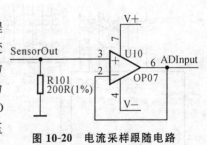

图 10-20 电流采样跟随电路

3. 数据采集电路设计

压力传感器输出的电流信号经取样电阻采样后变为 0~5 V 直流电压,需要通过 A/D 变换进行采样。系统 CPU 采用华邦公司的 W77E58,其内核为 MCS-51 单片机,最高工作频率可达 40 MHz,内部具有 32KE^{2}PROM,1KSRAM,指令执行速度快,可靠性高。由于 W77E58 单片机 I/O 口线和内部寄存器数量有限,因此利用 8255 扩展了 3 个 8 位并行 I/O 口,利用 6264 扩展了 8 kB 作为系统内存空间。A/D 芯片选用串行 A/D 芯片 MAX186,它通过标准的 SPI 总线与 8255 扩展的 I/O 口相连,采集电路如图 10-21 所示。

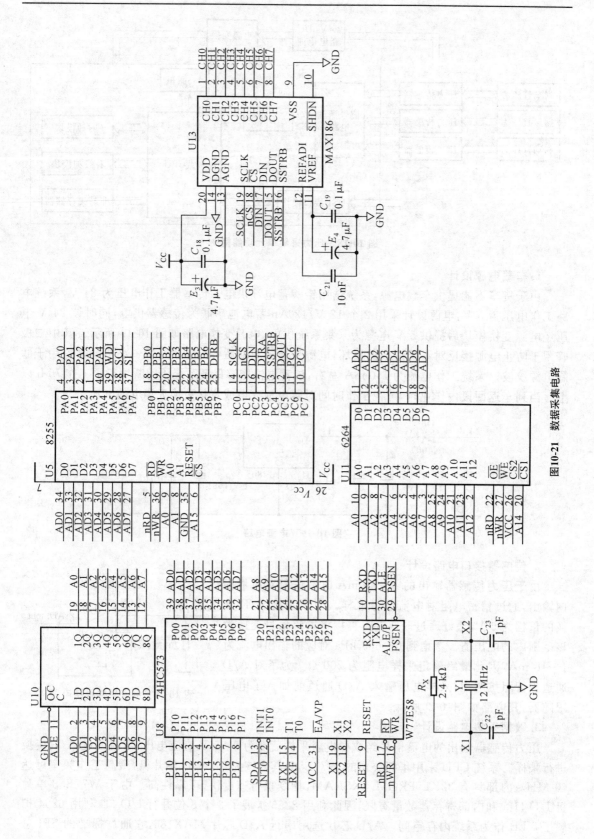

图10-21　数据采集电路

　　MAX186 在系统 40 ms 软件定时器中断服务程序中进行 A/D 采集,分别采集列车管、副风缸和制动缸压力传感器的输出信号。

思考题与习题

10-1　一压力测量系统采用 4~20 mA 输出型的压力传感器,请为该系统设计测量电路并得到输出与输入的关系。

10-2　有一幢教学楼需要安装中央空调系统,因此需要检测每一房间的温度,请为该教学楼设计温度采集显示系统,要求能显示每一房间的温度,画出系统框图及详细的测量电路图。

10-3　应用光电转速传感器,设计一转速测量电路,要求具有隔离功能,并能直接显示转速值。

10-4　请设计一个汽车震动加速度测试系统,画出系统框图并说明各组成部分功能。

10-5　一便携式汽车参数测量装置以 10 Hz 的频率采集速度(0~200 km/h)、水温(0~100 ℃)信息,记录的信息通过通信方式发送给车载计算机,请为该系统选择合适的传感器,设计接口电路,画出系统框图并说明各部分功能。

参考文献

[1] 张国雄. 测控电路[M]. 北京:机械工业出版社,2006.

[2] 李刚,林凌. 现代测控电路[M]. 北京:高等教育出版社,2004.

[3] 王淑红. 测控电路与器件[M]. 北京:清华大学出版社,2006.

[4] 孙传友. 测控电路及装置[M]. 北京:北京航空航天大学出版社,2002.

[5] 王志刚. 现代电子线路(上册)[M]. 北京:北京交通大学出版社,2003.

[6] 王志刚. 现代电子线路(下册)[M]. 北京:北京交通大学出版社,2003.

[7] 吕砚山. 仪表电路基础[M]. 北京:化工工业出版社,1983.

[8] 王卫东. 高频电子电路[M]. 北京:电子工业出版社,2009.

[9] 张晓光,张国良. 最新电子电路大全(第三卷):信号检测与控制电路[M]. 北京:中国计量出版社,2008.

[10] (日)远坂俊昭. 测量电子电路设计:从滤波器设计到锁相放大器的应用[M]. 北京:科学出版社,2006.

[11] (日)远坂俊昭. 测量电子电路设计:从 op 放大器实践到微弱信号处理[M]. 北京:科学出版社,2006.

[12] (日)福田务,栗原丰,向坂荣夫. 电子电路[M]. 北京:科学出版社,2009.

[13] 孙俊人. 新编电子电路大全[M]. 北京:中国计量出版社,2001.

[14] 王昌明,何云峰,包建东,等. 测控执行器及其应用[M].北京:国防工业出版社,2008.

[15] 王淑红,牛广文,卢永杰. 测控电路与器件[M]. 北京:清华大学出版社,北京交通大学出版社,2006.

[16] 周严. 测控系统电子技术[M]. 北京:科学出版社,2007.

[17] 杨益强,李长虹,江明明.控制器件[M].北京:中国水利水电出版社,2005.

[18] 刘陵顺. 自动控制元件[M].北京:北京航空航天大学出版社,2009.

[19] 李正军. 计算机测控系统设计与应用[M].北京:机械工业出版社,2004.

[20] 王福瑞. 单片微机测控系统设计大全[M].北京:北京航空航天大学出版社,1998.

[21] 张广溢,郭前岗. 电机学[M].重庆:重庆大学出版社,2006.

[22] 余祖俊. 微机检测与控制应用系统设计[M].北京:北方交通大学出版社,2001.

[23] 周志敏,周纪海,纪爱华.开关电源实用电路[M].北京:中国电力出版社,2005.

[24] 周志敏,周纪海,纪爱华.线性集成稳压电源实用电路[M].北京:中国电力出版社,2006.

[25] 孙余凯,吴鸣山,项绮明. 稳压电源设计和技能实训教程[M].北京:电子工业出版社,2007.

[26] 长谷川彰.开关稳压电源的设计和应用[M].何希才,译.北京:科学出版社,2006.

[27] 薛学明.稳定电源及其电路实例[M].北京:中国铁道出版社,1990.

[28] 徐德高,金刚.脉宽调制变换器型稳压电源[M].北京:科学出版社,1983.

[29] 王水平. 开关稳压电源原理及设计[M].北京:人民邮电出版社,2008.

[30] 程勇,刘纯悦. 实用稳压电源 DIY[M]. 福州:福建科学技术出版社,2003.

[31] 李中发,方厚辉,谢胜曙,等. 电子技术[M]. 北京:中国水利水电出版社,2005.

[32] 续明进. 一种多输出开关电源设计[J]. 北京:北京印刷学院学报,2009(4):48-50.

[33] 杨振江,等. 新型集成电路[M]. 西安:西安电子科技大学出版社,2000.

[34] 吴运昌. 模拟集成电路原理与应用[M]. 广州:华南理工大学出版社,2003.

[35] 谭博学,等. 集成电路原理及应用[M]. 北京:电子工业出版社,2004.

[36] 李贵山. 微型计算机测控技术[M]. 北京:机械工业出版社,2002.

[37] 赵家贵,等. 新编传感器电路设计手册[M]. 北京:中国计量出版社,2002.

[38] 张靖,等. 检测技术与系统设计[M]. 北京:中国电力出版社,2001.

[39] 赵继文,等. 传感器应用电路设计[M]. 北京:科学出版社,2002.

[40] 沙占友,等. 集成化智能传感器原理与应用[M]. 北京:电子工业出版社,2004.

[41] 李朝青. 单片机原理及接口技术[M]. 北京:北京航空航天大学出版社,2005.

[42] 端木时夏,等. 感应同步器及其数显技术[M]. 上海:同济大学出版社,1990.

[43] 易先军,文小玲,刘翠梅. 一种高精度温度测量电路设计[J]. 仪器仪表用户,2008,15(6): 72-73.